网络空间安全国际前沿

编 委 会

“十四五”国家重点出版物出版规划项目

网络空间安全国际前沿

深度学习
在网络空间安全领域的应用

[澳] 马蒙 · 阿拉扎布　[澳] 唐明鉴 / 主编

廖　勇　李志鹏 / 译

中国科学技术大学出版社

安徽省版权局著作权合同登记号：第 12212013 号

图书在版编目(CIP)数据

深度学习在网络空间安全领域的应用/(澳)马蒙·阿拉扎布,(澳)唐明鉴主编;廖勇,李志鹏译. -- 合肥:中国科学技术大学出版社,2025.6
(网络空间安全国际前沿)
"十四五"国家重点出版物出版规划项目
ISBN 978-7-312-05878-3

Ⅰ. 深… Ⅱ. ①马… ②唐… ③廖… ④李… Ⅲ. 机器学习—应用—计算机网络—网络安全 Ⅳ. TP393.08

中国国家版本馆 CIP 数据核字(2024)第 053873 号

深度学习在网络空间安全领域的应用
SHENDU XUEXI ZAI WANGLUO KONGJIAN ANQUAN LINGYU DE YINGYONG

出版 中国科学技术大学出版社
安徽省合肥市金寨路 96 号,230026
http://press.ustc.edu.cn
http://zgkxjsdxcbs.tmall.com
印刷 合肥市宏基印刷有限公司
发行 中国科学技术大学出版社
开本 787 mm×1092 mm 1/16
印张 15.75
字数 310 千
版次 2025 年 6 月第 1 版
印次 2025 年 6 月第 1 次印刷
定价 69.00 元

前　言

信息通信技术(ICT)可以说是目前人类发明的最伟大的通用工具。人类已经把手推车变成了自动驾驶汽车,把印刷机变成了互联网,把电话变成了智能手机,把电灯变成了可见光通信,把电能变成了兆字节,把青霉素变成了细胞内溶素。历史将会证明,ICT的重要性将超越印刷机、电能、电话、电灯和青霉素。

随着社会越来越依赖于技术,我们面临的风险也越来越大,技术带来了众多好处,也带来了很多威胁。网络犯罪、工业间谍、网络攻击和网络战日益成为人们关注的焦点。网络安全不是可选项,而是当务之急。

攻击者时刻在改变其行为,网络安全威胁也在不停地随时间而演变。静态的、基于规则的网络安全系统在识别当前环境中存在的威胁行为方面能力有限。人工智能(AI)的应用似乎消除了ICT干扰、改变和创造量子级变革的许多障碍。人工智能的使用,特别是深度学习,提供了一种主动实现网络安全目标的手段,包括检测、建模、监控、学习、预防、分析和增加资源,以动态的方式保护敏感数据和抵御各种威胁。

现在,技术是倍增力量的不二之选。明天,技术可能成为力量。人类必须找到利用和控制技术为善的方法,否则我们将屈服于自己的发明。人工智能和网络安全领域的持续研发对于技术的可持续发展至关重要。

在此我衷心感谢并祝贺所有作者及时发表了他们的工作成果。

Yohan Ramasundara

澳大利亚计算机协会主席

东南太平洋地区计算机联盟(SEARCC)秘书长

致　　谢

我们要感谢许多帮助编写本书的个人和组织。感谢查尔斯·达尔文大学、澳大利亚北领地政府和 Singtel Optus 公司的支持。感谢我们各自的雇主给予的支持,使得我们有时间来编辑本书的各个章节,并参与完成最终出版的许多任务。感谢所有作者对本书贡献的深刻见解。我们非常感谢施普林格出版社编辑的专业协助。最后,我们还要衷心感谢我们的家人在形成这本书的几个月时间里给予的支持和耐心。

编者

目　　录

深度学习框架的对抗攻击、防御和应用

作　者　Zhizhou Yin①，Wei Liu②，Sanjay Chawla③

摘　要　近年来，深度学习框架已经在许多领域得到应用，并取得了令人鼓舞的表现。但是，最新的研究工作表明深度学习框架容易受到对抗攻击。对正常样本添加细微的扰动就可以影响训练好的神经网络。在计算机视觉领域，这些细微的扰动可能是人类无法察觉的。随着深度学习技术成为身份识别摄像头、恶意程序检测软件、自动驾驶汽车等许多高安全要求的应用程序的核心部分，对抗攻击成为现实世界中许多深度学习应用的重要安全威胁。在本章中，我们首先针对白盒和黑盒场景下深度学习框架的最新对抗攻击技术进行了回顾；接着我们讨论了防御这些对抗攻击的最新方法；最后，我们详细探讨了将对抗攻击技术应用于一些常用商业深度学习应用的最新工作，例如图像分类、语音识别和恶意程序检测。我们的研究表明，许多商业深度学习框架都容易受到恶意攻击。

关键词　对抗学习，深度学习，网络安全

1　引言

近年来，深度学习技术成为机器学习研究领域流行的分支之一，并成功应用于计算

---

① Zhizhou Yin：悉尼大学博士生。他的研究重点是数据挖掘和机器学习，并发表了关于对抗性学习的期刊论文。他还是悉尼大学招生中心的数据科学家，致力于为高中生提供基于机器学习技术的大学入学服务。

② Wei Liu：悉尼科技大学（University of Technology，Sydney）高级讲师。在加入悉尼科技大学之前，他是墨尔本大学的研究员，然后在NICTA公司担任机器学习研究员并负责与交通行业合作。他获得悉尼大学博士学位。他的研究领域为机器学习和数据挖掘，在博弈论、张量分解、图挖掘、因果推理、数据不平衡处理、时空数据挖掘和异常检测等研究领域发表多篇论文。

③ Sanjay Chawla：位于卡塔尔多哈的 Hamad Bin Khalifa 大学卡塔尔计算研究所的研究主任。在加入卡塔尔计算研究所之前，他是澳大利亚悉尼大学信息技术学院的教授。主要研究领域是数据挖掘和机器学习。具体来说，他一直在研究当代人们感兴趣的三个问题：异常值检测、不平衡分类和对抗性学习。在著名会议和期刊上发表多篇论文，并数次获得了最佳论文奖。他是 *IEEE Transactions on Knowledge and Data Engineering* 和 *Data Mining and Knowledge Discovery* 的编委会成员。2008 年至 2011 年，他担任学校校长。2012 年在雅虎班加罗尔实验室担任访问学者。曾担任 PAKDD 2012 和 SDM 2016 的联席主席。

机视觉、语音识别、自然语言处理等许多领域。[15]尽管在这些领域的表现令人鼓舞，但最近的研究表明，深度学习框架容易受到对抗攻击的影响，这些攻击能够操纵原始输入数据来“欺骗”训练好的神经网络。深度学习框架的对抗学习工作目前主要应用于计算机视觉领域，因为诸如卷积神经网络(CNN)之类的深度学习网络结构已成为该领域的关键技术。计算机视觉领域的对抗攻击更具实际意义，其原因在于攻击者可以篡改正常图像，人类无法察觉对图像的篡改，而深度学习模型却会被误导犯错。除了计算机视觉领域，对抗学习也被应用在其他领域，例如语音识别和自然语言处理等。本章将介绍针对深度学习框架对抗攻击的最新工作，然后讨论防御对抗攻击的常用方法。我们还将在现实世界的深度学习框架中探讨最新的对抗性学习应用，这些应用可能会导致与网络空间安全相关的脆弱性。

2 生成对抗样本的方法

从 Szegedy 等人在文献[30]中展示了对图像增加一些人类难以察觉的扰动会导致训练好的神经网络分类错误开始，研究人员近年来提出了各种对抗性样本生成方法。根据 Papernot 等人[24]的分类方法，可以将对抗任务按对抗目标和可用于攻击的信息进行分组，如图 1.1 所示。

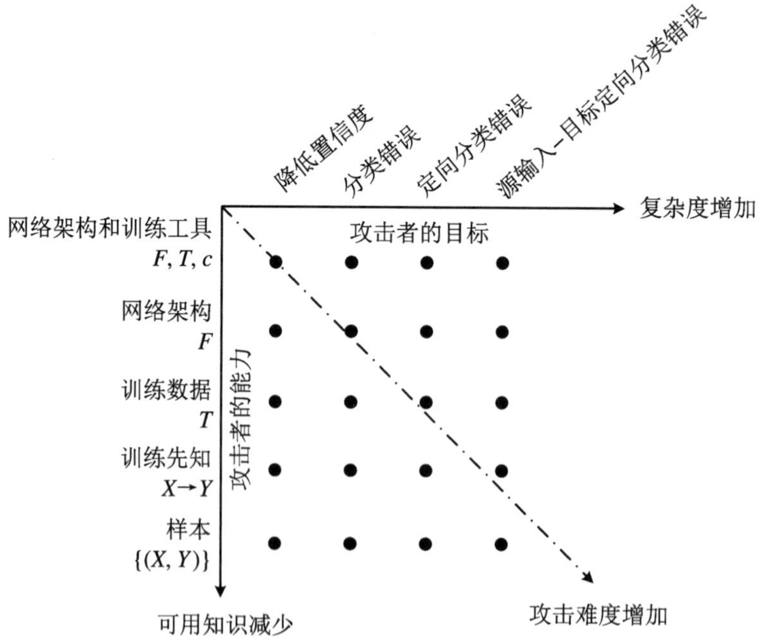

图 1.1 对抗学习中攻击的不同类型[24]

图 1.1 的横轴列出了复杂度依次递增的四个不同对抗目标：

(1) 降低置信度：试图将分类到正确标签的置信度降低。

(2) 分类错误：试图将目标分类到与正确类不同的其他类。

(3) 定向分类错误：将目标分类到不同于原始正确类别的指定目标类别。

(4) 源输入-目标定向分类错误：将某种类别的源输入分类到指定的错误目标类别。

图 1.1 中的纵轴表示按照被攻击的模型和数据等知识可用性进行划分。随着可用信息的减少，对抗攻击会变得更加困难。

(1) 网络架构和训练数据：攻击者具有神经网络架构 F 的信息，包括神经网络层的数量和类型、神经元、激活函数、权重、训练阶段的偏差矩阵以及相关的损失函数 c。此外，对手还可以访问整个训练数据集 T。这是对抗性学习的最理想环境，但对于大多数实际的攻击而言却是不现实的。

(2) 网络架构：攻击者具有如(1)所述的网络体系结构 F 的知识，但没有训练数据之类的其他知识。

(3) 训练数据：攻击者可以访问训练数据集 T 或从训练数据集的相同分布中采样的替代数据集。但是，攻击者没有关于神经网络架构的信息。这种类型的攻击过程可能涉及利用训练数据集训练另一个神经网络以模拟要攻击的模型。

(4) 测试先知：攻击者只能将神经网络当作“测试”。攻击者可以获得给定输入的输出分类信息，但无法访问神经网络的任何其他信息或训练数据。攻击者可能需要分析输入和输出变化之间的关系以生成对抗性样本。

(5) 样本：攻击者能够收集神经网络的一些输入和对应的输出，但无法主动提供输入并观察输出是否存在差异。

表 1.1　对抗攻击方法的类型

攻击方法	黑盒/白盒	有目标/无目标
基于 Box 约束的 L-BFGS 方法(box-constrained L-BFGS approach)[30]	白盒	有目标
快速梯度符号方法(fast gradient sign method)[7]	白盒	无目标
基本迭代式方法(basic iterative method)[13]	白盒	无目标
迭代最小似然类方法(iterative least-likely class method)[13]	白盒	有目标
基于雅可比矩阵的显著图攻击(Jacobian-based saliency map attack)[24]	白盒	有目标
深度愚弄(deepFool)[21]	白盒	无目标
Carlini & Wagner 攻击(Carlini & Wagner attack)[3]	白盒	有目标
基于可迁移性的方法(transferability based approach)[23]	黑盒	有目标
Houdini 方法[4]	黑盒	有目标

具有神经网络架构知识的对抗攻击也称为白盒攻击。与之相比，当攻击者无法获取模型的架构或参数信息时，称之为在黑盒环境中进行攻击。

在本节中，我们将介绍 9 种对抗攻击方法，它们代表了不同类型的对抗攻击技术。表 1.1 列出了相关方法及其类型。

2.1 基于 Box 约束的 L-BFGS 方法

文献[30]是已知最早证明对抗样本可以欺骗深度学习模型的工作。这项工作采用了基于 Box 约束的 L-BFGS 方法（译者注：L-BFGS 是解无约束非线性规划问题常用的方法之一，具有收敛速度快、内存开销少等优点）来计算对原始图像的细微不可察觉的扰动，使得神经网络对该图像进行错误的分类。

为了形式化描述该过程，令 $f:\mathbf{R}^m \to \{1,\cdots,k\}$ 表示我们用来对由像素值向量组成的图像进行 k 分类的模型。f 的损失函数为 $\mathrm{loss}_f:\mathbf{R}^m \times \{1,\cdots,k\} \to \mathbf{R}^+$。为了使分类器 f 将图像 $x \in \mathbf{R}^m$ 分类为目标标签 $l \in \{1,\cdots,k\}$，我们要解决以下优化问题：

$$\min_r \|r\|_2 \quad \text{s.t.} \quad f(x+r)=l, \quad x+r \in [0,1]^m \tag{1.1}$$

对于 $f(x) \neq l$（意味着分类目标标签与 x 的原始标签不同）的精确计算是一个难题，对此作者提出了一种基于 Box 约束的 L-BFGS 方法来得到近似解。通过进行线性搜索找到最小值 $c>0$，同时以下问题最小值 r 满足 $f(x+r)=l$。

$$\min_r c\,|r| + \mathrm{loss}_f(x+r,l) \quad \text{s.t.} \quad x+r \in [0,1]^m \tag{1.2}$$

如果分类器的损失函数为凸函数，则该函数将具有精确解。但是神经网络通常是非凸的，因此常用近似值逼近精确解。

该方法已经在三个不同的数据集上进行了测试：MNIST[17]，AlexNet[12] 和 QuocNet[14]。它能够在所有三个数据集上生成具有细微扰动的对抗样本，并成功欺骗神经网络分类器。图 1.2 和图 1.3 分别显示了这种方法在多分类和二分类场景下生成的一些对抗样本。从图中可以看出，生成的图像和原始图像之间的差异对于人类来说是无法区分的，但是足以使分类系统产生分类错误。

2.2 快速梯度符号方法

在早期的研究工作中，一种更流行的方法是由 Goodfellow 等人提出的快速梯度符号法（fast gradient sign method，FGSM）[7]。该方法假定高维空间中的线性行为足以生成对抗样本。对抗样本的线性视图启发了一种可快速有效生成样本的方法，只需一步就可以计算出所需的扰动。

形式上，我们定义 θ 是神经网络的权重，x 是模型的输入，y 是 x 的目标标签，而

图 1.2 在 AlexNet 数据集上生成的对抗样本[30]

最左列是原始图像，中间列是通过计算得到的扰动，最右列是对抗样本。最右列中的图像都被错误地分类为鸵鸟。

图 1.3 在 QuocNet 数据集上生成的对抗样本[30]

左侧的图像被分类为汽车，而中间的图像则被分类为非汽车。这两个图像之间的差异显示在右侧。

$J(\theta,x,y)$是神经网络的代价函数。我们使代价函数在当前 θ 值附近线性化，以获得最优的 max-norm 约束扰动：

$$\eta = \epsilon\,\mathrm{sign}(\nabla_x J(\theta,x,y)) \tag{1.3}$$

在上述等式中，∇_x是代价函数相对于输入 x 的梯度，可以使用反向传播高效地计算出该梯度。扰动 η 的大小由参数来控制。扰动越大将越可能使神经网络被欺骗，但对人类来说也将更易辨认出差异。图 1.4 展示了使用快速梯度符号法生成的对抗样本。

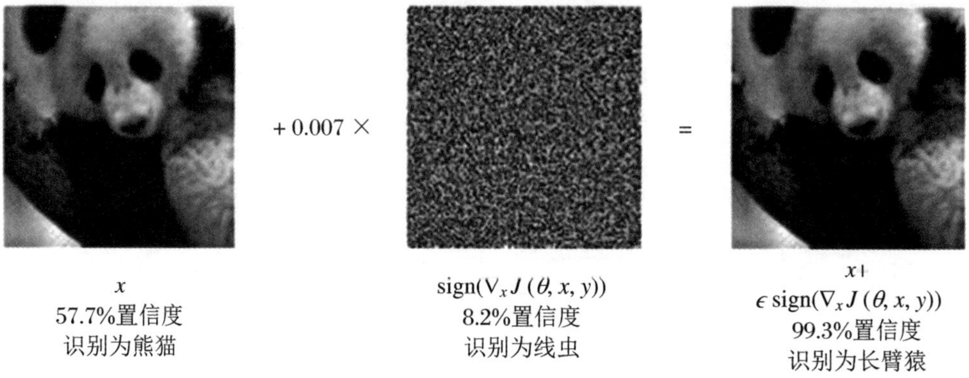

图 1.4 在 ImageNet[5] 上对 GoogLeNet[28] 神经网络快速生成的对抗样本[7]

通过在输入中添加一个人类无法察觉的向量，GoogLeNet 神经网络的图像分类结果将发生变化。

2.3 迭代式梯度符号方法

快速梯度符号法 FGSM 是一种生成对抗样本的简单的单步（one-step）方法。扩展和改进快速梯度符号法的一个想法是将其修改为迭代式方法。基本迭代方法（basic iterative method，BIM）和最小似然分类迭代方法（iterative least-likely class method，ILCM）是 Kurakin 等人[13]开发的两种不同方法，用于迭代生成对抗样本。

基本迭代方法 BIM 是快速梯度符号法 FGSM 以较小的步长多次应用的直接扩展。在每个步骤之后都会检查图像的像素值，以确保它们与原始图像的差别在 ϵ 范围内：

$$X_0^{\mathrm{adv}} = X, \quad X_{N+1}^{\mathrm{adv}} = \mathrm{Clip}_{X,\epsilon}\{X_N^{\mathrm{adv}} + \alpha\,\mathrm{sign}(\nabla_X J(X_N^{\mathrm{adv}}, y_{\mathrm{true}}))\} \tag{1.4}$$

式中，X_{N+1}^{adv}表示在 $N+1$ 次迭代中生成的对抗样本，它是在 X_N^{adv} 的图像像素值上加上用快速梯度符号法 FGSM 计算的扰动而得到的结果。在作者的实验中，取 $\alpha=1$ 且 $N=\min(\epsilon+4, 1.25\,\epsilon)$，足以在合理的计算复杂度内达到 ϵ 最大范数球的边缘。

快速梯度符号法 FGSM 和基本迭代方法 BIM 都只是在尝试使分类产生错误，而不关心模型会将输入错误分类为哪种错误类别。最小似然分类迭代方法 ILCM 旨在生成特定对抗样本，该对抗样本使得训练好的神经网络模型将图像 X 错误分类为最小似然的类别 y_{LL}：

$$y_{LL} = \underset{y}{\operatorname{argmin}}\{p(y \mid X)\} \tag{1.5}$$

根据此定义,最小似然的类别将是与真实类别完全不同的类别。为了生成被归类为y_{LL}的对抗图像,我们将方向 $\operatorname{sign}(\nabla_X \log p(y_{LL} \mid X))$上的扰动迭代添加到原始图像上,对于采用交叉熵损失函数的神经网络来说,该方向等同于 $\operatorname{sign}(\nabla_X J(X, y_{LL}))$。因此,迭代步骤可以表示如下:

$$X_0^{adv} = X, \quad X_{N+1}^{adv} = \operatorname{Clip}_{X,\epsilon}\{X_N^{adv} - \alpha \operatorname{sign}(\nabla_X J(X_N^{adv}, y_{true}))\} \tag{1.6}$$

同样的,式中的 α 用于控制步长,在本章作者的实验中等于 1。

文献[29]采用 Inception v3 模型和来自 ImageNet 数据集的 50000 个验证样本,使用 FGSM、BIM 和 ILCM 这三种方法以不同的 ϵ 值生成了对抗样本,对它们的性能做了比较。图 1.5 中比较了在原始图像和对抗图像上 Inception v3 模型的 top-1 和 top-5 分类准确率。如图所示,使用相对较小的 ϵ 值时,FGSM(图中用“fast adv.”表示)可以使 top-1 和 top-5 分类精度降低约 40%。但 $\epsilon \geqslant 32$ 之后,准确率不再继续降低。BIM(图中用“basic iter. adv.”表示)在较小的 ϵ 值时可以生成更好的对抗样本,增加 ϵ 值无法提高对抗样本质量。相比之下,ILCM(图中用“least likely class adv.”表示)显示出较好的性能,它在非常小的 ϵ 值下就可使神经网络将大多数图像误分类。本章实验中作者取 $\epsilon \leqslant 16$,因为它生成的扰动很小,但足以导致大多数图像分类错误。

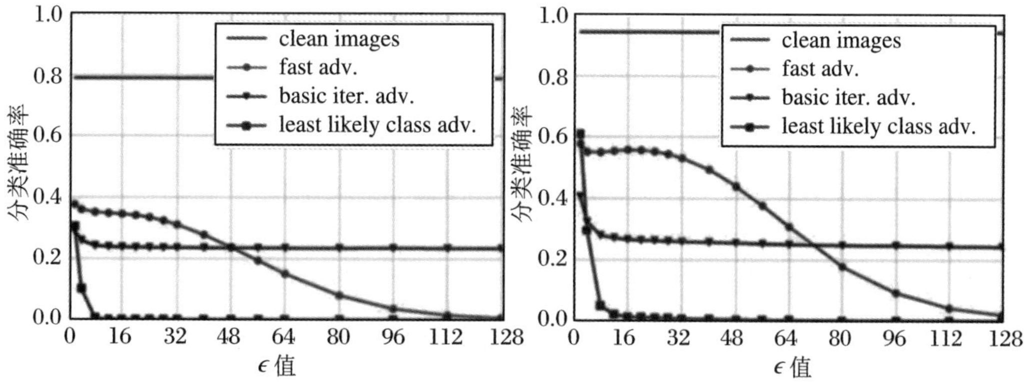

图 1.5 在不同对抗方法和 ϵ 值的情况下,Inception v3 模型的 top-1 和 top-5 分类准确率对比[13]

准确率是根据 ImageNet 数据集中的 50000 张验证图像计算得出的。

2.4 基于雅可比矩阵的显著图攻击

基于雅可比矩阵的显著图攻击(Jacobian-based saliency map attack, JSMA)[24]通过构建对抗性显著图来生成对抗样本。在这种方法中,给定被神经网络 F 分类为 Y 的原始样本 X,我们想要生成一个与 X 非常相似的对抗样本X^*,但被 F 误分类为$Y^* \neq Y$:

$$\underset{\delta_X}{\operatorname{argmin}} \|\delta_X\| \quad \text{s.t.} \quad F(X+\delta_X) = Y^* \tag{1.7}$$

其中 δ_X是加到X 上以生成对抗样本X^*的小扰动，而$\|\cdot\|$是视情况而定的范数。

为了生成对抗样本 X^*，JSMA 首先计算原始样本 X 的正向导数，即训练过程中学习到的神经网络 F 的雅可比矩阵：

$$\nabla F(X) = \frac{\partial F(X)}{\partial X} = \left[\frac{\partial F_j(X)}{\partial X_i}\right]_{i \in 1,\cdots,M; j \in 1,\cdots,N} \tag{1.8}$$

接下来的第二步是构造一个对抗显著图，该图表明我们应该扰动哪个特征以最有效地生成对抗样本。因为神经网络通过 $\text{label}(X) = \underset{j}{\operatorname{argmax}} F_j(X)$来预测类别标签，所以我们要增加目标类别 t 的 $F_t(X)$概率，并降低所有其他类别 $j \neq t$ 的概率 $F_j(X)$，使$F_t(X)$成为最大概率。此过程可通过增加显著图 $S(X,t)$显示的输入特征来完成：

$$S(X,t)[i] = \begin{cases} 0, & \dfrac{\partial F_t(X)}{\partial X_t} < 0 \text{ 或} \displaystyle\sum_{j \neq t} \dfrac{\partial F_t(X)}{\partial X_t} > 0 \\ \left(\dfrac{\partial F_t(X)}{\partial X_t}\right) \left| \displaystyle\sum_{j \neq t} \dfrac{\partial F_t(X)}{\partial X_t} \right|, & \text{其他} \end{cases} \tag{1.9}$$

所发现的特征被加以少量扰动，以生成新的临时样本 X^*。上述的步骤将使用新的 X^*进行多次迭代，直到累积的扰动达到最大允许的失真为止。

文献[16]在神经网络 LeNet（一种常用的手写数字识别神经网络）上对 JSMA 方法进行了验证。实验结果表明，在 MNIST 数据集上，将任意输入样本误分类到指定目标样本上的成功率为 97.10%，并且输入特征的平均扰动仅为 4.02%。图 1.6 显示了对角线上的 10 个原始样本和针对不同目标分类所生成的 90 个对抗样本。

2.5 DeepFool

DeepFool[21]基于分类器的迭代线性化计算原始图像的最小范数对抗扰动。本节介绍 DeepFool 用于二分类的核心算法。此算法可以很容易地扩展到多分类，因为多分类可以被视为由多个二分类组成。我们定义 $f: \mathbf{R}_n \to \mathbf{R}$ 为图像分类函数，$\hat{k}(x) = \text{sign}(f(x))$是给定图像 x 的分类标签。此外，我们定义分类函数 f 在零点的超平面为 $\mathscr{F} = \{x : f(x) = 0\}$。对于点$x_0$，改变分类器的分类判定前提下使$x_0$向超平面 $\mathscr{F}$ 做最小的移动即所需的最小扰动，该值由如下公式给出：

$$r_*(x_0) := \operatorname{argmin} \|r\|_2 \quad \text{s.t.} \quad \text{sign}(f(x_0 + r)) \neq \text{sign}(f(x_0)) \tag{1.10}$$

$\Delta(x_0; f)$称为函数 f 在点x_0 的鲁棒性。在第 i 次迭代时，算法通过围绕点 x_i 线性化分类函数f 来估计x_i 处f 的鲁棒性，其计算公式为

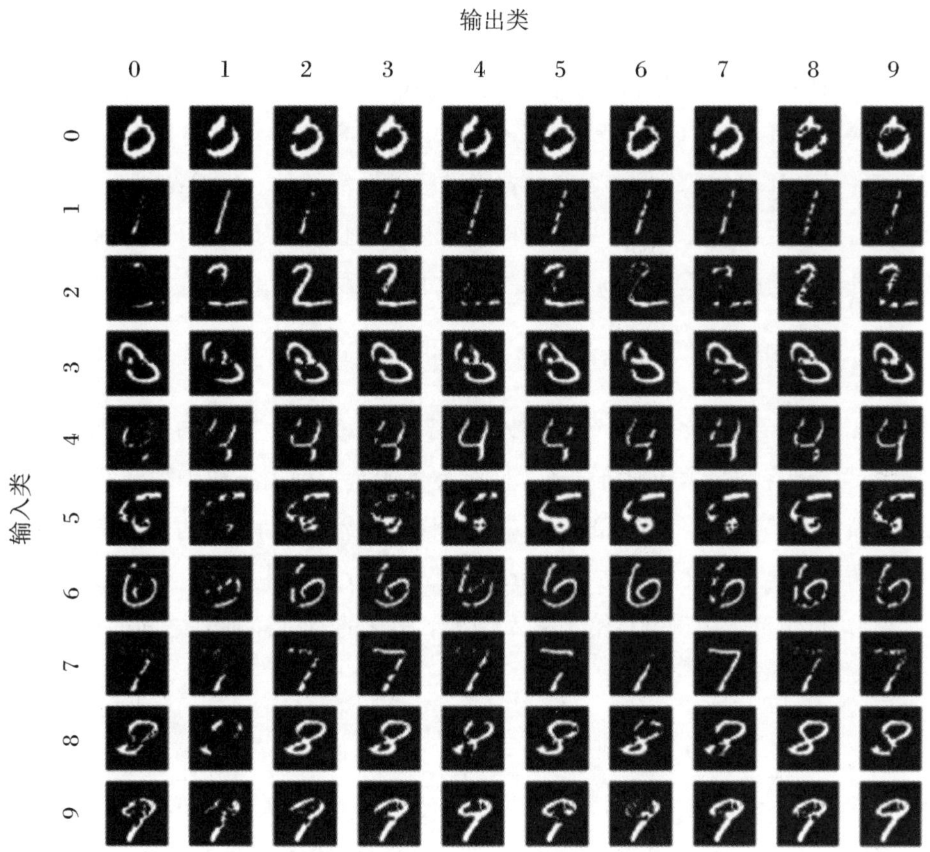

图 1.6　MNIST 数据集上的原始样本和生成的对抗样本[24]

行表示原始输入类别，列表示目标类别。

$$\underset{r_i}{\operatorname{argmin}} \| r \|_2 \quad \text{s.t.} \quad f(x_i) + \nabla f(x_i)^{\mathrm{T}} r_i = 0 \tag{1.11}$$

对于线性化了的分类函数 f，最小扰动是 x_i 在 $\mathscr{F}$ 上的正交投影，如图 1.7 所示，可由如下公式给出：

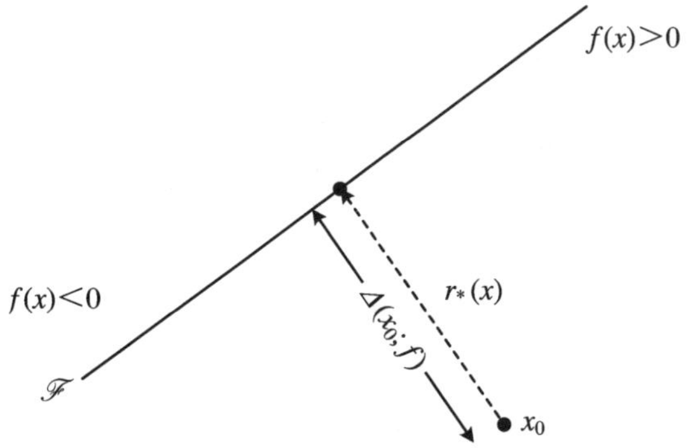

图 1.7　线性二进分类器的最小扰动计算[21]

$$r_*(x_i) = -\frac{f(x_i)}{\|\nabla f(x_i)\|_2^2}\nabla f(x_i) \tag{1.12}$$

当分类器的符号发生改变时，该算法终止迭代。

该算法已在LeNet、GoogLeNet、CaffeNet[10]等8个最新分类器上使用MNIST、CIFAR-10[11]和ILSVRC2012[26]3个数据集进行了性能评估。实验结果表明DeepFool可以准确有效地生成对抗样本。此外，作者声称与快速梯度符号法FGSM相比，在具有相同攻击性能的情况下，DeepFool可以生成更小的扰动。

2.6 Carlini & Wagner 攻击

Carlini & Wagner攻击[3]（C&W攻击）旨在通过对具有防御性蒸馏（defensive distillation）的神经网络生成对抗样本。防御性蒸馏是一种用于防御神经网络的对抗性攻击的最新技术[25]，本章的下一部分将对此做详细介绍。文献[3]的研究表明防御蒸馏模型能够防御其他类型攻击，但是在Carlini & Wagner攻击中失效。

L_p 距离度量范数用于量化给定输入样本 x 和它的对抗样本 x' 之间的相似性，记为 $\|x-x'\|_p$，其中 p 范数 $\|\cdot\|_p$ 为

$$\|v\|_p = \left(\sum_{i=1}^{n}|v_i|^p\right)^{\frac{1}{p}} \tag{1.13}$$

Carlini & Wagner攻击使用了3个被广泛使用的 L_p 距离度量范数：

（1）L_0 距离：$x_i \neq x_i'$ 的下标 i 的个数，即对图像做了微小扰动的像素个数。

（2）L_2 距离：度量 x 与 x' 之间的欧氏距离。

（3）L_∞ 距离：测量坐标中的最大变化。

我们可以这样形式化定义Carlini & Wagner攻击方法，给定训练好的分类器 C、图像 x 和目标分类标签 t，我们希望找到一些满足如下公式要求的微小扰动 δ：

$$\underset{\delta}{\arg\min}\ \|\delta\|_p \quad \text{s.t.} \quad C(x+\delta)=t, \quad x+\delta\in[0,1]^n \tag{1.14}$$

为了解决该优化问题，我们选择合适的目标函数 f，使得仅当 $f(x+\delta)\leqslant 0$ 时 $C(x+\delta)=t$。此外，我们使用常数 $c>0$ 来控制目标函数的灵敏度。上面的等式可以转换为

$$\underset{\delta}{\arg\min}\ \|\delta\|_p + c\cdot f(x+\delta) \quad \text{s.t.} \quad x+\delta\in[0,1]^n \tag{1.15}$$

函数 f 有多种选择，文献[3]作者使用的目标函数为

$$f(x') = \max(\max\{Z(x')_i : i\neq t\} - Z(x')_t, -k) \tag{1.16}$$

其中 Z 为logits函数，k 用于控制分类错误的置信度。

文献[3]的实验分别使用 L_0、L_2 和 L_∞ 距离度量生成对抗样本，在ImageNet、CIFAR和MNSIT 3个数据集上对不同攻击类型进行了性能评估。结果显示，使用 L_2 距

离度量具有最佳性能，能够找到仅为 FGSM、JSMA、DeepFool 等其他方法 1/10 的失真，L_0可以生成失真少 50%的对抗样本，而L_∞具有与其他方法相似的性能。

文献[3]的作者还利用了对抗样本的一个重要特征：可迁移性，这是黑盒攻击的核心概念之一。作者表示，当 k 的值足够大时，可以使用为一个模型生成的对抗样本攻击另一个模型。我们将在 2.7 节中讨论此概念和黑盒攻击技术。

2.7 基于可迁移性的方法

与需要获取神经网络架构和参数信息的白盒攻击不同，黑盒攻击无法获取这些信息。黑盒攻击的许多工作都是基于可迁移性的方法。可迁移性是指为一个模型生成的对抗样本也可能被另一个模型误分类的属性。因此，在目标模型架构不可知的黑盒攻击环境中，我们可以构造目标模型的替代物，基于替代模型生成对抗样本，然后使用生成的样本对目标模型进行攻击。

Papernot 等人[23]首次展示了对神经网络的黑盒攻击。这项工作表明，可以在不知道模型的架构和参数的情况下进行对抗攻击。攻击方法可分为两个阶段：训练替代模型和构造对抗样本。

工作的第一步是训练替代模型 F 作为目标模型的先知(oracle) O。要构建替代模型，我们首先需要选择其架构。架构选择取决于模型的目标，例如模型是用于图像分类还是文本处理等任务。我们希望选择适合任务的模型，例如选择卷积神经网络 CNN 对图像进行分类。作者宣称，替代模型的神经网络层的类型、数量和大小对任务的影响相对较小。

为了生成替代模型的训练数据集，需首先收集具有代表性的小训练集输入S_0，然后对每个输入 $\vec{x} \in S_0$通过查询目标模型先知 O 获取对应标签$\widetilde{O}(\vec{x})$。在训练得到初始替代模型 F 之后，我们可以通过计算对于 $\vec{x}$ 标签 F 的 Jacobian 矩阵维的符号来迭代地扩充数据集。第 ρ 轮迭代时的增强数据集S_ρ 为

$$S_{\rho+1} = \vec{x} + \lambda \cdot \operatorname{sgn}(J_F[\widetilde{O}(\vec{x})]): \vec{x} \in S_\rho \cup S_\rho \tag{1.17}$$

其中 λ 是控制增强步长的参数。图 1.8 说明了扩充数据集的训练过程。

一旦有了替代的神经网络模型，我们就可以基于这个替代模型使用恰当的白盒攻击技术生成对抗样本。作者在他们的工作中运用快速梯度符号法 FGSM 和基于雅可比矩阵的显著图攻击 JSMA 方法生成对抗样本。

此黑盒攻击方法已在 MetaMind、Amazon、Google 等公司拥有的多个实际分类器上进行了性能评估，并取得了很高的成功率。我们将在 4.1 节中讨论这些现实世界中的实际攻击示例。

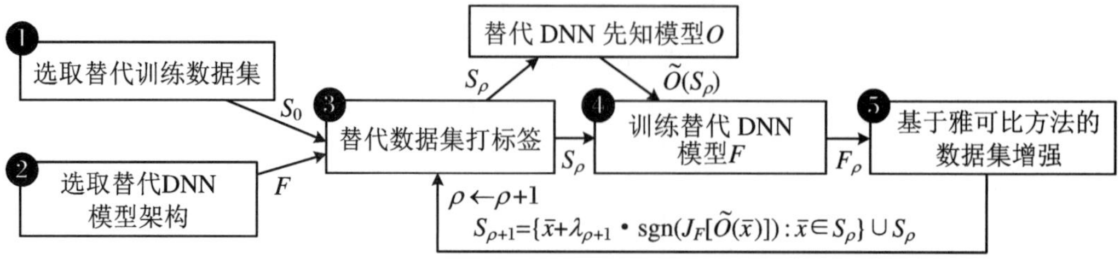

图 1.8 训练替代 DNN 和数据集扩充的过程[23]

2.8 Houdini 方法

Houdini 方法[4]通过生成针对任务损失函数量身定制的对抗样本来欺骗基于梯度的模型。形式上，给定具有参数 θ 和损失函数$l(\cdot)$的神经网络 g_θ，可以将输入(x, y)的对抗样本$\tilde{x}$定义为

$$\tilde{x} = \underset{\tilde{x}:\|\tilde{x}-x\|_p \leqslant \epsilon}{\operatorname{argmax}} \ l(y_\theta(\tilde{x}), y) \tag{1.18}$$

其中$\|\cdot\|_p$ 为 p 范数，ϵ是控制攻击强度的参数。为了能够优化任务损失，提出了名为 Houdini 的替代损失函数$\bar{l}_{\mathrm{H}}$：

$$\bar{l}_{\mathrm{H}}(\theta, x, y) = \mathbb{P}_{\gamma \sim N(0,1)}[g_\theta(x, y) - g_\theta(x, \hat{y}) < \gamma] \cdot l(\hat{y}, y) \tag{1.19}$$

如以上方程式所示，Houdini 具有两个部分。第一部分是随机余量，用于计算实际标签分数与预测标签分数之差小于 γ 的概率，这部分表示预测的置信度。第二部分是我们想要最大化的原始损失，当第一部分中的概率趋近于 1 时，代理损失函数会收敛到原始任务损失函数。该性质保证了 Houdini 是生成对抗样本任务里面损失函数的一个良好替代。为简洁起见，此处省略了 Houdini 梯度计算的推导过程，其最终的结果可以使用以下公式进行计算：

$$\Delta_g[\bar{l}_H(\hat{y}, y)] = \begin{cases} -C \cdot \mathrm{e}^{-|\delta_g(y,\hat{y})|^2/2} l(y, \hat{y}), & g = g_\theta(x, y) \\ C \cdot \mathrm{e}^{-|\delta_g(y,\hat{y})|^2/2} l(y, \hat{y}), & g = g_\theta(x, \hat{y}) \\ 0, & \text{其他} \end{cases} \tag{1.20}$$

其中，$C = \dfrac{1}{\sqrt{2\pi}}$，$\delta_g = g_\theta(x, y) - g_\theta(x, \hat{y})$。

Houdini 已在人体动作预测、语义分割和语音识别等不同任务中做了性能评估。我们将在 4.2 节中介绍将 Houdini 用于攻击语音识别系统的实验。

3 防御对抗攻击的方法

随着对抗攻击技术的发展,已经开发了各种模型来防御这些攻击并获得了良好的结果。现有的这些工作可以大致分为三类:

(1) 修改训练样本。这类方法将对抗攻击的知识整合到训练数据集中,其中的大多数将由攻击方法生成的对抗样本添加到正常的训练集中以训练出更鲁棒的模型。

(2) 修改模型结构或训练过程。这类方法通过修改神经网络的某些部分,例如层数、输出层格式、损失函数等,或更改训练神经网络的步骤,例如添加预训练步骤、训练后步骤、重复多次正常训练过程等,来训练针对对抗攻击的鲁棒模型。

(3) 与其他模型组合。这类方法训练了一个或多个除原始模型之外的其他模型,以帮助神经网络在对抗环境下进行分类。

一些防御策略可能会结合多种方法。例如,将在本节中介绍的基于博弈论的方法既增加了对抗训练样本,又修改了训练过程。

本节将介绍的防御对抗攻击的 5 种代表性方法如表 1.2 所示。

表 1.2 本节将介绍的防御方法及其类别列表

方　法	类　别
对抗训练[7, 21]	加入对抗训练样本
防御蒸馏[25]	改变模型结构或者训练过程
基于博弈论的方法[32]	加入对抗训练样本,改变模型结构或者训练过程
MagNet[20]	与其他模型对抗训练
防御型生成对抗网络[27]	与其他模型对抗训练

3.1 对抗训练

防御对抗攻击的一种流行方法就是所谓的对抗训练。这种方法把一个或多个攻击模型生成的对抗样本添加到训练集中,利用添加了对抗样本的训练集对模型进行重新训练,从而提高所训练模型的鲁棒性。实际上,许多关于对抗攻击的工作都在生成对抗性样本,并将生成的样本用于训练对攻击更鲁棒的模型,例如文献[7,21]中所述的工作等。

我们首先讨论由 Goodfellow 等人[7]完成的对抗训练方法。他们使用在 2.2 节中讨论的快速梯度符号法 FGSM 生成对抗样本。采用在 2.2 节中使用的记号,对抗目标函

数为

$$\widetilde{J}(\theta,x,y)=\alpha\cdot J(\theta,x,y)+(1-\alpha)\cdot J(\theta,x+\epsilon\,\mathrm{sign}(\nabla_x J(\theta,x,y))) \quad (1.21)$$

其中，α 参数用于控制添加到原始训练集中的对抗样本的比例，在文献[7]的实验中其值为0.5。如文献[7]所述，经过对抗训练的模型，其对 FGSM 生成对抗样本的分类错误率有显著降低，从 89.4%降低到了 17.9%。对抗训练过程可以看作是一种特殊的主动学习。主动学习的特点是可以在新的数据点上得到其标签，并把新的带标签的数据点加入到训练集中重新学习。在对抗学习中，新数据点的标签不是由人指定的，而是通过复制邻近点的标签来生成。

另一个对抗训练的例子是 Moosavi-Dezfooli 等人在文献[21]中所提出的。其基本的想法是用所提出的 Deepfool 方法生成对抗样本来训练神经网络。这种方法使用 5 个额外的期数(epoch)对网络进行微调，在添加细微扰动的训练集上学习速率将降低 50%。文献[21]使用模型鲁棒性指标评估了这种对抗训练方法的性能。模型 f 在测试集 T 中所有输入 x 上的鲁棒性 $\hat{\rho}_{\mathrm{adv}}$ 定义为

$$\hat{\rho}_{\mathrm{adv}}(f)=\frac{1}{|T|}\sum_{i\in T}\frac{\|\hat{r}(x)\|_2}{\|x\|_2} \quad (1.22)$$

其中 $\hat{r}$ 是使用 Deepfool 方法生成的扰动。图 1.9 给出了 CIFAR-10 数据集上 LeNet 模型在每个期数之后其鲁棒性的演变。这里比较了使用三种不同方法生成新的样本加入训练集中，分别是使用 FGSM 生成对抗样本、使用 Deepfool 生成对抗样本、使用原始的未改变的新样本。在使用 Deepfool 生成对抗样本时，经过对抗训练微调的模型在鲁棒性方面表现最佳，并且与使用未改变的新样本重新训练模型相比有显著改进。一个有趣的现象是，在使用 FGSM 生成的对抗样本时，随着期数的增加鲁棒性会越来越差。作者怀疑这是由于 FGSM 生成的扰动比 Deepfool 大得多所致。

3.2 防御蒸馏

增强防御对抗攻击的鲁棒性还可通过修改神经网络的训练过程来实现，其中一种重要的方法是防御蒸馏[25]，这种方法受到了 Hinton 等人在文献[9]中引入的蒸馏技术的启发。

这里所说的“蒸馏”是一种用于将知识从相对复杂网络迁移到相对简单网络的技术(译者注：这里“蒸馏”一词类似于将一个较大的复杂的神经网络“浓缩”成一个较小的简单神经网络)。这种可迁移性基于这样一个事实，即经过训练的神经网络的知识不仅被编码为权重参数，而且还被编码为概率向量。因此，我们可以从概率向量中提取类知识，并将其转移到另一个神经网络。蒸馏最初是为降低神经网络架构的复杂性而开发的，以

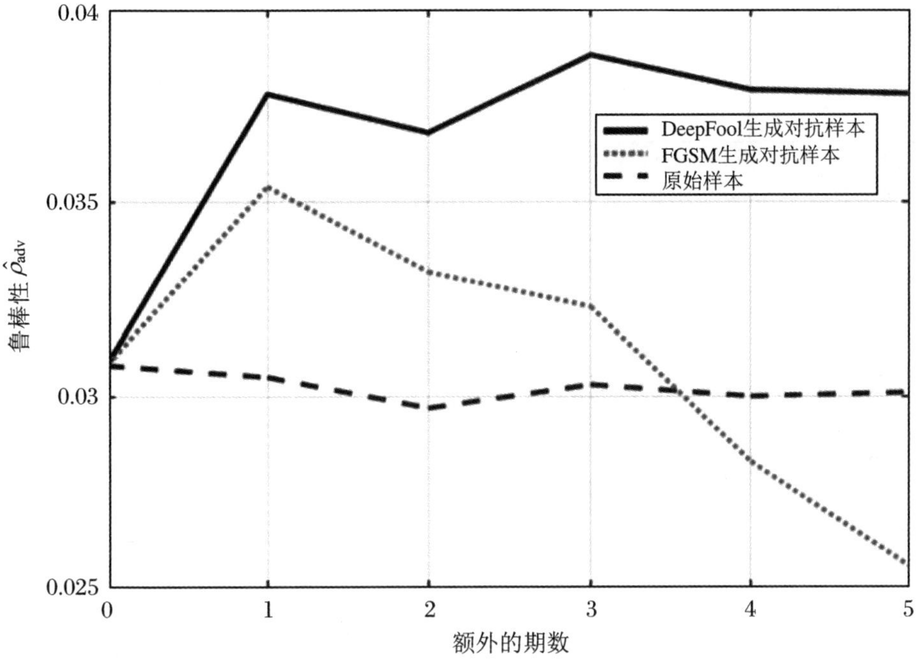

图 1.9 CIFAR-10 数据集上 LeNet 模型的鲁棒性随期数(epoch)的变化[21]

便将其部署在智能手机等资源有限的设备上。

之所以蒸馏可以作为防御技术，其直观解释是：将知识从较大的神经网络迁移到较小的神经网络可以在保持合理准确性的前提下提高网络的泛化能力，因此，经过蒸馏后的网络对扰动将更加鲁棒。

在文献[25]的方法中，作者探索了针对以 softmax 层作为输出层的神经网络的防御蒸馏技术。形式上采用独热编码(one-hot-encoding)定义训练集 χ 上的输入 X 的硬标签为 $Y(X)$，然后通过以下步骤训练模型：

(1) 使用给定的训练集，在“温度”T 下训练具有 softmax 输出层的深层神经网络 F。概率向量为 $F(X)=p(\cdot \mid X,\theta_F)$，其中 θ_F 是 F 的参数。

(2) 生成一个新的训练集 $\{(X,F(X)):X\in\chi\}$，其中使用软目标 $F(X)$ 代替了原始的硬标签 $Y(X)$。

(3) 使用新的训练集，以与 F 相同的架构和“温度”来训练蒸馏网络 F^{d}。

此过程的核心部分是使用软目标 $F(X)$ 代替硬标签 $Y(X)$，这使我们能够利用概率向量中的知识。图 1.10 说明了训练蒸馏神经网络的整个过程。

文献[25]采用深度神经网络 DNN 在 MNIST 和 CIFAR-10 数据集上对防御蒸馏技术进行了评估。实验结果表明，该方法能够防御多种流行的对抗攻击，例如 L-BFGS、FGSM 等。但是，正如我们在 2.6 节中讨论的那样，防御蒸馏在 Carlini & Wagner 攻击下失效。

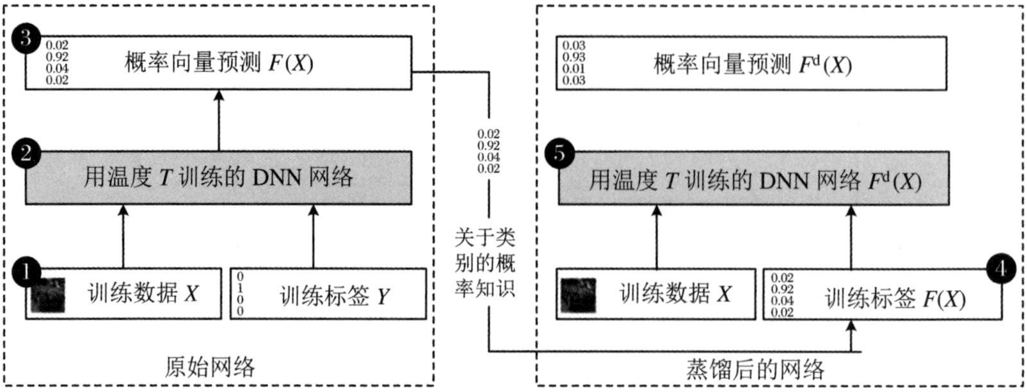

图 1.10 训练蒸馏神经网络的过程

3.3 基于博弈论的方法

博弈论是一种策略框架，旨在为竞争者优化各方的收益。近年来，博弈论被用于开发针对对抗学习的鲁棒模型。[18,19,31,32]本节介绍一种基于博弈论的方法，来训练可抵御对抗攻击的分类器，该方法既增加对抗训练样本，又修改模型的训练过程。[32]在这种方法中，训练分类器和攻击经训练分类器的过程表述为模型开发者与攻击者之间的非零和博弈。

在二分类设置中，对于给定的训练数据集$(x_i, y_i)_{i=1}^{n}$，其中x_i是输入，而$y_i \in \{-1, 1\}$是输入x_i的标签，模型开发者的目标是找到分类器的最优训练权重 w^*：

$$w^* = \underset{w}{\operatorname{argmin}} \frac{1}{n} \sum_{i=1}^{n} l(y_i, w, x_i) + \lambda_w \| w \|_p \tag{1.23}$$

其中 l 为恰当的(凸)损失函数，λ_ω是正则化参数，$\| \cdot \|_p$ 是L_p 范数。在文献[32]的实验中，表 1.3 中的 3 个不同的损失函数分别应用于 L_1和 L_2范数。

表 1.3 博弈双方使用的损失函数[32]

	$l(y_i, w, x_i)$
二次函数(square)	$\frac{1}{2}\| y_i - w^{\mathrm{T}} x_i \|_2$
逻辑函数(logistic)	$\log(1 + \mathrm{e}^{-y_i w^{\mathrm{T}} x_i})$
铰链函数(hinge)	$(1 - y_i(w^{\mathrm{T}} x_i))_+$

为了形式化定义对手的目标，我们将所有带有正标记的样本表示为$(x_i, 1)_{i=1}^{\mathrm{npos}}$，将所有带有负标记的样本表示为$(x_i, -1)_{i=\mathrm{npos}+1}^{n}$。对手的目标是计算一个小的扰动 α^*：

$$\alpha^* = \underset{\alpha}{\operatorname{argmin}} \frac{1}{\mathrm{npos}} \sum_{i=1}^{\mathrm{npos}} l(-1, w, x_i + \alpha) + \lambda_\alpha \| \alpha \|_p \tag{1.24}$$

一旦对手生成了α^*，模型开发者将使用更新的训练集$(x_i^*, y_i)_{i=1}^n$来找到新的权重ω^*，其中x^*是扰动为α^*的更新输入。依次重复执行这两个步骤，直到达到的纳什均衡状态或累积的扰动达到预定义的最大预算 MB。详细的步骤在算法 1.1 中进行了描述。

算法 1.1　非零和博弈算法[32]

Input：Training data $D = \{x_i, y_i\}_{i=1}^n$，maximum budget MB，$\lambda_\omega, \lambda_\alpha$ and Norm p

Output：ω and α

1：// 用原始训练数据训练初始分类器

2：$\omega = \underset{\omega}{\operatorname{argmin}} \frac{1}{n} \sum_{i=1}^{n} \ell(y_i, \omega, x_i) + \lambda_\omega \| \omega \|_p$

3：Cost ← 0，α_{Sum} ← 0

4：while Cost <= MB do

5：// 步骤 1：攻击者攻击

6：// 通过将负标签赋给正常样本来学习 α

7：$\alpha = \underset{\alpha}{\operatorname{argmin}} \frac{1}{\text{npos}} \sum_{i=1}^{\text{npos}} \ell(-1, \omega, (x_i + \alpha)) + \lambda_\alpha \| \alpha \|_p$

8：for positive data：$x_i^{*\,\text{npos}} = x_i^{\text{npos}} + \alpha$

9：// 步骤 2：模型开发者应对

10：$\omega = \underset{\omega}{\operatorname{argmin}} \frac{1}{n} \sum_{i=1}^{n} \ell(y_i, \omega, x_i^*) + \lambda_\omega \| \omega \|_p$

11：// 计算累积开销

12：Cost += $\| \alpha \|_1$

13：**end while**

14：return ω

除了对流行的数字图像数据集 MNIST 和 USPS 进行实验外，作者还进行了垃圾邮件检测的实验。实验结果表明，与常规分类器相比，基于博弈论的分类器在针对未知的新型垃圾邮件上，性能退化的速度要慢得多。

3.4　MagNet

文献[20]提出了 MagNet 框架，它通过添加一个或多个检测器(detector)网络和一个重整器(reformer)网络来防御神经网络的对抗攻击。分类错误在此框架中分为两种情况：

(1) 对抗样本离正常样本组的边界很远。在这种情况下，对输入进行错误分类是因为分类器必须给出一个预测标签，即使计算结果表明该预测标签的概率极低。

(2) 对抗样本接近正常样本组的边界。在这种情况下，分类器将输入错误分类到接近的对抗样本类。

对于任何给定的输入 x，MagNet 将首先通过检测器网络检查输入样本与正常样本的差异以确定输入是否适用于上述第一种分类错误情况。如果所有检测器都将输入检测为对抗样本，那么我们处于第一种情况，并完成该过程。否则，我们处于第二种情况，此时应用重整器网络将输入重整为 x' 后再将其传递给分类器进行分类计算。图 1.11 说明了这两种情况下 MagNet 的工作流程。

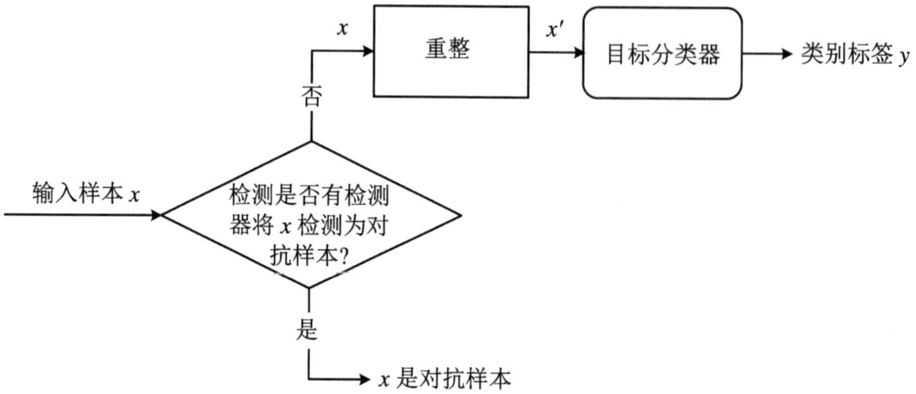

图 1.11　MagNet 工作流程图解[20]

在这种方法中应用了两种类型的检测器。第一类检测器基于重建误差。它使用自编码器(autoencoder, AE)作为检测器，并使用重建误差来估计输入样本组与正常样本组之间的距离。自编码器 AE 是一种神经网络，其输出值类似于输入。它能够学习隐藏的对输入更简单的表示，以进行正则化。自编码器由两部分组成：编码器 $e: S \to H$ 和解码器 $d: H \to S$，其中 S 是输入空间，H 是隐藏表示空间。输入 x 使用自编码器的重建误差如下所示：

$$E(x) = \| x - \mathrm{AE}(x) \|_p \tag{1.25}$$

其中 $\mathrm{AE}(x)$ 为输出的自编码器，$\| \cdot \|_p$ 是 L_p 范数。

另一类型的检测器基于概率散度，用于检测具有较小重构误差的对抗样本。函数 $f(x)$ 定义为使用 softmax 函数作为最后一层的神经网络输出。我们使用 Jensen-Shannon 散度(JSD)来计算 $f(x)$ 和 $f(\mathrm{AE}(x))$ 之间的散度：

$$\mathrm{JSD}(P \| Q) = \frac{1}{2} D_{\mathrm{KL}}(P \| M) + \frac{1}{2} D_{\mathrm{KL}}(Q \| M) \tag{1.26}$$

其中 $D_{\mathrm{KL}} = (P \| Q) = \sum_i P(i) \log \frac{P(i)}{Q(i)}$，且 $M = \frac{1}{2}(P + Q)$。

重整器也有两种类型。第一种是基于朴素噪声的重整器，它将随机高斯噪声添加到输入中。另一种类型重整器是基于自编码器的重整器。这个重整器可以作为检测器训练的自编码器。这个经过训练的自编码器可以最大程度地减少重建误差,因为它为正常样本生成几乎相同的输出,而将对抗样本输出为类似于相邻正常样本的近似值。

文献[20]在 MNIST 数据集和 CIFAR-10 数据集上,对 MagNet 框架保护神经网络免受 FGSM、迭代式梯度符号方法、DeepFool 和 C&W 攻击的性能进行了评估。MagNet 在所有攻击中的准确率均达到 75%以上,在超过一半的攻击中可达到 90%以上的分类准确率,这表明了 MagNet 防御不同类型攻击的有效性。

3.5 防御型生成对抗网络

作为结合多个模型来防御对抗攻击的一种框架,防御型生成对抗网络 Defense-GAN[27]利用了流行的生成模型"生成对抗网络"(generative adversarial networks, GAN)的表示(representative)能力来防御对抗攻击。

生成对抗网络 GAN 是一种深度学习框架,用于创建类似于给定输入数据的合成数据。[6]该框架由两个网络组成:生成器 G 和鉴别器 D。从直观上讲,生成器生成类似于输入数据的数据,而鉴别器则用于判别某数据是来自输入数据集还是来自生成器的输出。形式上,我们将生成器 G 基于随机输入向量 z 根据分布 $p_z(z)$ 生成的输出记为 $G(z)$。此外,$D(x)$ 是 x 来自输入数据而不是由 G 生成的概率。在对抗设置中我们同时训练 G 和 D,训练 D 的目的为最大化分类为正确标签的概率,同时训练 G 生成 $G(z)$ 来尽可能成功欺骗 D。训练 G 和 D 依赖于一个组合值函数 $V(D,G)$:

$$\min_G \max_D V(D,G) = E_{x\text{dim}p_{\text{data}}(x)}[\log D(x)] + E_{z\text{dim}p_z(z)}[\log(1 - D(G(z)))] \quad (1.27)$$

防御型 GAN 是基于 GAN 的一种变体 Wasserstein GAN(WGAN)而开发的。[1]当我们有一张待分类的图像 x 时,我们将首先使用训练好的 WGAN 生成器生成具有最小误差的替代图像 $G(z)$:

$$\min_z \| G(z) - x \|_2^2 \quad (1.28)$$

接着将生成的图像 $G(z)$ 而不是原始图像 x 送入分类器。该过程的直观解释是由生成器 G 产生的图像与图像 x 相比,对抗噪声更小,因此可以被更精确地分类。防御型 GAN 框架算法的基本过程如图 1.12 所示。

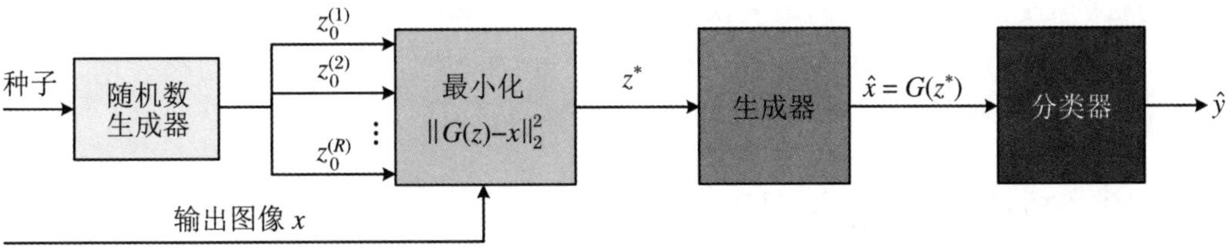

图 1.12 防御型 GAN 算法基本过程[27]

防御型 GAN 已针对 FGSM、C&W 攻击等白盒攻击和黑盒攻击进行了测试,并将其对抗训练的性能和 MagNet 进行了比较。结果表明,防御型 GAN 是一种可行的防御框架。但是,正如作者所指出的那样,模型的性能在很大程度上取决于对 GAN 的正确训练,而 GAN 的训练通常是一项具有挑战性的任务。

4 对抗学习在网络安全中的应用

随着越来越多的对抗学习技术(尤其是黑盒攻击技术)被研发出来,许多对抗学习技术已用于攻击实际应用中的深度学习框架,并引起了网络安全方面的问题。这里我们介绍一些最近的工作,这些工作试图在现实世界中攻击商用产品和 Web 服务,并取得了很高的攻击成功率。

4.1 攻击商业 Web 服务

Papernot 等人[23]对托管在 MetaMind、Amazon 和 Google 上的商用 Web 服务进行了实际的黑盒攻击。

文献[23]所述攻击使用了在 2.7 节中讨论的基于可迁移性的攻击方法。作者首先上传了 50000 个样本的 MNIST 数据集,使用位于 https://metamind.io/的 Web 服务训练了一个深度神经网络 DNN 分类器。该分类器在训练 36 小时后得到了 94.97%的精度。为了攻击该经过训练的分类器,作者准备了一个替代训练集。该替代训练集从原始训练集中的 150 个样本和 100 个新样本扩充而来。然后,他们训练了两个替代 DNN,分别达到 81.2% 和 67%的准确性。通过使用具有不同 ϵ 值的 FGSM 进行攻击,用替代 DNN 模型生成对抗样本。当 $\epsilon=0.3$ 时,原始模型对基于两个替代模型生成的对抗样本的误分类率分别达到 84.24%和 78.72%。该方法成功地欺骗了通过 MetaMind Web 服务训练的原始模型。

他们还攻击了用 https://aws.amazon.com/machine-learning 上的 Amazon Machine Learning API 和 https://cloud.google.com/prediction 上的 Google Cloud Prediction API 训练的模型。攻击过程与攻击 MetaMind 的过程相似,因此这里略去对攻击方法的描述。他们获得的最大误分类率,在 Amazon Web 服务上训练的 DNN 为 96.78%,在 Google Web 服务上训练的 DNN 为 97.17%。这些实验结果表明,商用 Web 服务中的许多最先进的机器学习 API 都无法抵御对抗攻击。

4.2 攻击自动语音识别系统

Cisse 等人[4]展示了一种攻击自动语音识别(automatic speech recognition,ASR)系

统的方法。ASR 是一个由声学模型、语言模型、发音模型等多个组件组成的系统，用于将语音段输入转录为文字输出。实验中使用的 ASR 系统是一个由 2 个卷积层、7 个双向 LSTM 层和 1 个全连接层组成的神经网络。模型的输入是原始频谱图，输出是其转录的文字稿。

2.8 节中介绍的 Houdini 方法被用于攻击此 ASR，并与专为 ASR 系统开发的基于连接器时间分类(connectionist temporal classification，CTC)的方法进行了比较。在这种方法中，从 Librispeech 数据集中为 220 个语音段生成对抗样本。[22] 攻击性能采用单词错误率(word error rate，WER)和字符错误率(character error rate，CER)进行评估。结果表明，与基于 CTC 的方法相比，Houdini 攻击在 $\epsilon=0.05$ 时可以导致 WER 升高 2.3 倍，CER 升高 1.8 倍。

此外，作者还以同样的方式在黑盒攻击场景中攻击了 Google Voice。原始语音音频样本和对抗语音音频样本在安装有 Google Voice 的 Android 设备上播放。图 1.13 展示了一些 Google Voice 从原始样本和对抗样本转录而来的文字稿示例。可以看出，与原始输入相比，Google Voice 针对对抗样本的输出中 WER 要高得多。

真实文本:

The fact that a man can recite a poem does not show he remembers any previous occasion on which he has recited it or read it.

Google Voice对原始样本产生的转录结果:

The fact that a man can decide a poem does not show he remembers any previous occasion on which he has work cited or read it.

Google Voice对对抗样本产生的转录结果:

The fact that I can rest I'm just not sure that you heard there is any previous occasion I am at he has your side it or read it.

真实文本:

Her bearing was graceful and animated she led her son by the hand and before her walked two maids with wax lights and silver candlesticks.

Google Voice对原始样本产生的转录结果:

The bearing was graceful an animated she let her son by the hand and before he walks two maids with wax lights and silver candlesticks.

Google Voice对对抗样本产生的转录结果:

Mary was grateful then admitted she let her son before the walks to Mays would like slice furnace filter count six.

图 1.13 Google Voice 对原始输入和对抗输入的转录结果示例[4]

4.3 攻击恶意软件检测器

Grosse 等人[8]对攻击恶意软件分类器进行了实验测试。这项工作表明，对抗攻击可能是对恶意软件检测器等应用程序的威胁。

首先基于 DERBIN 安卓恶意软件数据集[2]训练几个具有不同参数（如层数、每层神经元数等）的前馈神经网络。DERBIN 数据集包含 120000 多个安卓应用程序，其中 5000 个是恶意软件。尽管不同模型之间的差异很小，该分类器的整体预测准确性仍高于 90%。

对抗样本是使用 2.4 节中介绍的 JSMA 方法生成的。由于在生成对抗样本时不应影响该恶意软件的功能，因此作者仅添加了不会干扰其他功能的一些特征，例如权限、意图（intent）、API 调用、网络地址等。将对抗样本输入到上述训练好的不同参数前馈神经网络分类器中，分类错误率始终在 60%到 80%之间。

除了攻击恶意软件检测器之外，作者还探索了三种防御机制。他们发现精心选择参数的对抗学习是最有效的防御机制。此外，尽管提升相对较小，蒸馏也可以提高模型的鲁棒性。最后，特征约简（feature reduction）技术不适用于防御对抗攻击。

5 总结

本章全面介绍了对抗学习领域中的常用模型和较为前沿的模型，并且深入探讨了针对深度学习框架的对抗攻击和防御技术。此外，本章还讨论了将这些技术应用于实际应用的最新工作以及与网络安全的相关性。作者希望本章不仅可以使对抗学习和网络安全社区的研究人员受益，也可以有益于那些在产业界从事相关工作的读者，希望本章可以在他们尝试将这些创新技术应用于解决现实世界中的问题时提供一些帮助。

参考文献

[1] Arjovsky M, Chintala S, Bottou L. 2017. Wasserstein gan. CoRR, abs/1701.07875.

[2] Arp D, Spreitzenbarth M, Gascon H, et al. 2014. Drebin: effective and explainable detection of android malware in your pocket. Proceedings of the 21th Annual Network and Distributed System Security Symposium (NDSS'14).

[3] Carlini N, Wagner D A. 2016. Towards evaluating the robustness of neural networks. CoRR,

abs/1608.04644.
[4] Cisse M, Adi Y, Neverova N, et al. 2017. Houdini: fooling deep structured visual and speech recognition models with adversarial examples. Neural Information Processing Systems (NIPS 2017).
[5] Deng J, Dong W, Socher R, et al. 2009. Imagenet: a large-scale hierarchical image database. 2009 IEEE Conference on Computer Vision and Pattern Recognition: 248-255.
[6] Goodfellow I, Pouget-Abadie J, Mirza M, et al. 2014. Generative adversarial nets. Neural Information Processing Systems (NIPS 2014).
[7] Goodfellow I, Shlens J, Szegedy C. 2015. Explaining and harnessing adversarial examples. International Conference on Learning Representations.
[8] Grosse K, Papernot N, Manoharan P, et al. 2016. Adversarial perturbations against deep neural networks for Malware classification. CoRR, abs/1606.04435.
[9] Hinton G, Vinyals O, Dean J. 2014. Distilling the knowledge in a neural network. Deep Learning and Representation Learning Workshop at NIPS 2014.
[10] Jia Y, Shelhamer E, Donahue J, et al. 2014. Caffe: convolutional architecture for fast feature embedding. Proceedings of the 22nd ACM International Conference on Multimedia, MM'14, New York. ACM: 675-678.
[11] Krizhevsky A. 2009. Learning multiple layers of features from tiny images. Technical report, University of Toronto.
[12] Krizhevsky A, Sutskever I, Hinton G. 2012. Imagenet classification with deep convolutional neural networks. Neural Information Processing Systems (NIPS 2012).
[13] Kurakin A, Goodfellow I J, Bengio S. 2016. Adversarial examples in the physical world. CoRR, abs/1607.02533.
[14] Le Q V. 2013. Building high-level features using large scale unsupervised learning. 2013 IEEE International Conference on Acoustics, Speech and Signal Processing: 8595-8598.
[15] Lecun Y, Bengio Y, Hinton G. 2015. Deep learning. Nature 521:436 EP.
[16] Lecun Y, Bottou L, Bengio Y, et al. 1998. Gradient-based learning applied to document recognition. Proc IEEE, 86(11):2278-2324.
[17] Lecun Y, Bottou L, Bengio Y, et al. 1998. Gradient-based learning applied to document recognition. Proc IEEE, 86(11):2278-2324.
[18] Liu W, Chawla S. 2009. A game theoretical model for adversarial learning. Proceedings of the 2009 IEEE International Conference on Data Mining Workshops. IEEE Computer Society: 25-30.
[19] Liu W, Chawla S. 2010. Mining adversarial patterns via regularized loss minimization. Mach Learn, 81(1):69-83.

[20] Meng D, Chen H. 2017. Magnet: a two-pronged defense against adversarial examples. Proceedings of the 2017 ACM SIGSAC Conference on Computer and Communications Security, CCS'17, New York. ACM: 135-147.

[21] Moosavi-Dezfooli S, Fawziand A, Frossard P. 2016. Deepfool: a simple and accurate method to fool deep neural networks. The IEEE Conference on Computer Vision and Pattern Recognition (CVPR).

[22] Panayotov V, Chen G, Povey D, et al. 2015. Librispeech: an ASR corpus based on public domain audio books. 2015 IEEE International Conference on Acoustics, Speech and Signal Processing (ICASSP): 5206-5210.

[23] Papernot N, McDaniel P, Goodfellow I, et al. 2017. Practical black-box attacks against machine learning. In Proceedings of the 2017 ACM on Asia Conference on Computer and Communications Security, ASIA CCS'17, New York. ACM: 506-519.

[24] Papernot N, McDaniel P, Jha S, et al. 2016. The limitations of deep learning in adversarial settings. 2016 IEEE European Symposium on Security and Privacy (EuroSP): 372-387.

[25] Nicolas Papernot, Patrick D, McDaniel, et al. 2015. Distillation as a defense to adversarial perturbations against deep neural networks. CoRR, abs/1511.04508.

[26] Russakovsky O, Deng J, Su H, et al. 2015. ImageNet large scale visual recognition challenge. Int. J. Comput. Vis. (IJCV), 115(3):211-252.

[27] Samangouei P, Kabkab M, Chellappa R. 2018. Defense-gan: protecting classifiers against adversarial attacks using generative models. CoRR, abs/1805.06605.

[28] Szegedy C, Liu W, Jia Y, et al. 2015. Going deeper with convolutions. 2015 IEEE Conference on Computer Vision and Pattern Recognition (CVPR): 1-9.

[29] Szegedy C, Vanhoucke V, Ioffe S, et al. 2016. Rethinking the inception architecture for computer vision. The IEEE Conference on Computer Vision and Pattern Recognition (CVPR).

[30] Szegedy C, Zaremba W, Sutskever I, et al. 2013. Intriguing properties of neural networks. CoRR, abs/1312.6199.

[31] Wang F, Liu W, et al. 2014. On sparse feature attacks in adversarial learning. In: Proceedings of 2014 IEEE International Conference on Data Mining (ICDM): 1013-1018.

[32] Yin Z, Wang F, Liu W, et al. 2018. Sparse feature attacks in adversarial learning. IEEE Trans. Knowl. Data Eng., 30(6):1164-117.

多电飞行器中混合应急动力系统的智能态势感知架构

作　者　Gihan J. Mendis①, Mohasinina Binte Kamal②, Jin Wei③

摘　要　在本章中，我们将利用深度学习和自适应神经模糊推理系统（adaptive neuro-fuzzy inference system，ANFIS）技术来开发一个智能态势感知构架，用于多电飞行器（more electric aircraft，MEA）应急混合辅助动力装置（auxiliary power unit，APU）能源管理系统的态势感知。我们提出的安全控制策略包括两个主要机制：(1) 基于深度学习的攻击检测方案，主要使用卷积神经网络、反卷积神经网络和循环神经网络的技术；(2) 使用基于自适应神经模糊推理系统 ANFIS 的估算方法来计算被破坏数据的真实值。在本章中，我们还将提供一些仿真结果，以说明我们所提出方法在检测网络攻击（例如虚假数据注入攻击（false data injection，FDI））和减轻网络攻击对多电飞行器中混合动力 APU 的影响方面的有效性。

关键词　多电飞行器，混合应急动力系统，态势感知架构，神经模糊推理系统（ANFIS），深度学习，网络攻击检测

1　引言

近年来，多电飞行器 MEA 吸引了越来越多的关注，因为它可以更多地使用电能来减

---

① Gihan J. Mendis：2012 年获得斯里兰卡 University of Moratuwa 电子与电信工程学士学位（荣誉），2016 年获得美国 University of Akron 电子工程硕士学位。目前正在美国俄亥俄州 University of Akron 攻读电子和计算机工程博士学位。2016 年 8 月至 2016 年 12 月担任 Ocius Technologies LLC 首席科学家。研究兴趣包括深度学习算法、去中心化深度学习、网络安全、认知雷达传感器和认知无线电。

② Mohasinina Binte Kamal：2018 年获得美国 University of Akron 电气工程硕士学位，2014 年获得孟加拉国 Bangladesh University of Engineering and Technology 电气与电子工程学士学位。目前正在美国加州大学河滨分校攻读电气和计算机工程博士学位。研究兴趣包括网络物理能量管理系统、电力分配中的网络安全、机器学习技术的应用等。

③ Jin Wei：2004 年毕业于北京航空航天大学，获得学士学位；2008 年在美国火奴鲁鲁夏威夷大学马诺阿分校获得电气工程硕士学位；2014 年获得加拿大多伦多大学电气与计算机工程博士学位。2014 年 4 月至 2014 年 7 月在国家可再生能源实验室从事博士后工作。目前是美国 University of Akron 电子与计算机工程助理教授，以及网络物理社会系统设计实验室主任。研究兴趣包括智能能源系统、网络－物理－社会系统安全和隐私、可再生能源集成、社交网络和认知有线/无线通信网络。

少使用液压、气动和机械的能量。通过使用电能，MEA为飞行器提供了一种具有更高效率、更轻重量、更低功耗以及更佳性能的能源系统框架。[1]作为MEA的次要发电系统，辅助动力装置(APU)主要用作主发电机的启动器，并用于提供其他辅助机载设备所需的能量。此外，APU对于高效的能源管理和电力系统的紧急控制至关重要。随着人们越来越重视污染和温室气体排放问题，发电系统正趋向于使用更加环保的新电力系统技术。作为迈向MEA的关键一步，传统飞机的常规应急电源系统可能会被混合动力系统取代。混合动力系统使用更高效和更环保的能源技术，例如燃料电池、电池和超级电容器混合动力系统。[2,3]混合动力辅助APU被广泛用于实现这一目标。[4-7]尽管使用混合式APU的多电飞行器MEA效率很高，但其中复杂的系统连接性和通信网络会导致更高的脆弱性风险，从而使得网络攻击对飞行器的操作(包括电力系统管理)更具有威胁。[8]在文献[9]中，Kumar和Xu确定了航空通信系统中的网络安全风险，并提出了针对航空信息物理融合系统(cyber-physical system，CPS)中无线威胁的脆弱性评估框架。在文献[10]中，Huang和Dong讨论了一种网络攻击，攻击者在此攻击中监视和修改航空发动机上的测量结果。考虑到缺少来自外部的协助，飞行器需要能够检测和克服网络攻击的系统来保护自身。本章考虑MEA中混合式APU易受网络攻击的脆弱性，提出了一种具有抗攻击能力的能源管理架构。

最近，已经有学者为燃料电池混合动力系统开发了一些能量管理策略。在文献[11]中，Njoya等人开发了一种基于优化的能源管理策略(energy management strategy, EMS)，称为外部能源最大化策略(external energy maximization strategy, EEMS)。开发此方法的目的是最大程度地提高电池和超级电容器的能量，同时将电池和超级电容器的充电状态(states of charge，SOC)分别保持在其工作范围内。基于启发式规则的状态机控制方法被用于混合燃料电池和电池电源系统的能量管理。[12]在文献[13]中，经典的PI控制器被用来控制混合系统的主要性能参数。文献[14]提出了一种基于规则的模糊逻辑控制方法。文献[15]的作者采用了频率解耦方法，使用燃料电池提供低频能量需求，而其他能源则处理高频能量需求。文献[16]中应用了一种成本函数优化技术来最小化燃料消耗。Greenwell等人在文献[17]中提出了一种用于混合系统能量管理的实时模型预测方法。考虑到对应急混合辅助动力装置APU上能量管理系统可能发生的网络攻击，急需开发一种具有抗攻击能力的智能电源管理体系架构，以减轻潜在的网络攻击并确保即使在存在网络攻击的情况下应急电源系统也能有效运行。为了应对这一挑战，我们为能源管理系统开发了一种基于态势感知的智能安全控制体系架构，该体系架构利用基于深度学习的预测方法和自适应神经模糊推理系统(ANFIS)来评估混合辅助动力装置APU关键测量数据的完整性，例如燃料电池的功率输出。

我们提出的攻击检测方法采用了包括卷积神经网络(CNN)、反卷积神经网络

(DCNN)和循环神经网络(RNN)在内的深度学习技术。卷积神经网络 CNN 是一种广泛应用的深度神经网络,其启发因素之一是来自哺乳动物视觉皮层的神经元组织。[18] CNN 最常用于与自然图像有关的应用中[19-24],在其他模式识别应用程序中也被广泛使用并表现出出色的性能,例如频谱分析、人为动作识别、股票交易趋势检测、自然语言处理等[25-32]。反卷积神经网络 DCNN 本质上执行卷积的相反操作,即将抽象特征进行结合以生成有意义的模式。DCNN 与 CNN 一起用于需要再生功能的应用程序,例如显著性图(saliency map)生成和语义分割。[33-37]循环神经网络 RNN 是一类专为建模时序数据之间的时序依存关系而开发的神经网络。[38] RNN 已成功应用于各种序列预测和序列标记任务,例如语音识别、自然语言处理、语音合成、手写识别、人类动作识别、视觉跟踪等。[39-44]在文献[33]中,Kuen 等人利用 RNN 改进了基于 CNN 和 DCNN 的生成网络。在我们的工作中,我们也利用 RNN 与 CNN-DCNN 生成模型的组合来实现更好的预测。此外,我们利用自适应神经模糊推理 ANFIS 技术提出了一种估计方案,用于计算泄露数据的真实价值。ANFIS 是比较成功的神经模糊系统之一,它基于可用数据,应用神经学习规则来识别和调整模糊推理系统的参数和结构。[45] ANFIS 被认为是一种通用估计器,因为其具有通过集成神经网络和模糊逻辑二者的原理来逼近非线性函数的学习能力。它的推理系统对应于一组模糊的 if-then 规则。

在本章中,我们评估了针对多电飞行器中混合 APU 提出的方法。本章其余部分的安排如下:第 2 节首先介绍我们提出的基于深度学习和自适应神经模糊推理 ANFIS 的电源管理方法的问题设置;第 3 节详细介绍了我们提出的智能安全控制体系架构;仿真结果和结论将分别在第 4 节和第 5 节中介绍。

2 问题设定

为了满足多电飞行器 MEA 对电容量不断增长的需求,基于飞行器主发动机动力的发电机已被更高效、绿色、可连续运行的基于燃料电池的辅助动力装置取代。[46]燃料电池电化学反应的特性决定了其在提供峰值功率时的响应较为缓慢。[47]因此,锂离子电池和/或超级电容器会伴随燃料电池一起形成混合动力,在瞬态运行条件下为负载供电。[11]

由于混合式 APU 受能源管理策略(EMS)的控制,因此必须确保 EMS 发出的控制信号准确无误。实现这一目标重要的步骤之一就是验证测量数据的完整性,这对于构建抗攻击的系统决策非常重要。控制输出计算中的任何错误测量都会使整个系统不稳定,从而危及飞行器安全。为了解决这个问题,我们为 MEA 混合式 APU 的能源管理系统提出了一种基于态势感知的智能安全控制体系结构。该体系结构包含三个部分:(1)对关键测量数据的基于权重初始化的特征可视化;(2) 基于深度学习的在线攻击检测方案;(3) 基于自适应神经模糊推理 ANFIS 的估计方案。图 2.1 概述了我们提出的智能安全控制体系结构。如图所示,我们提出的方法采用权重初始化和深度学习技术来验证关键时间序列测量数据,这一验证通过训练来自 APU 的测量值和历史数据作为参考。如果在任何时间序列测量中都检测到异常模式,则会设置一个警报标签。决策接口激活基于 ANFIS 的估计方案,并利用其他实时测量的数据来估计异常测量值的真实值。

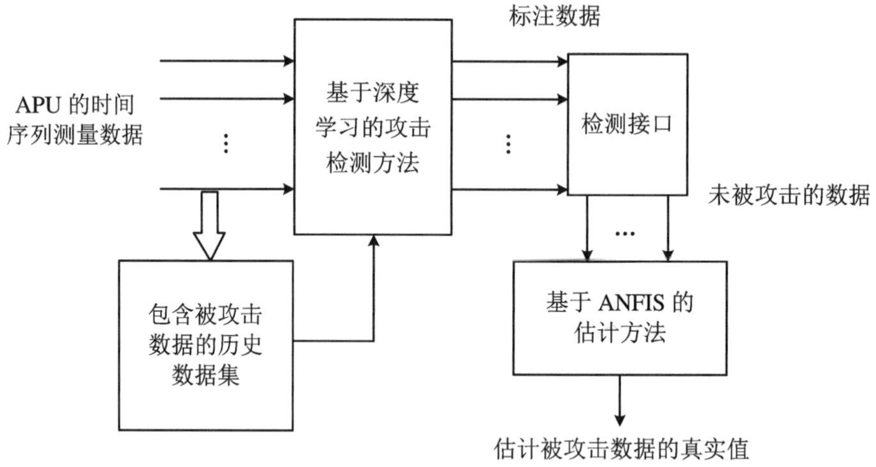

图 2.1 用于混合应急电源系统的安全控制体系结构

在本文的仿真实验部分,我们将通过一个网络攻击的场景来测试所提出的方法。这个攻击场景假设一个攻击者可对读取数据的 APU 进行虚假数据注入攻击(false data injection, FDI)以破坏 EMS。在模拟虚假数据注入攻击 FDI 中我们假设如下的威胁模型(threat model):(1) 攻击者可以利用和修改一个 APU 的任何测量结果;(2) 攻击者通过向测量的读数添加随机偏差来执行 FDI 攻击;(3) 攻击者的有限资源使其只能在单个时间窗口内修改一个测量的读数。值得注意的是,本文所提出的方法也可用于检测和防御其他类型的网络攻击,例如欺骗和拒绝服务攻击。

3 能源管理策略的智能态势感知安全控制体系架构

本节详细介绍所提出的智能安全控制体系结构,该体系结构包括:(1) 基于深度学习的在线攻击检测方案;(2) 基于自适应神经模糊推理 ANFIS 的估计方案。

3.1 基于深度学习的网络攻击检测方案

我们提出的基于深度学习的网络攻击检测方案如图 2.2 所示，该方法采用的策略是结合深度卷积神经网络（CNN）和深度反卷积神经网络（DCNN），使用基于长短期记忆（LSTM）的循环神经网络（RNN）处理 CNN 获取的抽象特征，从 CNN 产生的抽象特征中提取时间特征。

深度 CNN 的主要部分是卷积层。卷积层使用一组可学习的内核对输入进行卷积，通过激活函数对获得的值进行评估，以生成一组输出特征图。第 l 层中第 j 个内核对应的卷积输出 y_j^l 计算如下：

$$y_j^l = f\left(\sum_i x_i^{l-1} * k_{ij}^l + b_j^l\right) \tag{2.1}$$

其中 x_i^{l-1} 是第 i 个输入向量（上一层第 i 个内核的输出），k_{ij} 是将第 i 个输入映射到第 j 个输出的可学习内核，b_j^l 是与第 l 层的第 j 个输出相对应的偏置向量，$f(\cdot)$ 是激活函数。训练过程中通过调整每个可学习内核的权重和偏差值，提取训练集中某些特定的特征。激活函数采用整流器激活函数（$f(x) = \max(0, x)$）。卷积层之后是子池化层，其目的是减少计算量并逐步建立更多的空间不变性。我们使用 2×2 最大池化作为池化层的参数。如图 2.2 所示，我们所提方法中第二个主要组成部分是一个深度反卷积神经网络 DCCN。去卷积层是深度反卷积神经网络的基本组成部分。与卷积操作类似，去卷积层输出根据式（2.2）来计算。在执行解卷积之前，对解卷积层的输入执行 2×2 反池化操作。对于较浅的反卷积层，内核数会减少。因此，最浅的反卷积层将生成一个维度与原始数据矢量相同的单个输出矢量。

$$x_i^l = f\left(\sum_j y_j^{l+1} * k_{ji}^l + c_i^l\right) \tag{2.2}$$

其中 y_j^{l+1} 是从上一层输出的未合并的第 j 个反卷积核，k_{ji} 是将第 j 个输入映射到第 i 个输出的对应可学习的反卷积核，c_i^l 是与第 l 层的第 i 个输出相对应的偏差矢量，$f(\cdot)$ 为整流器激活函数。

如图 2.2 所示，对顶部 CNN 的输出进行整形并进行缓冲，以将其设置为基于 LSTM 的 RNN 网络的输入，其中 LSTM 模块的操作由式（2.3）控制。[48,49] 最终 LSTM 模块的输出将被重塑，并作为深度 DCNN 的输入。RNN 在 CNN 学习的特征内表征时间特征，并为 DCNN 提供具有时间特征的更丰富的特征集。另外，图 2.2 中的剩余连接用于改善整体架构的收敛性。[50]

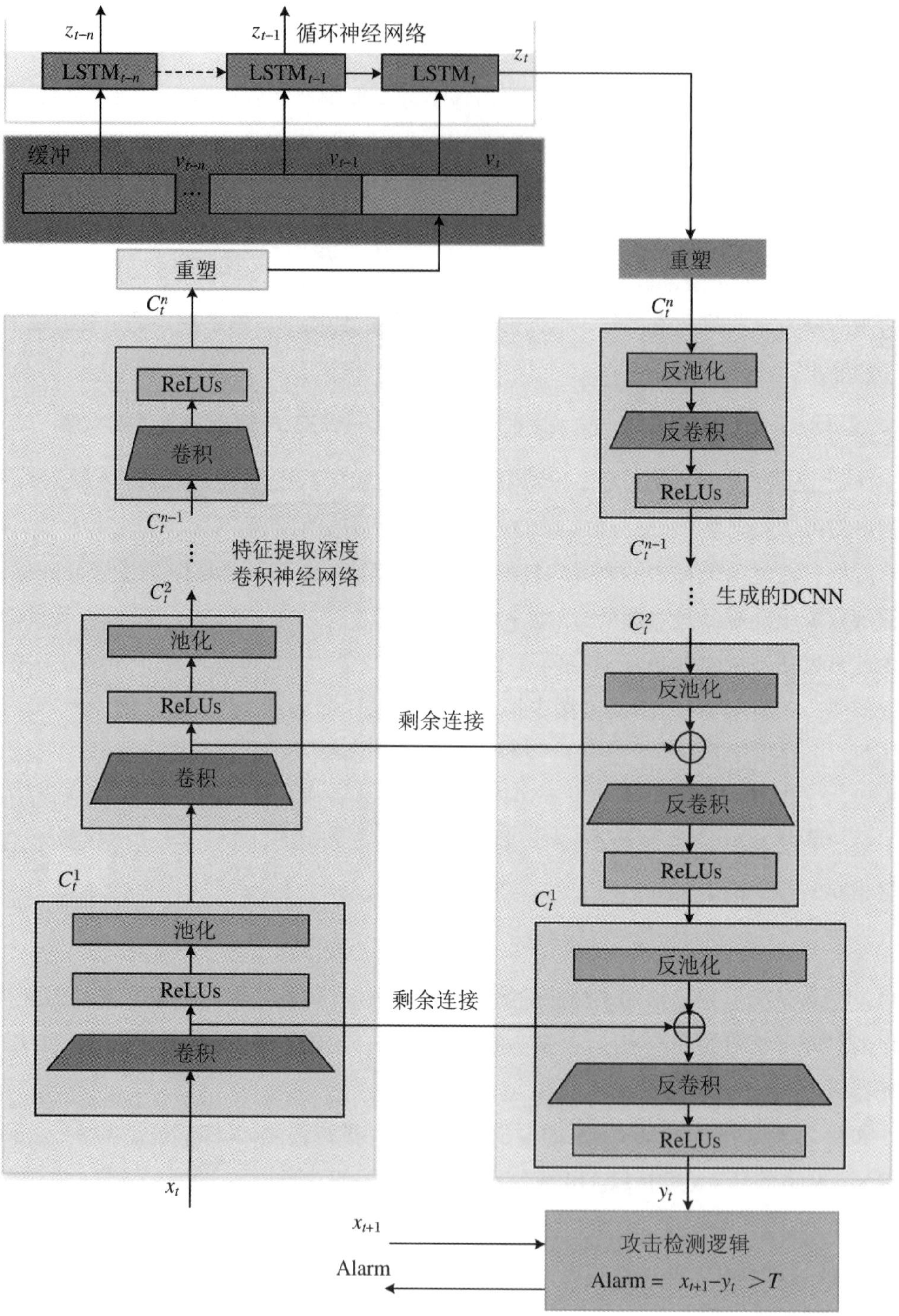

图 2.2　基于深度学习的网络攻击检测方案

C_t^n 是在时间 t 时第 n 个 CNN 的输出；G_t^n 是第 n 个生成的 DCNN 的输入；ReLU 块代表一层具有整流器激活功能的单位。

$$\begin{cases} i_t = \sigma(W_{ix}x_t + W_{im}m_{t-1} + W_{ic}c_{t-1} + b_i) \\ f_t = \sigma(W_{fx}x_t + W_{fm}m_{t-1} + W_{fc}c_{t-1} + b_f) \\ c_t = f_t \odot c_{t-1} + i_t \odot g(W_{cx}x_t + W_{cm}m_{t-1} + b_c) \\ o_t = \sigma(W_{ox}x_t + W_{om}m_{t-1} + W_{oc}c_t + b_o) \\ m_t = o_t \odot h(c_t) \\ y_t = \varphi(W_{ym}m_t + b_y) \end{cases} \tag{2.3}$$

式中，W 项表示权重矩阵（例如，W_{ix} 是从输入门到输入的权重矩阵）；b 项表示偏差矢量；$\sigma(\cdot)$是逻辑 Sigmoid 函数；m 是单元输出激活矢量；i、f、o 和 c 分别是输入门、忘记门、输出门和单元激活向量，它们的大小都与 m 相同，是向量 $g(\cdot)$和向量元素的乘积；$h(\cdot)$是使用双曲正切激活函数的像元输出和输入激活；φ 是 Softmax 输出激活函数。

图 2.2 所示的架构是通过梯度下降训练的，梯度下降训练中的损失函数如式(2.4)所示，以最小化x_t和y_t之间的均方误差 MSE，其中 M 是x_t和y_t的长度。另外，通过设置 $y_t = x_t + 1$，我们能够预测在时间 $t+1$ 处数据流 x 的值。此方法中，x_t是来自混合 APU 的测量数据的时间窗口，因此 $x_t + 1$ 为下一时刻对应的时间。

$$L(x_t, y_t) = \frac{1}{M}\sum_{\alpha=1}^{M}(x_t - y_t)^2 \tag{2.4}$$

神经网络不同部分的功能如下：CNN 表征了输入数据流 x_t 的抽象特征，这些特征可视化了通过权重读取 APU 小范围时间窗的时间和光谱特征。基于 LSTM 的 RNN 提取 CNN 获得的特征所展现的远程时域特征。生成的 DCNN 实现了下一个时间帧 $y_t = x_t + 1$ 的估计。由此，DCNN 通过了解输入数据的长期和短期时间行为，生成类似于输入数据的表示形式。

如图 2.1 所示，在对 APU 读取数据进行训练之后，将所提出的基于深度学习的预测方法用于对 APU 读取的实时攻击检测。利用来自先前时间窗口的 APU 读数数据来预测 APU 读数的当前时间窗口。然后，观察实际的当前读取时间窗口，并计算预测数据与实际数据之间的均方误差(MSE)。如果 MSE 大于 APU 读数的预定义阈值，则会将警报标签设置为该特定 APU 读数。决策界面将检测设置的警报标签，并激活基于 ANFIS 的估算方案以估算受损的度量。

3.2 基于自适应神经模糊推理系统(ANFIS)的估计方案

我们开发了自适应神经模糊推理系统（ANFIS），它融合了人工神经网络（ANN）的学习能力和基于规则的模糊逻辑控制的推理能力的优点，且可以被视为是具有监督学习能力的各种前馈神经网络的超集。ANFIS技术利用混合学习过程，基于人类知识和输入输出数据形成输入输出关系。事实证明，该技术在非线性系统建模、在线控制中识别非线性参数以及预测时间序列模型中的参数方面是有效的。[45]

图2.3显示了我们工作中使用的分层ANFIS的结构。如图所示，ANFIS由5个功能节点组成，分别是输入节点、模糊化节点、乘积节点、归一化节点和去模糊化节点。此外，可以基于节点是否可以更新将它们分为自适应节点和固定节点。在图2.3中，正方形节点表示自适应节点，而圆形节点表示固定节点。为了估计燃料电池的功率输出，用于ANFIS的输入包括电池的SOC、超级电容器P_{UC}的功率输出以及紧急负载P_L的功率消耗。ANFIS的输出是燃料电池P_{FC}功率输出的估计值。通过对这些相关参数的计算，ANFIS可以生成有效调整的规则。

模糊化层中的节点是自适应的，并且通过隶属函数对输入进行模糊化，以便对输入进行语言化的标记。为了简化方程的推导，我们使用如图2.3所示的A、B和C表示语言标签。这里使用的隶属函数μ为广义钟形函数，可以使用以下非线性方程进行计算，其中a、b和c是先行参数：

$$\mu(x;a,b,c) = \frac{1}{1+\left(\frac{x-c}{a}\right)^{2b}} \tag{2.5}$$

该层的输出可以描述如下：

$$\begin{cases} O_{L_1,i} = \mu A_i(\mathrm{SOC}) \\ O_{L_1,j} = \mu B_i(P_L) \\ O_{L_1,k} = \mu C_k(P_{\mathrm{UC}}) \end{cases} \tag{2.6}$$

其中$i=1,2,3$；$j=1,2,3,4$；$k=1,2,3,4$。

乘积层的功能是执行输入成员功能的逻辑“与”或乘积。乘积层输出表示后续节点的输入权重函数或发射强度。该层的输出描述如下：

$$W_q = O_{L_2,q} = \mu A_i(\mathrm{SOC}) \cdot \mu B_j(P_L) \cdot \mu C_k(P_{\mathrm{UC}}) \tag{2.7}$$

其中q表示规则的总数，为$3\times4\times4=48$。

如图2.3所示，ANFIS的第三层旨在归一化输入权重。该层的输出称为归一化发射强度，它表示模糊规则的IF段。该层输出可以通过以下方式计算：

$$W'_q = O_{L_3,q} = \frac{W_q}{\sum_q W_q} \tag{2.8}$$

去模糊化层中的节点是自适应节点，该层的输出可以通过以下线性方程确定：

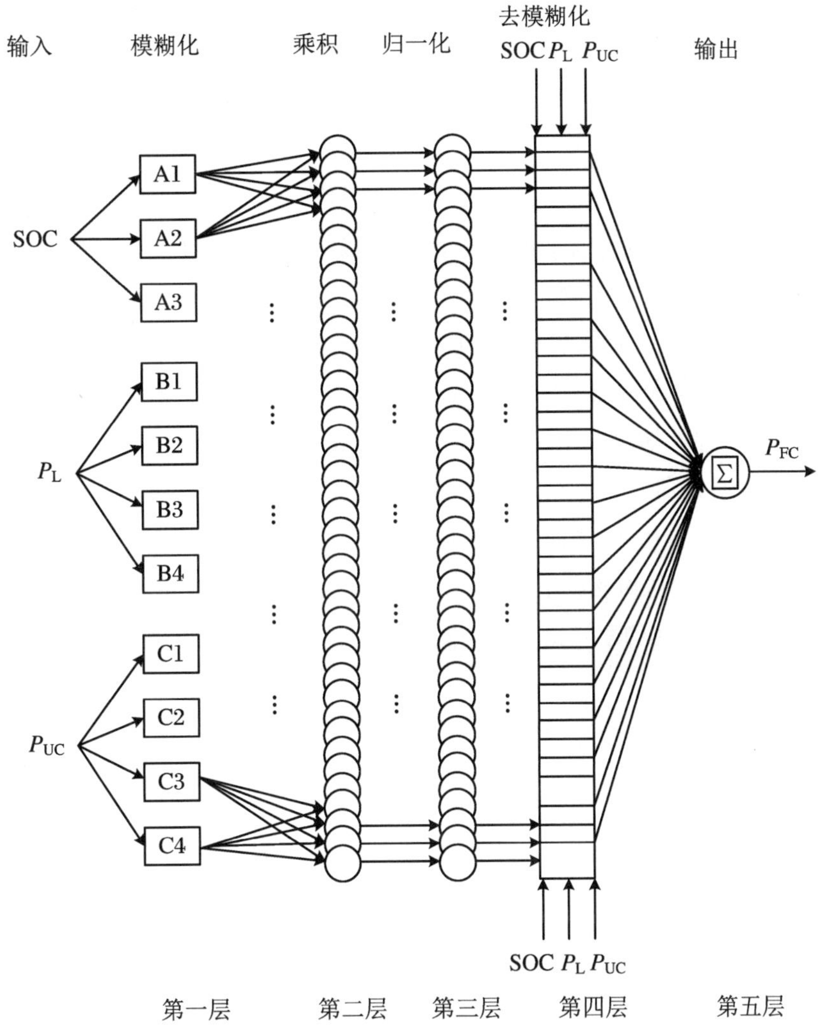

图 2.3　ANFIS 实现示意图

$$W'_q f_q = O_{L_4,q} = \frac{W_q}{\sum\limits_q W_q}\left[r_q(\mathrm{SOC}) + s_q(P_L) + t_q(P_{\mathrm{UC}}) + u_q\right] \tag{2.9}$$

其中参数 r_q、s_q、t_q、u_q 被视为本质上是线性的后续参数。

ANFIS 的最后一层是由一个固定节点组成的输出层。该单个节点通过计算所有输入信号的总和来实现整体输出。该层描述了模糊规则的 THEN 段，其输出描述如下：

$$P_{\mathrm{FC}} = O_{L_5,q} = W'_q f_q = \frac{W_q f_q}{W_q} \tag{2.10}$$

在 ANFIS 的分层结构中，设计的模糊规则将输入空间划分为多个局部模糊区域，这些区域是隶属函数，因此可以通过线性方程描述给定区域内的行为（本文中使用一阶 Sugeno 模糊模型）。同时，我们利用常见的网格划分方法来划分输入空间，因为这种方法对于每个输入只需要少量的 MFs。[45]

4 仿真结果

本节对我们提出的智能态势感知系统的性能进行评估，该系统可为 MEA 的混合 APU 实现针对攻击的应急控制。我们使用了文献[11]中使用的实时测试台，该测试台由 12.5 kW、30～60 V 的质子交换膜(PEM)燃料电池电源模块组成，包括标称功率为 10 kW、48 V、40 Ah 锂离子电池系统，291.6 V、15.6 F 的超级电容器系统以及相关的 DC-DC 转换器和逆变器。通过使用测试平台，我们获得了能源管理策略成果的训练数据集。图 2.4 中(a)～(d)分别显示了获得的电池 SOC、超级电容器 P_{UC}的功率输出、紧急负载 P_L 的功耗和燃料电池 P_{FC}的输出原始数据。

在此仿真中，我们认为燃料电池 APU 读数会受到虚假数据注入(FDI)攻击的影响。被 FDI 攻击的燃料电池功率输出数据如图 2.4(e)所示，在 1400 个时间步骤之后，读数受到损害。

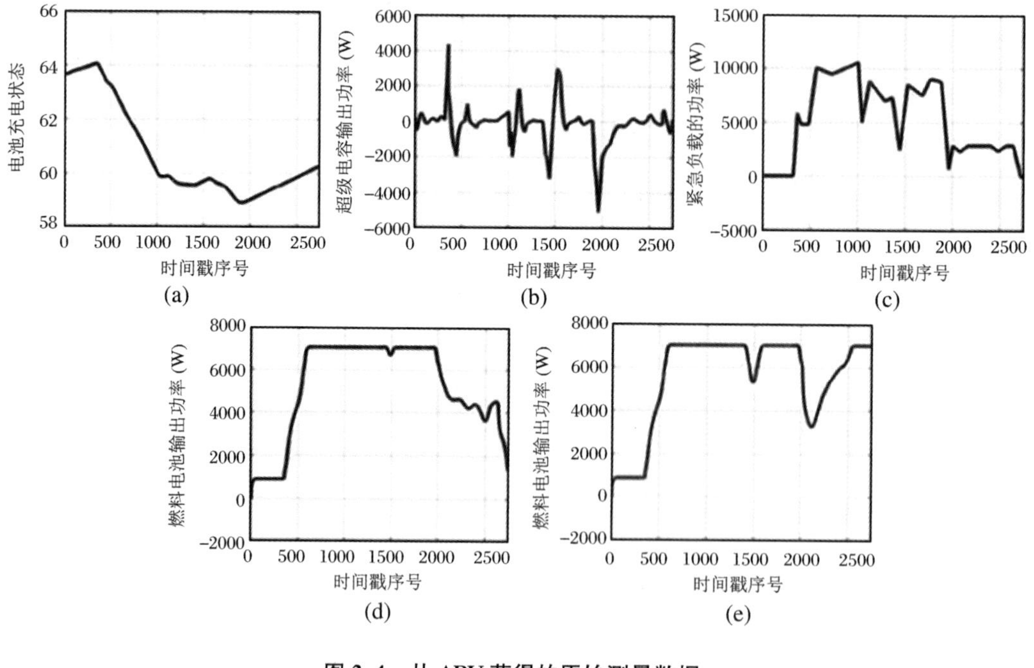

图 2.4 从 APU 获得的原始测量数据

(a) 电池的 SOC；(b) 超级电容器 P_{UC}的功率输出；(c) 紧急负载 P_L 的功耗；(d) 燃料电池 P_{FC}的功率输出；(e) 受到模拟 FDI 攻击的燃料电池 P_{FC}的功率输出。

在仿真中,我们假设攻击者通过修改燃料电池功率输出的测量值来发起虚假数据注入攻击。燃料电池功率输出的真实值和被攻击的测量值分别显示在图 2.4(d)、(e)中。如图 2.4(e)所示,被攻击的测量结果显示出与真实结果相似的模式。这是因为我们假设攻击者是聪明的,并且对该系统具有一定的了解。在此仿真中,时间被划分为 1400 个大小为 256 的重叠时间窗口。为 5 个独立的模拟实例生成了没有攻击的燃料电池测量时间序列值,并将所有 1400×5 个时间窗口都用于训练网络。我们用单独的实例来模拟生成受攻击和未受攻击的数据,以测试经过训练的神经网络。

4.1 深度学习实施和结果

深度学习实现中使用的深度 CNN 和 DCNN 分别由 3 个卷积和反卷积层组成。深度 CNN 的输入大小为 16×16。第一、第二和第三卷积层分别由 32 个 5×5、64 个 5×5 和 64 个 2×2 特征核组成。每个卷积层后都有一个 2×2 的最大池化层,将最终提取的 4×4×64 维特征向量重构为 1×1024 向量,并使用基于 LSTM 的 RNN 做进一步处理。LSTM 块的输入层、隐藏层和输出层的尺寸分别设置为 1×1024。最终 LSTM 块 z_t 的输出被重新整形为 4×4×64 尺寸,并用作第三层反卷积层的输入。设置深度 DCNN 的尺寸参数以重新生成相应卷积层的输入。我们提出的基于深度学习的攻击检测方法是使用 TensorFlow API[51]实现的。

大小为 256 的时间窗口被重整为 16×16 的数据流,并使用深度学习方法基于当前时间窗口和过往时间窗口的 APU 读数来预测 APU 在下一个时间窗口的读数。我们的实现考虑 5 个过往时间窗口的读数。最终预测值和实际测量值之间的均方误差 MSE 如图 2.5 所示。图 2.6 所示为预测数值和 FDI 攻击之后燃料电池 P_{FC} 输出功率之间的均方误差 MSE。

参考图 2.5 和图 2.6,我们可以观察到,当实际攻击发生时,预测值和 FDI 攻击的测

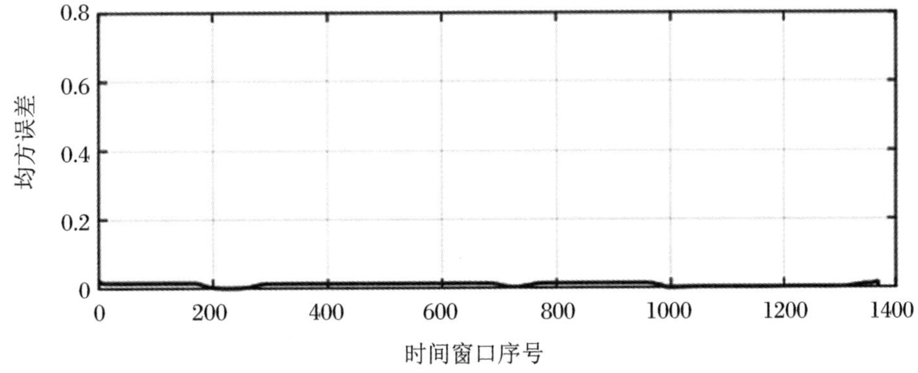

图 2.5　从仿真实验中获得的实际数据与从基于深度学习的方法获得的预测值之间的均方误差

量值之间的均方误差 MSE 大于实际值与预测的测量值之间的 MSE(对于稍后的时间窗口)。因此,我们可以为测量定义一个硬阈值,考虑预测值和实时测量数据之间的均方误差 MSE 来识别 FDI 攻击。使用均方误差 MSE 阈值 0.01(考虑到时间窗指数大于 1000),我们可以以 92.1%的准确率检测到考虑的攻击,而误报率为 2.7%。

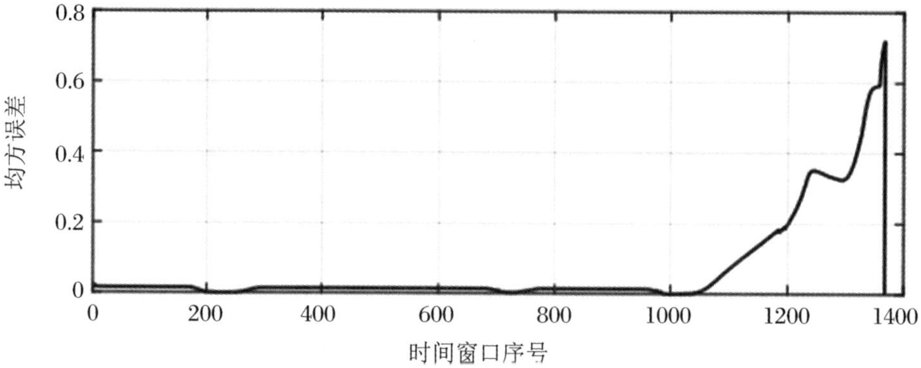

图 2.6 从模拟实验获得的被攻击数据与从基于深度学习的方法获得的预测值之间的均方误差

4.2 ANFIS 实施和结果

在使用基于深度学习的方法来检测攻击之后,ANFIS 被用于估计被攻击测量值的正确值。ANFIS 的实现,要定义隶属函数(MF),选择 1000 个训练数据,并使用 600 个不同的测试数据集对系统进行测试。图 2.7 显示了此模拟中使用的广义钟形 MF。电池的 SOC 具有 3 个 MF,分别为低(L)、中(M)和高(H)。超级电容器的输出功率表示为 4 个 MF,分别为极低(VL)、低(L)、中(M)、高(H)。应急负载的功耗被模糊化为 4 个 MF,分别是低(L)、中(M)、高(H)和极高(VH)。庞巴迪宇航公司的典型紧急着陆情景被用来模拟应急负载。[11]

由于我们认为燃料电池的输出功率会受到攻击,所以将其他 3 个输入测量值馈入 ANFIS,并估算燃料电池的输出功率。考虑基于 ANFIS 的策略,采用以下四种常规控制策略控制混合 APU 来比较燃料电池的总输出功率和估计结果:(1) 状态机控制策略[12];(2) 频率解耦模糊逻辑控制策略[15];(3) 经典 PI 控制策略[13];(4) 等效油耗最小化(ECMS)控制策略[16],结果如图 2.8 所示。估计的平均绝对误差(MAE)如表 2.1 所示。为了实现公平的比较,我们使用相同的训练和测试数据集来评估基于 ANFIS 的和基于现有 ANN 的方案,比较结果显示在表 2.1 中。此外,用于 ANN 的隐藏神经元的数量设置为 48,这与用于 ANFIS 的规则的数量相同。

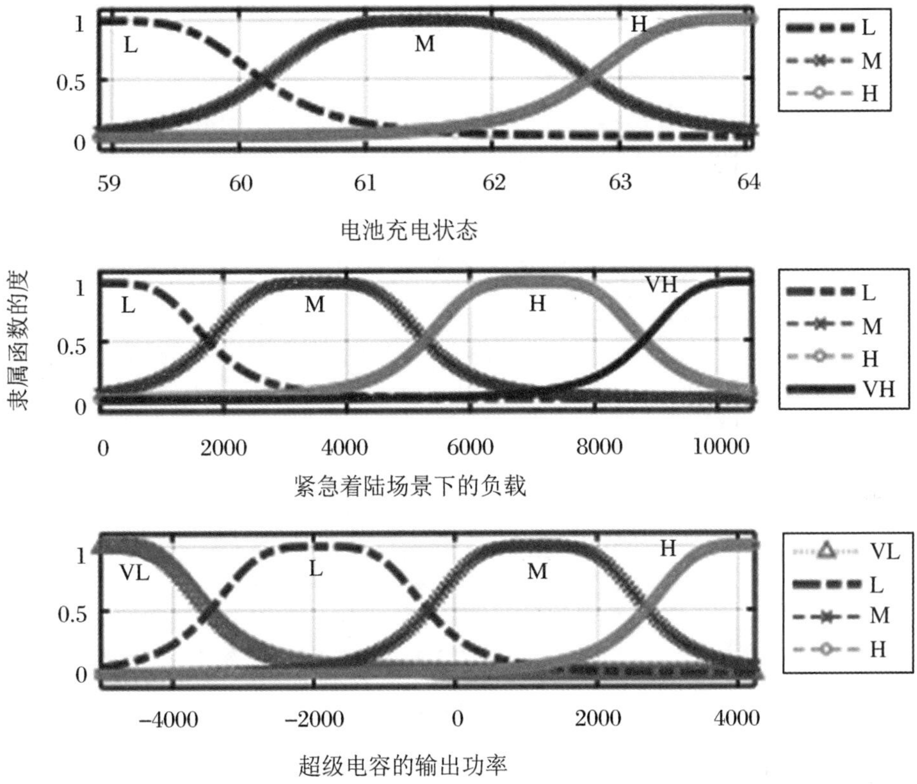

图 2.7　输入隶属函数

5　结论

在本章中,我们提出了一种智能态势感知系统。该系统使用深度学习和 ANFIS 技术来保护 MEA 中的应急混合 APU 的能源管理系统。我们的策略包括两种机制:(1) 基于深度学习的攻击检测方法;(2) 基于 ANFIS 的估计方法。我们开发的基于深度学习的攻击检测方法通过利用深度 CNN、DCNN 和 RNN 技术来实时检测网络攻击(例如虚假数据注入 FDI 攻击)。此外,我们用基于 ANFIS 的估计方法估算对能源管理至关重要的且有可能被攻击所篡改的测量值的实际值。我们通过 APU 中燃料电池的功率输出测量受到 FDI 攻击的仿真实验来评估我们的智能态势感知系统。仿真实验结果表明提出的基于深度学习的方法在检测对 APU 燃料电池测量的 FDI 攻击上有 92%以上的准确性,且误报率低于 3%。此外我们还通过同样的仿真场景(燃料电池功率输出测量受到影响)评估了基于 ANFIS 的估计策略。在这项仿真实验中我们考虑了四种不同的 APU 控制方案，实验结果表明，在所有四种情况下，我们的方法均优于现有方法。

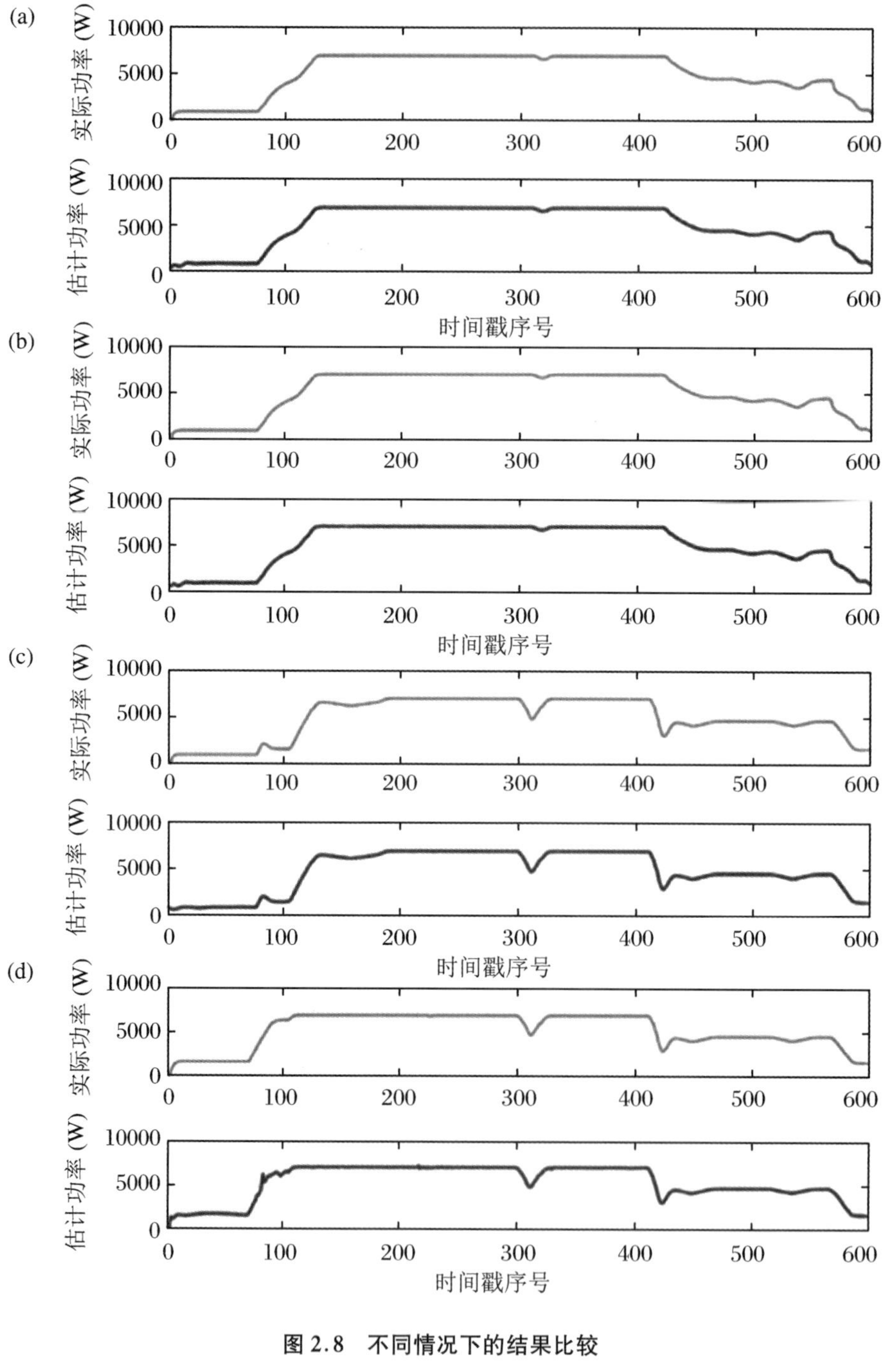

图 2.8 不同情况下的结果比较

(a) 状态机控制策略；(b) 频率解耦模糊逻辑控制策略；(c) 经典 PI 控制策略；(d) ECMS 控制策略。

表 2.1 使用平均绝对误差进行性能比较

安全控制方法	状态机控制策略	频率解耦模糊逻辑控制策略	经典 PI 控制策略	ECMS 控制策略
ANFIS 方法	10.5511	10.5437	12.5001	31.1472
现有方法	13.6000	13.6815	15.0932	35.0248

参考文献

[1] Rosero J, Ortega J, Aldabas E, et al. 2007. Moving towards a more electric aircraft. IEEE Aerosp Electron Syst Mag, 22(3):3-9.

[2] Wu S, Li Y. 2014. Fuel cell applications on more electrical aircraft. 2014 17th International Conference on Electrical Machines and Systems (ICEMS). IEEE: 198-201.

[3] Roboam X, Langlois O, Piquet H, et al. 2011. Hybrid power generation system for aircraft electrical emergency network. IET Electr. Syst. Transp., 1(4):148-155.

[4] Ziaeinejad S, Sangsefidi Y, Mehrizi-Sani A. 2016. Fuel cell-based auxiliary power unit: EMS, sizing, and current estimator-based controller. IEEE Trans. Veh. Technol., 65(6):4826-4835.

[5] Akhave A, Chrysakis G, Gupta A. 2014. Design and evaluation of a turbo-generator as an auxiliary power unit for hybrid vehicles. In: 5th IET Hybrid and Electric Vehicles Conference (HEVC 2014), 5 November 2014, IET:1-7.

[6] Desideri U, Giglioli R, Lutzemberger G, et al. 2017. Auxiliary power units for pleasure boats. 2017 6th International Conference on Clean Electrical Power (ICCEP). IEEE:650-655.

[7] Rajashekara K, Jia Y. 2016. An induction generator based auxiliary power unit for power generation and management system for more electric aircraft. 2016 IEEE Energy Conversion Congress and Exposition (ECCE). IEEE:1-7.

[8] Waheed M, Cheng M. 2017. A system for real-time monitoring of cybersecurity events on aircraft. In: 2017 IEEE/AIAA 36th Digital Avionics Systems Conference (DASC). IEEE:1-3.

[9] Kumar S A, Xu B. 2017. Vulnerability assessment for security in aviation cyber-physical systems. 2017 IEEE 4th International Conference on Cyber Security and Cloud Computing (CSCloud). IEEE:145-150.

[10] Huang X, Dong J. 2017. Adaptive optimization deception attack on remote state estimator of aero-engine. 2017 29th Chinese Control and Decision Conference (CCDC). IEEE: 5849-5854.

[11] Motapon S N, Dessaint L A, Al-Haddad K. 2014. A robust H_2-consumption-minimization

based energy management strategy for a fuel cell hybrid emergency power system of more electric aircraft. IEEE Trans. Ind. Electron.,61(11):6148-6156.

[12] Garcia P, Fernandez L M, Garcia C A, et al. 2010. Energy management system of fuel-cell-battery hybrid tramway. IEEE Trans. Ind. Electron., 57(12):4013-4023.

[13] Thounthong P, Raël S, Davat B. 2007. Control strategy of fuel cell and supercapacitors association for a distributed generation system. IEEE Trans. Ind. Electron., 54(6):3225-3233.

[14] Li C Y, Liu G P. 2009. Optimal fuzzy power control and management of fuel cell/battery hybrid vehicles. J. Power. Sources., 192(2):525-533.

[15] Vural B, Boynuegri A, Nakir I, et al. 2010. Fuel cell and ultra-capacitor hybridization: a prototype test bench based analysis of different energy management strategies for vehicular applications. Int. J. Hydrog. Energy,35(20):11161-11171.

[16] Rodatz P, Paganelli G, Sciarretta A, Guzzella L. 2005. Optimal power management of an experimental fuel cell/supercapacitor-powered hybrid vehicle. Control Eng. Pract., 13(1): 41-53.

[17] Greenwell W, Vahidi A. 2010. Predictive control of voltage and current in a fuel cell-ultracapacitor hybrid. IEEE Trans. Ind. Electron.,57(6):1954-1963.

[18] Hubel D H, Wiesel T N. 1968. Receptive fields and functional architecture of monkey striate cortex. J. Physiol., 195(1):215-243.

[19] Wei Y, Xia W, Lin M, et al. 2016. HCP: a flexible CNN framework for multi-label image classification. IEEE Trans. Pattern. Anal. Mach. Intell., 38(9):1901-1907.

[20] Dong C, Loy C C, He K, et al. 2016. Image super-resolution using deep convolutional networks. IEEE Trans. Pattern. Anal. Mach. Intell., 38(2):295-307.

[21] He K, Zhang X, Ren S, et al. 2015. Spatial pyramid pooling in deep convolutional networks for visual recognition. IEEE Trans. Pattern. Anal. Mach. Intell., 37(9):1904-1916.

[22] Krizhevsky A, Sutskever I, Hinton G E. 2012. Imagenet classification with deep convolutional neural networks. Advances in Neural Information Processing Systems:1097-1105.

[23] Abdullah, Hasan M S. 2017. An application of pre-trained CNN for image classification. 2017 20th International Conference of Computer and Information Technology (ICCIT): 1-624.

[24] Mondal M, Mondal P, Saha N, Chattopadhyay P. 2017. Automatic number plate recognition using CNN based self synthesized feature learning. 2017 IEEE Calcutta Conference (CALCON):378-381.

[25] Zhang J, Li Y, Yin J. 2017. Modulation classification method for frequency modulation signals based on the time-frequency distribution and CNN. IET Radar Sonar Navig., 12:244-249.

[26] Savigny J, Purwarianti A. 2017. Emotion classification on youtube comments using word embedding. 2017 International Conference on Advanced Informatics, Concepts, Theory, and

Applications (ICAICTA): 1-5.
[27] Ji S, Xu W, Yang M, et al. 2013. 3D convolutional neural networks for human action recognition. IEEE Trans. Pattern. Anal. Mach. Intell., 35(1):221-231.
[28] Gudelek M U, Boluk S A, Ozbayoglu A M. 2017. A deep learning based stock trading model with 2-D CNN trend detection. 2017 IEEE Symposium Series on Computational Intelligence (SSCI): 1-8.
[29] Kim Y. 2014. Convolutional neural networks for sentence classification. arXiv preprint arXiv: 1408.5882.
[30] Kalchbrenner N, Grefenstette E, Blunsom P. 2014. A convolutional neural network for modelling sentences. arXiv preprint arXiv:1404.2188.
[31] Dos-Santos C N, Gatti M. 2014. Deep convolutional neural networks for sentiment analysis of short texts. In: COLING: 69-78.
[32] Abdel-Hamid O, Mohamed A R, Jiang H, et al. 2012. Applying convolutional neural networks concepts to hybrid NN-HMM model for speech recognition. 2012 IEEE International Conference on Acoustics, Speech and Signal Processing (ICASSP). IEEE: 4277-4280.
[33] Kuen J, Wang Z, Wang G. 2016. Recurrent attentional networks for saliency detection. arXiv preprint arXiv:1604.03227.
[34] Liu N, Han J. 2016. DHSNet: deep hierarchical saliency network for salient object detection. 2016 IEEE Conference on Computer Vision and Pattern Recognition (CVPR). IEEE: 678-686.
[35] Badrinarayanan V, Handa A, Cipolla R. 2015. SegNet: a deep convolutional encoder-decoder architecture for robust semantic pixel-wise labelling. arXiv preprint arXiv:1505.07293.
[36] Yang J, Price B, Cohen S, et al. 2016. Object contour detection with a fully convolutional encoder-decoder network. 2016 IEEE Conference on Computer Vision and Pattern Recognition (CVPR). IEEE: 193-202.
[37] Noh H, Hong S, Han B. 2015. Learning deconvolution network for semantic segmentation. Proceedings of the IEEE International Conference on Computer Vision: 1520-1528.
[38] Elman J L. 1990. Finding structure in time. Cogn. Sci., 14(2):179-211.
[39] Song E, Soong F K, Kang H G. 2017. Effective spectral and excitation modeling techniques for LSTM-RNN-based speech synthesis systems. IEEE/ACM Trans. Audio Speech Lang. Process., 25 (11):2152-2161.
[40] Jia G, Lu Y, Lu W, et al. 2017. Verification method for Chinese aviation radiotelephony readbacks based on LSTM-RNN. Electron. Lett., 53(6):401-403.
[41] Gelly G, Gauvain J L. 2018. Optimization of RNN-based speech activity detection. IEEE/ACM Trans. Audio Speech Lang. Process., 26(3):646-656.
[42] Sun L, Su T, Zhou S, et al. 2017. GMU: a novel RNN neuron and its application to

handwriting recognition. In 2017 14th IAPR International Conference on Document Analysis and Recognition (ICDAR), 1:1062-1067.

[43] Li W, Wen L, Chang M C, et al. 2017. Adaptive RNN tree for large-scale human action recognition. 2017 IEEE International Conference on Computer Vision: 1453-1461.

[44] Hsu H W, Ding J J. 2017. FasterMDNet: learning model adaptation by RNN in tracking-by-detection based visual tracking. 2017 Asia-Pacific Signal and Information Processing Association Annual Summit and Conference (APSIPA ASC): 657-660.

[45] Jang J S. 1993. ANFIS: adaptive-network-based fuzzy inference system. IEEE Trans. Syst. Man. Cybern., 23(3):665-685.

[46] Motapon S N, Dessaint L A, Al-Haddad K. 2014. A comparative study of energy management schemes for a fuel-cell hybrid emergency power system of more-electric aircraft. IEEE Trans. Ind. Electron., 61(3):1320-1334.

[47] Michon M, Duarte J, Hendrix M, et al. 2004. A three-port bi-directional converter for hybrid fuel cell systems. 2004 IEEE 35th Annual Power Electronics Specialists Conference, PESC'04, vol 6. IEEE: 4736-4742.

[48] Sak H, Senior A, Beaufays F. 2014. Long short-term memory recurrent neural network architectures for large scale acoustic modeling. Fifteenth Annual Conference of the International Speech Communication Association.

[49] Hochreiter S, Schmidhuber J. 1997. Longshort-termmemory. Neural. Comput., 9(8):1735-1780.

[50] He K, Zhang X, Ren S, et al. 2016. Deep residual learning for image recognition. The IEEE Conference on Computer Vision and Pattern Recognition (CVPR).

[51] Abadi M, Agarwal A, Barham P, et al. 2016. Tensorflow: large-scale machine learning on heterogeneous distributed systems. arXiv preprint arXiv:1603.04467.

信息物理监视系统中基于深度学习的人员重识别

作　者　Lin Wu①, Brian C. Lovell②, Yang Wang③

摘　要　信息物理系统(cyber-physical system, CPS)是集成物理、网络和计算的组合。CPS可通过联网的嵌入式系统对其自身进行辅助和控制,通过反馈回路在需要时更改其行为。CPS的广泛使用给公众带来了更多的威胁,该领域的安全问题已成为全球性问题,亟需开发新的方法来确保CPS的安全。CPS采用感知层、传输层和应用层三级体系结构。CPS应用在改善CPS功能性方面的重要作用使其安全性成为CPS最重要的安全目标。本章侧重于与人们日常生活相关的CPS应用,并提出一个包括分布式多摄像机的系统,该系统将计算和通信功能与对现实世界中人的监视相集成,即在CPS监视系统中进行人员的重识别。

随着公共安全威胁的日益复杂和多样化,开发和部署可靠、安全且高效的视觉监视系统成为智慧城市建设的迫切需求之一。例如,对地铁站等室内环境的视觉监视在确保公众安全和运输网络管理中都发挥着重要作用。计算机视觉技术和相关视觉分析的最新进展为智能监控系统提供了新的解决方案。深度学习技术的使用是近期的一项重大进展,该技术极大地提高了视觉分析性能,并开启了理解视觉内容的新方向。例如卷积神经网络(CNN)在对高视觉概念的建模上性能表现出色。未来深度学习及其相关视觉

---

① Lin Wu:2014年获澳大利亚新南威尔士大学博士学位。在CVPR、ACM Multimedia、IJCAI、ACM SIGIR、IEEE TIP、IEEE TNNLS、IEEE TCYB、IEEE TMM、*Neural Networks*、*Pattern Recognition* 等会议和期刊上发表多篇学术论文。主要研究方向为深度表征学习、计算机视觉、模式识别和机器智能。

② Brian C. Lovell:澳大利亚昆士兰大学ITEE学院教授。2006—2012年,担任澳大利亚国家信息和通信技术研究所研究负责人,以及昆士兰大学ITEE学院安全与监控研究小组研究主任。1995—2005年,先后担任澳大利亚模式识别协会主席、IEEE高级会员、世界创新论坛会士、IEAust协会会士,并自1998年起担任澳大利亚国际模式识别协会理事会投票成员。曾担任 *Pattern Recognition Letters* 编辑委员会成员,计算机视觉和模式识别领域许多主要期刊以及CVPR、ICCV和ECCV的审稿人。

③ Yang Wang:博士毕业于澳大利亚新南威尔士大学计算机科学与工程学院。他目前是中国合肥工业大学媒体计算实验室的教授,中文名黄山。在此之前,他曾担任中国大连理工大学电子工程学院的副教授,以及澳大利亚新南威尔士大学的研究员。在IEEE TIP、IEEE TNNLS、IEEE TCYB、IEEE TKDE、IEEE TMM、*Neural Networks*、*Pattern Recognition*、VLDB *Journal*、IJCAI、ACM *Multimedia*、ACM SIGIR、IEEE ICDM、ACM CIKM等主要学术期刊上发表研究论文50篇。PAKDD 2014最佳研究论文亚军奖的获得者,是多个国际学术会议的委员会成员,同时担任 *Pattern Recognition Letters*、*Multimedia Tools and Applications* 杂志的客座编辑。

分析方法的发展将进一步影响智能监控系统领域。鉴于大都市社区对智能监控系统的强烈需求，本章将介绍深度神经网络领域最新的进展，以帮助调查员或者安全分析从业者更好地对海量视频数据进行法医学和安全性分析。本章还将介绍如何解决智能监控系统中所面临的挑战。

关键词 安全，多摄像机联网，网络安全中的人员重新识别

1 引言

联网的信息和物理组成了信息物理系统（CPS）。CPS 可通过人为的干预进行交互。随着对数据处理能力、数据通信能力和信息系统集成的日益关注，不同领域对 CPS 的需求或集成也在增加，引起了许多研究者和科研机构的广泛关注。[3] 当前的 CPS 不仅用于与人们的日常生活直接相关的许多领域，还用于诸如水务、医疗保健、交通运输、汽车、消费类电器等很多其他领域。CPS 的特征之一是通过连接多个组件来形成复杂的系统。通常，CPS 系统中的数据由传感器设备采集，并自动通过网络传输到控制系统而无需任何人机交互。[6] 但是，由于系统和功能的完善以及 CPS 子系统之间的互连性提高，信息和物理世界之间不断增加的连通性给 CPS 带来了巨大的安全挑战。CPS 的现代定义是三层的集成：感知层（perception layer）、传输层（transmission layer）和最具交互性的应用层（application layer）[3]，如图 3.1 所示。

图 3.1 三层架构的 CPS 系统

本章主要关注 CPS 应用层。应用层的任务是处理从传输层接收的信息，并对聚合数据实施复杂的决策算法以生成正确的决策。本章的目的是创建智能环境，并结合 CPS 技术实现在智能交通和智慧城市领域的智能应用，重点讨论 CPS 安全领域中的信息安全主题[3]，包括数据聚集(即从监视节点收集视频流)、数据处理和大规模共享环节(即对人员关联的可视化分析)的信息安全，尤其针对城市松耦合的运输网络。

最近人员重识别(re-identification，re-id)的许多研究试图生成鲁棒的特征表示，该特征表示对于描述在各种条件下行人的外观具有区分性和鲁棒性。[5,14,20,62,87,88] Bazzani 等人在文献[5]中提出通过整体平均颜色直方图和分析得出的复现局部模式来代表一个人。Farenzena 等在文献[14]中提出了对称驱动的局部累积特征(symmetry-driven accumulation of local feature，SDALF)，它利用了对称性和非对称性，并通过加权的颜色直方图、最大稳定的颜色区域和纹理信息来代表一个人。Gray 和 Tao 在文献[20]中建议使用 AdaBoost 从一组颜色和纹理特征中选择好的特征。Schwartz 和 Davis 提出了一种使用偏最小二乘的基于外观的模型来区分不同的人，该模型组合使用了多个视觉特征，包括纹理、渐变和颜色特征。[47]最近，Zhao 等人在文献[86,87]中研究了显著性信息(saliency information)在人员重识别方面的应用，提出了一个新颖的特征表示方法，可提高人员重识别的区分度。文献[87]提出了一种 eSDC 方法来学习即使图像有变形的情况下仍然可对人进行区分的显性特征。此外，显性匹配和区块匹配可以集成到一个统一的 RankSVM 框架中(SalMatch)。[86]他们还基于 ROC(receiver operating characteristic)曲线的局部线下区域面积(partial area under curve，pAUC)，提出了用于人员重识别的中过滤器(MidLevel)。[88] Lisanti 等人在文献[37]中利用低特征描述符来近似外观变量，通过使用稀疏线性重构模型来实现人员重识别。

用于人员重识别的度量学习方法实质上是将该问题定义为有监督学习，其目标是找到一个合适的投影矩阵，使得表示同一个人的特征向量在投影空间的相似距离很小，表示不同人的特征向量在投影空间的相似距离很大。三种代表性方法包括大间隔最近邻学习(large margin nearest neighbor learning，LMNN)[63]、信息理论度量学习(information theoretic metric learning，ITML)[12]和逻辑判别度量学习(logistic discriminant metric learning，LDM)[21]。将这些度量学习技术应用于人员重识别，研究者已经开发了许多有效的方法。[23,26,34,35,40,43,74,76,91] Mignon 等人在文献[40]中提出了成对约束分量分析(pairwise constrained component analysis，PCCA)来学习到一个低维空间的投影，在该空间中成对的样本之间的距离符合所需的约束并且在存在高维数据的情况下表现出良好的泛化特性。Zheng 等人在文献[91]中提出了一种相对距离比较方法(relative distance comparison，RDC)，以软判别的方式最大化一对真正匹配的样本和标签的配对可能性。Koestinger 等提出了一种基于等价约束的大规模度量学习

(KISSME)方法,考虑了两个高斯分布的对数似然比检验。[26] Li 等人提出学习局部自适应决策函数(LADF),可以将其视为距离度量和局部适应阈值规则的联合模型。[34] 跨视图二次判别分析(XQDA)算法可同时学习判别子空间和距离度量。它能够执行尺寸缩减并选择最佳尺寸。为了使度量学习更加有效,研究者还提出了一种正半定约束方法,以减少计算成本并获得更鲁棒的学习度量。文献[35]提出了一种称为局部最大出现率(local maximal occurrency, LMO)的特征表示方法,并将该方法与子空间和度量学习相结合。另外,学习排名(learning to rank)也可用于人员重识别,具体方法包括集成 RankSVM[45]、度量学习排名(MLR)[38]在人员重识别中的应用[74]和结构化度量集成[42]。

随着深度卷积神经网络(convolutional neural networks, CNN)的兴起,出现了很多基于深度学习的人员重识别算法。[1,9,10,11,30,32,53,55,56,66,84,85,94] 文献[1]提出了具有两个独立子网对称结构的孪生深度卷积神经网络(siamese CNN),以共同学习成对的距离度量。Li 等人[32]设计了一个不同的网络,该网络从具有最大池化的单个卷积层开始,然后是一个局部块匹配层,该块匹配层将来自两个输入的卷积特征响应乘以各种水平偏移。PersonNet 是对文献[1]中所提出网络进行深化的一种网络结构,在非常小的过滤器中应用了更多的卷积层和最大池化层。为了进一步提高人员重识别的准确性,研究者设计了一些考虑空间块对齐的深度模型[7,30,55,56,72,94],或者将局部身体部位编码为整体表示的模型[9,85]。所有上述方法都是有监督学习,它们需要标签或身体部位的标注来产生对身份的辨别性表示。另一方面,无监督学习方法也被引入到应对人员重新识别中。[13,58,79,87] 另外,一些研究者还试图引入领域自适应技术来解决行人匹配中的视线差异问题。[80]

本章旨在介绍信息安全背景下深度学习技术在人员识别领域的最新进展,并阐明在不同环境下针对人员重识别的各种技术框架的最新进展。本章其余部分的组织结构如下:第 2 节将简要介绍一些最近的有监督和无监督学习方法。第 3 节介绍一组基于深度学习的人员识别方法,包括基于图像的方法(3.1 节)和基于视频的方法(3.2 节)。对于图像输入,该节将提出一种深度特征学习框架的原型,针对人员识别中快速搜索候选对象的场景,该节还提出一种改进的哈希学习模型。此外,我们还将介绍一种基于生成对抗神经网络的无监督学习算法,可以在没有标注数据的情况下进行有效的人员重识别。第 4 节是对本章的总结。第 5 节将讨论一些未解决的问题。

2 背景

由于计算设备变得轻巧、便携并且能够与现实世界连接,CPS 组件可以通过网络互联,在适当的操作和实时响应前提下实现监视和控制。CPS 提供了一个耦合的环境,可包含成千上万个互联设备，在管理和控制方面提供更多的便利。

人员重识别系统主要与实时系统相关，其中包含了分布式实时控制的摄像头网络。该摄像头网络将计算和通信能力进行集成，应用于诸如交通运输中心、机场航站楼、智慧城市等场景。在设计下一代安全解决方案时，将摄像头网络中的感知、计算、通信和预测功能有机地融合在一起至关重要。这类安全解决方案的例子包括自动视频监控平台和联网的智能摄像头系统，这些系统通过监控行为、活动或环境中的其他变化信息来影响、管理、指导或保护人群。这类系统表现出超越原始行为的高水平意识，并且具有持久和长期的自主性。但是智能视频监控系统的核心功能仍然受到诸多实际问题的影响，例如较长的时间和空间跨度、低分辨率/帧速率以及低质量图像和视频捕获。视频监控系统中一个重要的研究问题是人员重识别。[17]人员重识别指的是在不同位置和不同时间段将个体关联起来。作为多摄像头监控系统的核心，人员重识别可用于各种监控应用，例如对人员的跨摄像头跟踪以及在更广的场景下了解他们的全局行为。

2.1 基于监督学习的人员重识别

人员重识别问题可以通过两类方法来解决：① 通过学习距离或相似性度量来预测两个不同的图像是否描述了同一个人[7,31,34,49,76,81,91]；② 找到一些独特的信息来代表不同摄像机拍下的同一个人物，通常涉及对跨图像的表示进行分类[1,7,32,53,55,57,68]。第一类方法通常使用多种特征，包括局部二进制模式[26,76]、颜色直方图[26,67]、局部最大出现率(local maximal occurrence，LOMO)[35,36]等，着重于学习有效的距离/相似度度量指标特征。对于第二类方法，深度卷积神经网络(CNN)在定位和提取相关特征以形成针对视图变化的判别表示方面非常有效。例如，可以通过优化识别损失[53]或识别损失与成对损失的组合损失[57]来学习可保留身份识别信息的投影或预测。但是，所有这些重识别模型都是基于监督学习的，依赖于大量标记的训练数据，而且对于每对摄像机视图都需要成对标记的训练数据。监督学习方法的性能很大程度上取决于标记的训练数据的数量和质量，这限制了其在大型网络摄像机中的应用。相反，基于生成模型的无监督学习方法不需要任何标记的数据，无需成本高昂的人工标记且不受错误标记数据的影响。

2.2 基于无监督学习的人员重识别

现有的大多数人员重识别模型都是基于监督学习来获取具有区分性的特征[68,85,89]或学习距离度量[33,57,81]。这些模型都依赖于大量标记数据，限制了其在网络摄像机系统中的应用。为了克服这些问题，需要使用有限数量的标记数据或者无需使用标记数据。这类技术的重点通常在于设计一些对不同成像条件下视觉变化具有鲁棒性的特征(例如颜色和纹理等)。[4,58,87]但是,低特征在视角不变性方面的表现不佳,因为这些特征没有针对视角变化造成的偏差而学习。迁移学习也被应用于人员重识别领域[13,44,92],这类方法使用较大的已标记数据集来训练模型,然后将学习到的知识转移至无标记的目标摄像机对。最近的一些方法通过人员图像的非对称聚类或者从一对图像中获得的色彩度量进行迁移,来实现学习跨视角特征的目的。与有监督的学习方法相比,半监督和无监督的方法仍然存在相当大的性能差距。在可用标记样本有限的前提下,这类方法无法充分利用样本之间的可区分空间。为了获得与监督学习类似的性能,本章将介绍一种有效的视图对齐方法,以统计方式来识别共现模式,帮助自动生成可区分的特征。

3 信息物理监视系统中的深度学习:新的趋势和方法

人员重识别本质上是衡量两个行人图像的相似性:如果两个图像是同一个人,其相似度得分应该比较高,否则相似度得分应该比较低。这通常涉及构造鲁棒的特征表达和适当的相似性度量,以便估计准确的相似性得分。为此,在人员重识别问题上,研究者分别或者同时在特征表达和相似度函数学习两个方面设计了很多方案。诸如颜色和纹理之类的低级特征可用于解决人员重识别问题。另外一些研究提出了更加独特和可靠的特征表达,包括对称驱动累积(symmetry driven accumulation)[14]、水平分区(horizontal partition)[35]和显著性匹配(salience matching)[87]。但是,在不同摄像机所拍摄的未经对齐图像视角有很大变化的情况下,设计一种有区分性且稳定的特征是很困难的。在学习鲁棒的距离或相似性度量函数方面,已经提出了许多度量学习算法。[4,34,35,43,49,57,68,76,79]实际上,大多数度量学习方法都包含两个阶段的处理过程,通常是先提取特征,然后学习度量函数。因此这些方法经常获得的是次优解。

卷积神经网络(CNN)在图像识别问题和包括行人检测[41,93]、跟踪[60]在内的各种视频监控应用中取得了巨大的成功,在人员重识别方面同样取得了实质性的进步。[1,9-11,30,32,53,55,56,66,84,85,94]通过CNN可以同时学习特征表达和相似性度量。文献[32]中提出的FPNN算法首次尝试在CNN中引入匹配,然后通过改进的深度学习框架[1]来解决人员重识别问题,其中的深度学习神经网络添加了交叉输入邻域差异层(cross-input neighborhood difference)和补丁摘要层(patch summary)。这两种方法都在神经网络靠前的层评估成对相似性(pair similarity),因此可以充分利用特征图的空间对应性。在实际中,由于外观相似或遮挡,图像的空间错位在人员重识别中经常出现。[72,94]因此我们需要一个更深的神经网络捕捉图像之间的非线性关系。

3.1 基于图像的人员重识别

基于图像的人员重识别是用变化的视觉特征匹配多个不重叠的摄像机视图中的行人的静态图像。[34,36,43,53,58,66,72,76,87,91]这一问题已经进行了非常广泛的研究以解决不同摄像机视角、人体姿势、光照、背景杂波、遮挡、低的分辨率和摄像机的不同位置等视觉方面的复杂变化带来的挑战。图 3.2 中给出了一些广泛使用的人员重识别数据集中的图像示例。本节接下来将从两个方向来叙述人员重识别问题的解决方案,即有监督学习和无监督学习。

图 3.2 三个典型数据集中(VIPeR[19]、CUHK03[32]、Market-1501[90])的行人图像样本

每列显示两个不同的摄像机视角观察到的同一个人的两张图像。

3.1.1 有监督的深度表示学习

PersonNet[66]是一项开创性的工作,它受 VGG 网络[50]的启发,使用了非常小的卷积滤波器[1]。在训练过程中,PersonNet 的输入是一对 160×60 固定尺寸的 RGB 图像。这对图像通过一个堆叠的卷积层处理,其中使用了非常小的 3×3 接收场滤镜。卷积步幅固定为 1 个像素。空间池化由三个最大池化层执行,三个最大池化层紧跟卷积层(并非所有卷积层都跟随最大池化层)。最大池化在跨度为 2 的 2×2 像素窗口上执行。堆叠卷积层后是三个完全连接层,前两个完全连接层为 4096 维,第三个是 512 维。通过 softmax 来决定输入的两幅图像是否为同一个人。PersonNet 的总体架构如图 3.3 所示。

1. 卷积和最大池化

PersonNet 的前两层是卷积层和最大池化层。给定两个不同摄像机拍摄的尺寸为 160×60 的两个 RGB 行人图像 $\boldsymbol{I}$ 和 $\boldsymbol{J}$,卷积层将输出通过配对滤镜提取的局部特征。用于处理两个摄像机获得的图像的滤波器(W,V)是共享的。给定输入图像 I 和 J,每个图像有 C 个颜色通道,图像高为 H、宽为 W。如果我们使用 K 个滤波器,并且每个滤波器的尺寸为 $m\times m\times C$,则输出一组高度为 H'、宽度为 W' 的 C' 个颜色通道的图像。我们将滤波器函数定义为 $f, h: \mathbf{R}^{H\times W\times C}\rightarrow\mathbf{R}^{H'\times W'\times C'}$,如式(3.1)所示,其中 $k\in\mathbf{R}^{K\times K\times C}$。

$$\begin{cases} f_{ij}^{k} = \sigma((\boldsymbol{W}_k * \boldsymbol{I})_{ij} + b_k^l) \\ h_{ij}^{k} = \sigma((\boldsymbol{V}_k * \boldsymbol{J})_{ij} + b_k^l) \end{cases} \tag{3.1}$$

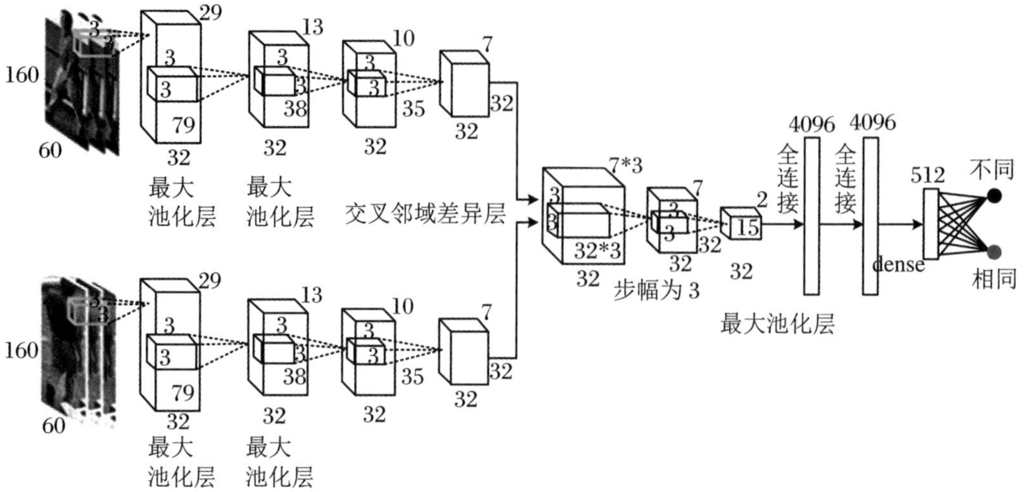

图 3.3 PersonNet 的网络结构

该网络将一对 RGB 图像作为输入，通过一系列堆叠卷积层、匹配层来计算一对图像之间的关系。

与一般在前两个卷积层中使用较大的感受野（receptive field）不同（例如文献[1,32]中使用的 5×5），我们在整个网络中使用较小的 3×3 感受野，以 1 为步长对每个像素进行卷积。由两个 3×3 卷积层组成的堆叠（它们之间没有空间池化操作）相当于 5×5 的接收场。这样做可以嵌入更多的非线性激活函数，使得判别函数更有效。[50]

激活函数可以增加决策函数和整个网络的非线性特性，而不会影响卷积层的感受野。这里没有使用 ReLU 函数：$\sigma(x)=\max(0,x)$，作为神经网络中的激活函数，我们选择双曲正切函数作为非线性激活函数：$\sigma(x)=\tanh(x)=\dfrac{e^x-e^{-x}}{e^x+e^{-x}}$，该函数可以在[−1,1]范围内重新缩放线性输出。将激活函数缩放为 $\sigma(x)=\tanh\left(\dfrac{3x}{2}\right)$ 能够确保训练均匀地分布在每一层上，这对于非常深的网络特别有用。最大池化层用于减小输出的维数和可变形对象的变化，以确保即使图像特征进行轻微平移也能获得相同的结果。

2. 邻近区块匹配建模

在人员重识别问题中，通常需要处理视角变化、图像未对齐和姿势变化等，这会使某些图像区块在同一个人上不匹配。为此引入区块匹配层来计算跨两个视图的局部区块的滤波器响应差异。由于 $f_{I,gJ}\in\mathbf{R}^{32\times 7}$，每个特征位置附近的差异产生了一组特征图 $K_i\in\mathbf{R}^{32\times 7\times 3\times 3}(i=1,\cdots,32)$，其中 3×3 是特征值周围邻域窗口的大小。换句话说，K_i 表示由 3×3 区块组成的 32×7 网格，亦即 $K_i(x,y)\in\mathbf{R}^{3\times 3}$，其中 $1\leqslant x\leqslant 7, 1\leqslant y\leqslant 32$。根据文献[1]中的演算，我们有如下公式：

$$K_i(x,y)=f_I(x,y)\mathscr{R}(3,3)-\mathscr{N}[h_J(x,y)] \tag{3.2}$$

其中 $\mathscr{R}\in\mathbf{R}^{3\times3}$ 是一个 3×3 的指示矩阵，其所有元素均为 1；$\mathscr{N}[h_J(x,y)]\in\mathbf{R}^{3\times3}$ 是一个以 (x,y) 为中心的 h_J 的 3×3 邻域。这里使用尺寸为 3×3 的小邻域来建模由姿势和视点变化引起的身体部位位移。[32] 这样的结构可以避免在计算 K_i 时进行对称运算，因为我们使用在线采样来生成图像对。

图 3.4 所示是神经网络每层特征响应的可视化。可以看到在 Conv0 之后，特征会响应图像中的明亮区域。经过几次卷积和最大池化后，人的身体部分在整体上将获得更高的响应。在此过程中，基于部位的 CNN 可能有助于进一步提高识别的准确性，因为人体部位在各个摄像机视图之间可能会非常不同，并且匹配不同的部位有助于进行整体匹配。前面以及文献[1]中提到邻域层用于在较小范围内计算两个视图上对应特征图的差异，这可以鲁棒地匹配一些因视角和姿势的不同而发生了变化的区块。对于两个输入图片是不同人的情况，邻域差异层可以突出显示一些视觉上不同的局部色块，如图 3.4(a) 中所示。相比之下，对于两个输入图片是同一个人的情况，差异图应该接近零，非零值应该很小且均匀分布在整个图上，如图 3.4(b) 所示。差异层之后是另一个区块摘要层，该层将差异图提取为每个 3×3 块中差异的整体表示。然后，我们使用具有最大池化的另一个卷积层来学习跨邻域差异的空间关系。该网络的最后是三个具有 soft-max 输出的完全连接层。

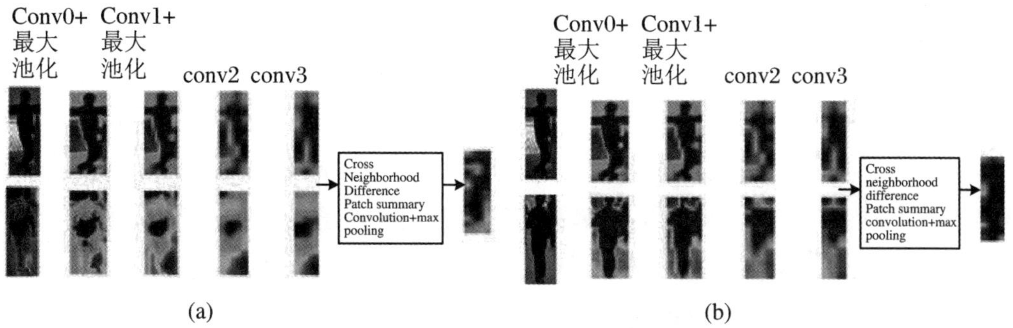

图 3.4 PersonNet 神经网络中每层学习到的特征响应

(a) 两个输入图片为不同的人；(b) 两个输入图片为同一个人。

3. 训练策略

训练数据分为多个小的批次，其中每个小批次均由随机采样的图像对组成。输入图像对通过网络进行前馈以计算特征表示，然后反向传播以随机梯度下降(stochastic gradient descent，SGD)计算得出的梯度(每个小批次中减少的方差)来更新参数集。我们使用目标函数来训练这些受监督的参数，该函数的目标是最小化神经网络输出与标准答案之间的交叉熵。最后一个 soft-max 层使用 soft-max 函数来确定两个输入图像 I 和 J 是否属于同一个人。输出为二进制变量 $y_{I,J}$，其定义如下所示：

$$p(y_{I,J}=i \mid \boldsymbol{W},b)=\frac{\mathrm{e}^{(W_i \cdot x+b_i)}}{\sum_i \mathrm{e}^{(W_i \cdot x+b_i)}} \tag{3.3}$$

如果 $\boldsymbol{I}$ 和 $\boldsymbol{J}$ 匹配为同一个人，则令 $y_{I,J}=1$，否则 $y_{I,J}=0$。参数 $\boldsymbol{x}$ 表示来自最后一个完全连接层的输入，$\boldsymbol{W}$ 和 b 是要学习的权重和偏差项。因此，按照文献[32]中的设置，给定 N 个训练样本对，我们将负对数似然率用作训练的对比损失函数，该函数可以写成

$$\text{loss}=\sum_n^N y_n \log(p(y=1 \mid \Phi,(\boldsymbol{I}_n,\boldsymbol{J}_n)))+(1-y_n)\cdot \log(1-p(y=1 \mid \Phi,(\boldsymbol{I}_n,\boldsymbol{J}_n))) \tag{3.4}$$

3.1.2 基于深度哈希学习的快速人员重识别

最近，解决人员重识别问题的深度学习方法[1,8,32,66-68,72,75]被提出。从行人图像中提取分层的 CNN 特征，随后成本度量部分将 CNN 特征与由特定损失函数（例如成对对比损失函数[1,32,66]或三重损失函数[8,57]）编码的度量进行比较。由于通过提取和比较分层的 CNN 特征来匹配两个行人图像的效率较低，因此这种典型的深度学习方法不太适用于需要实时处理的场景。对于基于神经网络的方法，其出色的识别精度是以较高的计算成本为代价的。其计算成本主要在于后续梯度更新过程，结果造成以成对或三元为单位作为输入时，学习速度很慢。这些深度模型的学习的主要计算开销在于使用随机梯度下降法进行的权重更新。我们认为造成这一结果的主要原因是数据采样的低效，亦即在没有任何高阶信息的情况下，简化的目标函数导致了效率较低的数据采样策略。直接匹配学习到的 CNN 特征来计算相似性值还是不够快，无法应用于实时应用场景中。本节旨在开发一种快速的人员重识别框架，该框架使用了一个结构化的损失函数来高效地学习具有强区分性的特征表达和哈希编码，从而可以自动挖掘出有意义的示例，并且反向传播期间对参数更新有增强效果，从而快速收敛并提高性能。

为了应对不断增长的视觉数据，研究者已经提出了多个基于深度学习的哈希方法，以通过深度神经网络同时学习相似性保留的哈希函数和具备判别性的图像表示。[28,73,82,83]由于难以将预先训练的模型泛化到匹配多个摄像机从不同视角拍摄到行人图像的场景，简单地将现有的深层哈希方法通过“拿来主义”用于实现人员重识别系统并非易事。对模型做精细化调优是使预训练模型适合于人员重识别的一种可行方法。但是，训练模型时用的训练图像通常分为小批量，其中每个小批量包含一组随机采样的正/负对或三元组，需要对每个小批量计算出对比损失或三重损失，并尝试使用随机梯度下降算法 SGD 通过反向传播来最小化损失函数并更新参数。[64]需要强调的是，随机采样的双/三元组对 SGD 几乎没有有用的信息。例如，许多三元组很容易满足三元组损失函数中的相对比较约束，导致许多三元组很好地满足约束并给出几乎为零的损失，因此在

训练阶段收敛速度很慢。更糟糕的是,如果针对对比损失函数或三重损失函数进行了优化,则带有随机样本的小批量处理可能无法获得稳定的解或仅仅获得局部最优值。[51]为此,选择合适的损失函数与随机梯度下降算法 SGD 配合,才能够获得理想的结果。

本节将介绍基于 CNN 的深度哈希方案,以有效解决人员重识别的问题。[70]为了减轻由对比/三重损失函数引起的不良影响,引入了一种将负样本主动添加到小批次中的结构化损失函数,从而形成了一个结构化的深度哈希框架。该结构化损失函数可以指导随机梯度下降 SGD 中的次梯度计算指向正确的方向,从而在训练中实现快速收敛。同时,学习到的相似性保持哈希函数可以实现快速的人员重识别系统。所述深度哈希框架如图 3.5 所示。

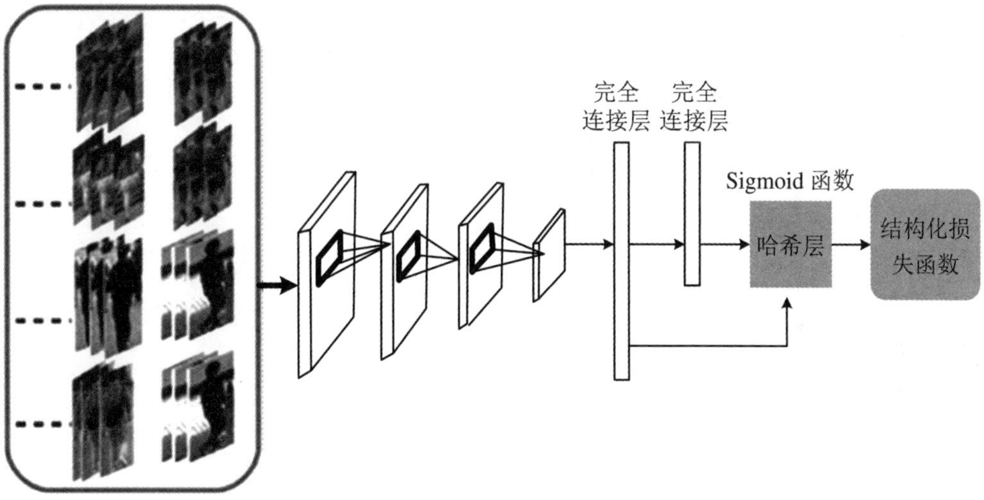

图 3.5 用于人员重识别的深度哈希框架概况

深度神经网络采用前馈和反向传播策略来同时学习特征和哈希编码。在前馈阶段,网络从小批次执行推理。将小批次处理放入一个堆叠卷积层中以生成非线性具有区别性的特征,然后将所获得的特征通过完全连接层映射为输出特征向量。同时,在完全连接层之上引入哈希函数层,用于学习通过一个结构化损失函数优化的哈希编码,以保留其相似性/不相似性。在反向传播中,通过计算其随机梯度下降来更新参数。

1. 学习深度哈希函数

假设 J 是原始图像,哈希函数 $f:J\rightarrow\{0,1\}^r$ 可视为一个映射。该映射将输入图像 J 投影到 r 位二进制编码 $f(J)$ 中,并保持同一个人由不同摄像机所拍摄图像的相似性。基于学习的哈希方法旨在寻找一组哈希函数,以将每个样本映射为紧凑的二进制向量。假设我们要学习 r 个哈希函数,这些哈希函数将图像 J 映射到 r 位二进制代码向量 $f(J)=[f_1(J),f_2(J),\cdots,f_r(J)]$。

在训练期间，网络的输入为小批次数据，其中包含成对的 RGB 图像。图像经过四个卷积层，其中我们使用了非常小的 3×3 接收场滤镜。卷积的长固定为 1 个像素，且空间池化由三个最大池化层完成。最大池化层在步长为 2 的 2×2 像素窗口上执行。在堆叠卷积层之后是两个完全连接层，其中第一个为 4096 维，第二个为 512 维。完全连接层的输出进入哈希层以生成紧凑的二进制哈希编码。受文献[52]的启发，在第一完全连接层和哈希层之间添加了旁路连接，以减少可能的信息丢失。另一个原因是来自第二个完全连接层的特征非常语义化且缺乏变化，无法捕获人像之间的细微差别。因此，我们将深度哈希函数重写为

$$f(\boldsymbol{J},\boldsymbol{W}_i)=\pi(\mathrm{Sigmoid}(\boldsymbol{W}_i^{\mathrm{T}}[g_1(\boldsymbol{J});g_2(\boldsymbol{J})]))\tag{3.5}$$

其中 $\mathrm{Sigmoid}(t)=\dfrac{1}{(1+\exp^{(-\beta^{\mathrm{T}}t)})}$，$\beta$ 是一个超参数；$\boldsymbol{W}_i$ 表示第 i 个哈希函数的权重；$g_1(\cdot)$和$g_2(\cdot)$分别表示两个完全连接层输出的特征向量；$\pi(\cdot)$是一个分段阈值函数，用于二进制输出。具体来说，对于输入变量 $s=\mathrm{Sigmoid}(t)\in[0,1]$，分段函数 $\pi(\cdot)$定义为

$$\pi(s)=\begin{cases}0, & s<0.5-\epsilon\\ s, & 0.5-\epsilon\leqslant s\leqslant 0.5+\epsilon\\ 1, & s>0.5+\epsilon\end{cases}$$

其中 ϵ 是一个很小的正值超参数。至此，我们可将哈希函数写为 $f(\boldsymbol{J},\boldsymbol{w})=[f(\boldsymbol{J},\boldsymbol{w}_1),\cdots,f(\boldsymbol{J},\boldsymbol{w}_r)]$。在训练完成后的预测中，可以通过简单的量化操作 $b=\mathrm{sign}(f(\boldsymbol{J},\boldsymbol{w})-0.5)$来完成对图像 J 的哈希编码，其中 $\mathrm{sign}(v)$是对向量的符号函数，对于 $i=1,2,\cdots,r$，如果 $v_i>0$ 则 $\mathrm{sign}(v_i)=1$，否则 $\mathrm{sign}(v_i)=0$。请注意，对于预测中的输入图像，这里的深度哈希方法会先生成实数的哈希编码，然后通过量化过程(quantiation process)将其转换为二进制。分段阈值函数用于将近似的实数哈希编码中的值转换为 0 或 1，例如 Sigmoid 函数输出的值在$[0,0.5-\epsilon]$和$[0.5+\epsilon,1]$范围内分别为 0 或 1，以最小化由量化步骤引起的误差。

2. 优化结构化损失

先前的人员重识别方法通过随机均匀选取图像对或图像三元组来实现随机梯度下降 SGD。[64]这些方法没有完全利用每次采样所获得小批次数据中的信息。相比之下，我们提出了针对每个采样小批次数据的结构性损失，以便充分利用 SGD 中使用的每个训练批次。同时，提出的结构化损失可以确保训练的快速收敛和稳定性。对于每个训练批次中由不同摄像机拍摄的图片，同一个人的两张图片为一个“正对”(positive pair)，不同人的两张图片为一个“负对”(negative pair)，这里的结构化损失函数是针对所有正对和负对进行计算。具体来说，可以表示为

$$F=\frac{1}{|\bar{P}|}\sum_{x_i,y_i\in\bar{P}}\max(0,F_{x_i,y_i}),$$
$$F_{x_i,y_i}=\max(\max(0,\alpha-\|\boldsymbol{x}_i-\boldsymbol{y}_k\|_H),\max(0,\alpha-\|\boldsymbol{y}_i-\boldsymbol{y}_l\|_H))+\|\boldsymbol{x}_i-\boldsymbol{y}_i\|_H \tag{3.6}$$

其中 $\boldsymbol{x}_i,\boldsymbol{y}_i,\boldsymbol{y}_k,\boldsymbol{y}_l\in\{0,1\}^r$,$(\boldsymbol{x}_i,\boldsymbol{y}_i)\in\bar{P}$,$(\boldsymbol{y}_k,\boldsymbol{y}_l)\in\bar{N}$,$\bar{P}$ 和 $\bar{N}$ 表示每个小批次数据中正负对的集合。后面将详细说明选择正对和负对样本的过程。

与对比式、三元组和四元组[29]排名损失的关系:

(1) 如果一个批次中有 $O(m)$个独立成对数据,进行成对训练时可以生成 $O(m^2)$个对。然而,随机采样获得的"负对"携带的信息非常有限。[51]相比之下,精选的较难区分的样本对完整次梯度方法(subgradient method)而言是更有用的样本。

(2) 与包含随机采样的三元组嵌入相比,我们在训练批次中为每个正对额外扩充两个负对。如此将覆盖大多数违反约束条件的情况,从而可实现快速收敛。此外,所提出的结构损失充分利用了小批次的结构,通过将正对和负对互相之间推开(即 $\|\boldsymbol{y}_i-\boldsymbol{y}_l\|_H<\|\boldsymbol{y}_i-\boldsymbol{x}_i\|_H$),进一步减少类内变化并扩大类间变化。具体来说,这里的结构化损失可以等效地转换为两个规则的三元组:$[\boldsymbol{x}_i,\boldsymbol{y}_i,\boldsymbol{y}_k]$和$[\boldsymbol{y}_i,\boldsymbol{x}_i,\boldsymbol{y}_l]$,它们在汉明嵌入空间中提供了正确的相对比较顺序,即 $\max(\|\boldsymbol{x}_i-\boldsymbol{y}_i\|_H-\|\boldsymbol{x}_i-\boldsymbol{y}_k\|_H+\alpha,0)+\max(\|\boldsymbol{y}_i-\boldsymbol{x}_i\|_H-\|\boldsymbol{y}_i-\boldsymbol{y}_l\|_H+\alpha,0)$。因此,所提出的结构化损失通过同时考虑汉明空间中的正确顺序并减少(扩大)类内(类间)变化提高了深度哈希模型的能力。

(3) 基于对相异性的不等约束,我们的结构损失可以转换为四重约束。例如,给定$(\boldsymbol{x}_i,\boldsymbol{y}_i)\in\bar{P}$,$(\boldsymbol{y}_k,\boldsymbol{y}_l)\in\bar{N}$,我们在式(3.6)中的结构损失等效于两组四重不等式:$d(\boldsymbol{x}_i,\boldsymbol{y}_i)<d(\boldsymbol{x}_i,\boldsymbol{y}_k)$,$d(\boldsymbol{y}_i,\boldsymbol{x}_i)<d(\boldsymbol{y}_k,\boldsymbol{y}_l)$。

为了便于优化,我们将汉明范数替换为 l_2 范数来放宽式(3.6),并用范围约束替换对 $\boldsymbol{x}$ 和 $\boldsymbol{y}$ 的整数约束,余量 α 设置为 1,则修正的损失函数如式(3.7)所示,其中 $\boldsymbol{x}_i,\boldsymbol{y}_i,\boldsymbol{y}_k,\boldsymbol{y}_l\in\{0,1\}^r$,$(\boldsymbol{x}_i,\boldsymbol{y}_i)\in\bar{P}$,$(\boldsymbol{y}_k,\boldsymbol{y}_l)\in\bar{N}$。

$$F=\frac{1}{|\bar{P}|}\sum_{x_i,y_i\in\bar{P}}\max(0,F_{x_i,y_i}),$$
$$F_{x_i,y_i}=\max(\max(0,1-\|\boldsymbol{x}_i-\boldsymbol{y}_k\|_2^2),\max(0,2-\|\boldsymbol{y}_i-\boldsymbol{y}_l\|_2^2))+\|\boldsymbol{x}_i-\boldsymbol{y}_i\|_2^2$$
$$\text{s.t.}\quad \boldsymbol{x}_i,\boldsymbol{y}_i,\boldsymbol{y}_k,\boldsymbol{y}_l\in[0,1]^r,(\boldsymbol{x}_i,\boldsymbol{y}_i)\in\bar{P},(\boldsymbol{y}_k,\boldsymbol{y}_l)\in\bar{N} \tag{3.7}$$

修正后的损失函数是凸的,其关于 $\boldsymbol{x}_i$、$\boldsymbol{y}_i$、$\boldsymbol{y}_k$ 和 $\boldsymbol{y}_l$ 的子梯度如式(3.8)所示。

$$\begin{cases} \dfrac{\partial F}{\partial \boldsymbol{x}_i} = (2\boldsymbol{y}_k - 2\boldsymbol{y}_i) \times \mathscr{I}[2 + \|\boldsymbol{x}_i - \boldsymbol{y}_i\|_2^2 > \|\boldsymbol{x}_i - \boldsymbol{y}_k\|_2^2 + \|\boldsymbol{y}_i - \boldsymbol{y}_l\|_2^2] \\ \dfrac{\partial F}{\partial \boldsymbol{y}_i} = (2\boldsymbol{y}_l - 2\boldsymbol{x}_i) \times \mathscr{I}[2 + \|\boldsymbol{x}_i - \boldsymbol{y}_i\|_2^2 > \|\boldsymbol{x}_i - \boldsymbol{y}_k\|_2^2 + \|\boldsymbol{y}_i - \boldsymbol{y}_l\|_2^2] \\ \dfrac{\partial F}{\partial \boldsymbol{y}_k} = 2\boldsymbol{x}_i \times \mathscr{I}[2 + \|\boldsymbol{x}_i - \boldsymbol{y}_i\|_2^2 > \|\boldsymbol{x}_i - \boldsymbol{y}_k\|_2^2 + \|\boldsymbol{y}_i - \boldsymbol{y}_l\|_2^2] \\ \dfrac{\partial F}{\partial \boldsymbol{y}_l} = 2\boldsymbol{y}_i \times \mathscr{I}[2 + \|\boldsymbol{x}_i - \boldsymbol{y}_i\|_2^2 > \|\boldsymbol{x}_i - \boldsymbol{y}_k\|_2^2 + \|\boldsymbol{y}_i - \boldsymbol{y}_l\|_2^2] \end{cases} \tag{3.8}$$

如果表达式求值为真,则指示器函数 $\boldsymbol{I}[\text{-}]$输出 1,否则指示器函数 $\boldsymbol{I}[\text{-}]$输出 0。因此,式(3.6)中的损失函数可以很容易地集成到神经网络的反向传播中。可以看到,我们的结构化损失为所有的在正对边缘的负对(close negative)提供了丰富的梯度信号。与现有的只更新了最难的负梯度从而训练很容易过度拟合的网络[1, 32]相比,我们提出的结构化损失使优化更加稳定。

3. 小批量的硬性负面挖掘

如前所述,我们的方法与现有的深度学习方法不同,它可以完整保留一次采样的小批次的完整信息,包括正对及其难以识别的负对。请注意,我们仅针对图库摄像机视图定义了难以识别的负样本。这样做的理由是要增强网络训练中的小批量优化,因为 F_{x_i,y_i} 的次梯度将使用接近的负对。因此,我们的方法使样本偏向于"困难"的负对。在本节中,我们特别随机选择一些正对,然后将其"困难"的负样本主动添加到训练小批量中。由此扩充添加了子渐变将使用的相关信息。具体来说,我们通过在线生成确定小批次中的元素。在选择锚及其正向对应性的硬负向时,可以保留任何身份的所有锚 - 阳性对(anchor-positive pair)。实际上,这种挖掘硬负边缘的过程相当于在结构化预测设置中计算损失增加的推论。[22,51,54]从直觉上讲,硬负配对的损失应比涉及其他配对的损失受到更大的惩罚。从这个意义上讲,我们的结构损失函数在边距范围内包含足够的负样本,这可以将正样本推向正确的方向,从而使优化更加稳定。

3.1.3 生成模型的无监督深度表示学习

上述深度学习方法由于两个假设而受到固有的限制:视图中大量带标签的样本的可得性以及两个固定的相机视图都应表现为单模相机间变换(unimodal inter-camera transform)。实际上,在视频监控的大型摄像机网络环境中,对于每对摄像机视图而言,构建带有标记的对应图像元组的训练数据集是不可能的。因此,这种对应依赖性极大地限制了现有这类方法的适用性。其次,行人图像的实际配置(视点、姿势、照明和光度设置的组合)是多模式的和特定于视图的[31],即使它们是在同一台摄像机下观察到的也是如此。因此,使用通用度量无法很好地学习复杂而多模式的摄像机间变化,该通用度量无法处理跨视图的多种类型的变换。最后,现有的深度学习方法直接计算中间 CNN 特征之间的差异，并且仅将相似度值传播到最终标量，这将丢失重要的信息，因为它们会忽略交叉视图中的特征对齐。

为了克服这些限制，有些研究提出了基于几个生成对抗网络（GAN）[18]的交叉网，以寻求有效的交叉视图表示进行人员重识别。[80]为了解决依赖于监督的问题，如图 3.6 所示，我们观察到一些在图像对中共同出现的模式是截然不同的，可以之区分正对和负对。因此，应自动挖掘出这些同时出现的模式，以方便进行任务。具体来说，如图 3.7 所示，所提出的网络从可变自动编码器（variational auto-encoder, VAE）元组开始[24]，每个都针对摄像机视图中的一个图像，以将输入图像编码为各自的潜变量，而无需任何区域级人像上的注释。VAE 技术已经为图像分布学习任务建立了可行的解决方案。而在本章中，我们使用 VAE 来以统计方式生成配对图像的潜在变量，而无需使用对应标签。[80]需要指出的是，使用 Siamese CNN[55]来对输入进行编码效果不理想，因为 CNN 由固定的感受野组成，感受野可能不灵活，无法捕获变化的局部模式。同样，对偶架构在不适合多模式特定视图变体的 CNN 层之间实施权重分配。

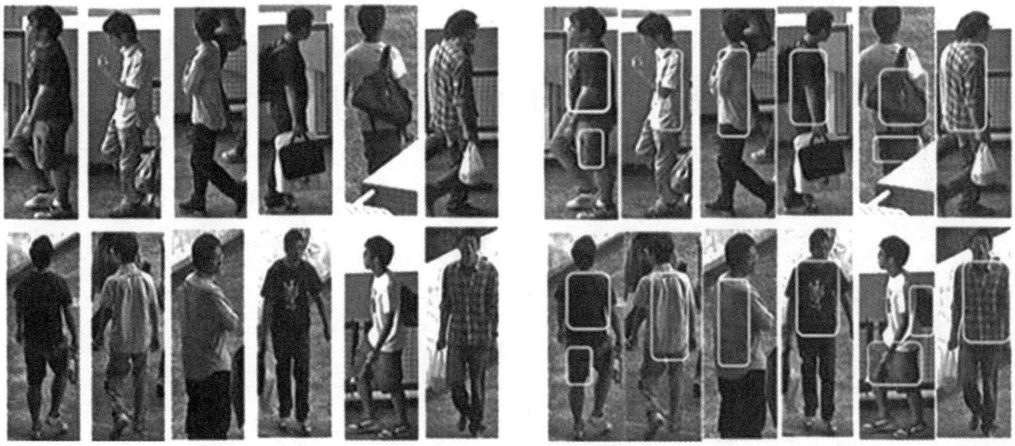

(a)　　(b)

图 3.6

(a) 从 CUHK03 数据集[32]中选择的行人图像，每列表示通过不相交的相机视图观察到的关于同一个人的成对图像；(b) 正样本图像对中共现区域的图示。

为了解决视图差异，可以采用跨视图对齐，将其串接在 VAE 输出上以实现可比的匹配。这种对齐操作是通过对生成变量之间的统计关系进行建模来导出共享的潜在空间，经验证明这种显式对齐对于跨视图表示学习至关重要。[80]然后，交叉网与对抗网络耦合以产生联合视图不变分布，该联合不变分布为每个联合出现的交叉视图人物图像提供了概率函数。

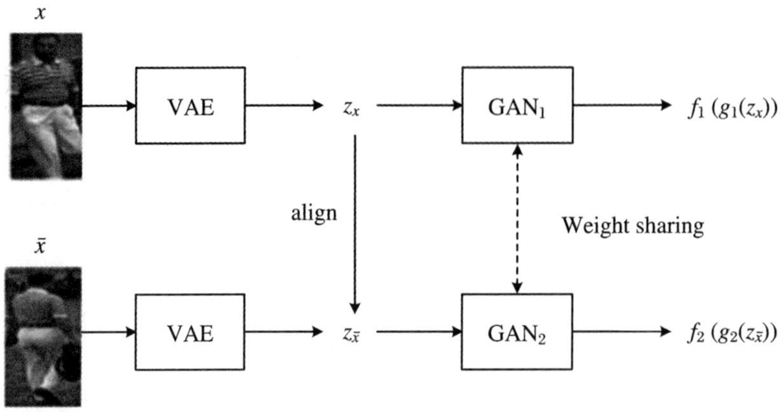

图 3.7　用于人员重识别的跨 GAN(crossing GAN)的示意图

1. 系统概述:用于人员重识别的跨 GAN(crossing GAN)

对整个网络进行端到端训练,以学习摄像机视图的联合不变分布。图 3.8 展示了它的网络结构。系统由一对(VAE,GAN)组成,即(VAE_1,GAN_1)和(VAE_2,GAN_2),每个负责在一个摄像机视图中合成一个图像。在图 3.8 中,不同的路线分别表示图像 $\boldsymbol{x}$ 和 $\bar{\boldsymbol{x}}$ 的 VAE 和 GAN 的前向路径。VAE 路径使用表达潜变量来对数据中观察到的变异性进行建模。它实质上捕获了每个单独图像的统计信息。自动编码过程在3.1.3 节中说明。权重共享路径表示将潜在变量(z_x,$z_{\bar{x}}$)链接起来以确保共享的潜在表示的交叉视图对齐方式。对齐的详细信息在本节中会给出。GAN 路径表示对抗性学习,该学习可优化与配对图像之间的关节不变性相对应的最佳潜在特征。在训练过程中,两个 GAN 被强制共享一个参数子集(棕色路线),这合成了成对的对应图像。

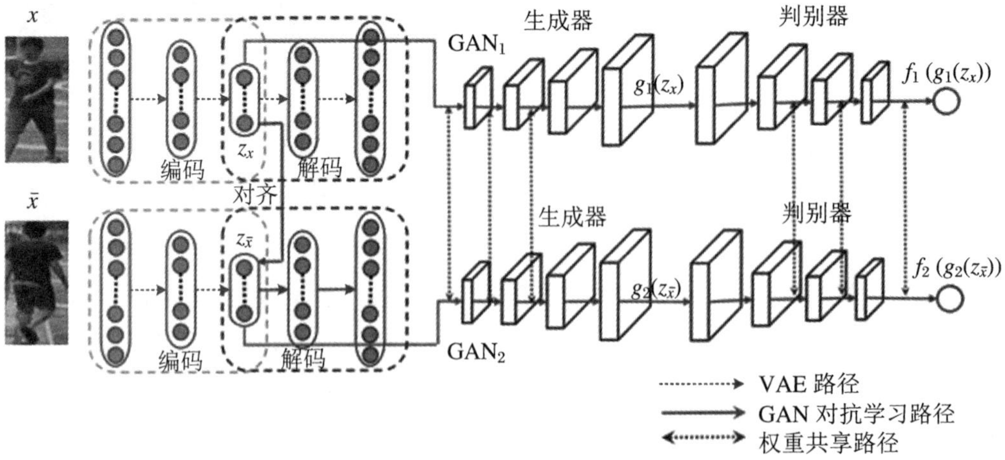

图 3.8　跨 GAN(crossing GAN)概述

2. 自动编码

给定来自数据集 $\boldsymbol{X}=\{\boldsymbol{x}^{(i)},\bar{\boldsymbol{x}}^{(i)}\}_{i=1}^{M}$ 的一对数据点 $(\boldsymbol{x}^{(i)},\bar{\boldsymbol{x}}^{(i)})$，其中 M 对中包含 $N=2M$ 个样本。自动编码算法使用未观察到的随机变量 $\boldsymbol{z}^{(i)}$ 生成数据点 $\boldsymbol{x}^{(i)}$。由于生成过程可以在 $\boldsymbol{x}^{(i)}$ 或 $\bar{\boldsymbol{x}}^{(i)}$ 上重复进行，因此以下我们以 $\boldsymbol{x}^{(i)}$ 为例进行说明。

该过程包括两个阶段：(1) 从某个先验分布 $p(\boldsymbol{z}^{(i)})$ 生成值 $\boldsymbol{z}^{(i)}$；(2) 从某些条件分布 $p(\boldsymbol{x}^{(i)}\mid\boldsymbol{z}^{(i)})$ 生成值 $\boldsymbol{x}^{(i)}$。从编码理论的角度来看，未观察到的变量 $\boldsymbol{z}^{(i)}$ 具有潜在的表示形式或代码形式的解释。遵循 VAE[24] 引入的识别模型 $q(\boldsymbol{x}^{(i)}\mid\boldsymbol{z}^{(i)})$（难以处理的真实后验概率 $p(\boldsymbol{x}^{(i)}\mid\boldsymbol{z}^{(i)})$ 的一个近似）：我们以 $q(\boldsymbol{x}^{(i)}\mid\boldsymbol{z}^{(i)})$ 来表示一个概率编码器，因为给定了数据点 $\boldsymbol{x}^{(i)}$，它在代码 $\boldsymbol{z}^{(i)}$ 的可能值上产生了分布（例如高斯分布），可以生成 $\boldsymbol{x}^{(i)}$。同样，我们将 $p(\boldsymbol{x}^{(i)}\mid\boldsymbol{z}^{(i)})$ 称为概率解码器，因为给定代码 $\boldsymbol{z}^{(i)}$，它会在 $\boldsymbol{x}^{(i)}$ 可能对应的值上产生分布。

在此框架中，神经网络被用作概率编码器和解码器，即多层感知（MLP）。令先于潜变量的先验变量为中心各向同性多元高斯 $p(\boldsymbol{z})=\mathcal{N}(\boldsymbol{z};\boldsymbol{0},\boldsymbol{1})$，其分布参数是使用 MLP 从 $\boldsymbol{z}$ 计算的。我们假设真实的后验 $p(\boldsymbol{z}\mid\boldsymbol{x})$ 呈近似高斯形式，并具有近似对角协方差。在这种情况下，我们可以使变分近似后验为具有对角协方差结构的多元高斯分布：

$$\log q(\boldsymbol{z}^{(i)}\mid\boldsymbol{x}^{(i)})=\log\mathcal{N}(\boldsymbol{z};\boldsymbol{\mu}^{(i)},\boldsymbol{\sigma}^{2(i)}I) \tag{3.9}$$

其中，近似后验的均值和标准 $\boldsymbol{\mu}^{(i)}$、$\boldsymbol{\sigma}^{(i)}$ 是编码 MLP 的输出，即数据点 $\boldsymbol{x}^{(i)}$ 的非线性函数和变分参数。

具体来说，我们使用 $\boldsymbol{z}^{(i)}=\boldsymbol{\mu}^{(i)}+\boldsymbol{\sigma}^{(i)}\odot\epsilon$ 从后验 $\boldsymbol{z}^{(i)}\sim q(\boldsymbol{z}\mid\boldsymbol{x}^{(i)})$ 中进行采样，其中 $\epsilon\sim\mathcal{N}(\boldsymbol{0},\boldsymbol{1})$，符号 $\odot$ 表示元素的叉乘。在该模型中，$p(\boldsymbol{z})$ 和 $q(\boldsymbol{z}\mid\boldsymbol{x})$ 均为高斯分布。数据点 $\boldsymbol{x}^{(i)}$ 的估算器损失为

$$\begin{aligned}\widetilde{L}_{\text{vae}}(\boldsymbol{x}^{(i)})&=D_{\text{KL}}(q(\boldsymbol{z}\mid\boldsymbol{x}^{(i)}\parallel p(\boldsymbol{z})))-\mathscr{E}_{q(\boldsymbol{z}\mid\boldsymbol{x}^{(i)})}[\log p(\boldsymbol{x}^{(i)}\mid\boldsymbol{z})]\\&=D_{\text{KL}}(q(\boldsymbol{z}\mid\boldsymbol{x}^{(i)}\parallel p(\boldsymbol{z})))-\log p(\boldsymbol{x}^{(i)}\mid\boldsymbol{z}^{(i)})\\&\simeq\frac{1}{2}\sum_{j=1}^{J}(1+\log((\sigma_j^{(i)})^2)-(\mu_j^{(i)})^2-(\sigma_j^{(i)})^2)-\log p(\boldsymbol{x}^{(i)}\mid\boldsymbol{z}^{(i)}),\\\boldsymbol{z}^{(i)}&=\boldsymbol{\mu}^{(i)}+\boldsymbol{\sigma}^{(i)}\odot\epsilon,\ \epsilon\sim\mathcal{N}(\boldsymbol{0},\boldsymbol{1})\end{aligned} \tag{3.10}$$

KL 散度 $D_{\text{KL}}(q(\boldsymbol{z}\mid\boldsymbol{x}^{(i)}\parallel p(\boldsymbol{z})))$ 可以有积分的解析解，使得只有重构误差 $\mathscr{E}_{q(\boldsymbol{z}\mid\boldsymbol{x}^{(i)})}[\log p(\boldsymbol{x}^{(i)}\mid\boldsymbol{z})]$ 需要通过采样进行估算。给定来自 M 数据集 $\boldsymbol{x}$ 的多个数据点，我们可以按如下方式构造估算器损失：

$$\widetilde{L}_{\text{vae}}(\boldsymbol{x})=\frac{1}{M}\sum_{i=1}^{M}(\widetilde{L}_{\text{vae}}(\boldsymbol{x}^{(i)})+\widetilde{L}_{\text{vae}}(\bar{\boldsymbol{x}}^{(i)})) \tag{3.11}$$

3. 学习潜在代码的跨视图对齐

在本段中，我们介绍 VAE 提供的潜在表示形式的跨视图对齐，该模型能够对数据空

间上的复杂多模式分布进行建模。为方便起见，我们使用 z_x 和 $z_{\bar{x}}$ 来区分 x 和 $\bar{x}$ 的潜在表示。

$$\mathcal{L}_{\text{align}} = \max(\| z_x - \text{Align}(z_{\bar{x}}) \|^2, \tau) \tag{3.12}$$

我们将 Align(·)建模为具有 tanh 激活功能的完全连接的单神经元。阈值 $\tau=1$。本质上，Align(·)是隐式地学习两个正态分布（z_x，$z_{\bar{x}}$）的映射。映射 θ_{Align} 的参数通过反向传播进行了优化。由于 VAE 和 GAN 都能够学习低维表示形式（在我们的示例中，z_x 和 $z_{\bar{x}}$ 都设置为 100 维），我们能够使用不太多的对来拟合交叉视图对齐。对齐策略旨在通过揭示不同视图之间潜在的不变属性来对齐摄像机之间的变换。因此通过对齐的潜在表示，可以统计推断无监督的匹配行人图像。这是由于观察到某些区域在视图中的图像分布相似，并且在存在较大的交叉视图变化的情况下可以鲁棒地保持其外观。

4. 对抗学习

（1）生成器

设 $\boldsymbol{g}_1$ 和 $\boldsymbol{g}_2$ 为 GAN_1 和 GAN_2 的生成器，它们将对应的输入 z_x 和 $z_{\bar{x}}$ 分别映射到与 x 和 $\bar{x}$ 具有相同支持的图像。$\boldsymbol{g}_1$ 和 $\boldsymbol{g}_2$ 都实现为卷积[46]：

$$\begin{cases} \boldsymbol{g}_1(z_x) = \boldsymbol{g}_1^{(m)}(\boldsymbol{g}_1^{(m-1)}(\cdots \boldsymbol{g}_1^{(2)}(\boldsymbol{g}_1^{(1)}(z_x)))) \\ \boldsymbol{g}_2(z_x) = \boldsymbol{g}_2^{(m)}(\boldsymbol{g}_2^{(m-1)}(\cdots \boldsymbol{g}_2^{(2)}(\boldsymbol{g}_2^{(1)}(z_{\bar{x}})))) \end{cases} \tag{3.13}$$

其中 $\boldsymbol{g}_1^{(i)}$ 和 $\boldsymbol{g}_2^{(i)}$ 是 $\boldsymbol{g}_1$ 和 $\boldsymbol{g}_2$ 的第 i 层，m 是生成器中的层数。通过卷积运算的各个层，生成器逐渐将信息从更抽象的概念解码为更多的实质细节。第一层解码高层次语义，而最后一层解码低层次细节。请注意，此信息流与标准深度神经网络[27]中的信息流相反，在标准深度神经网络中，第一层提取低层次特征，而最后一层提取高层次特征。根据观察，来自两个摄像机视图的一对人像共享相同的高层次概念（即它们属于相同的身份，但具有不同的视觉外观），因此我们强制 $\boldsymbol{g}_1$ 和 $\boldsymbol{g}_2$ 的第一层具有相同的结构并共享权重，这意味着 $\boldsymbol{\theta}_{g_1^{(i)}} = \boldsymbol{\theta}_{g_2^{(i)}}$，对于 $i=1,2,\cdots,k$，其中 k 是共享层数，而 $\boldsymbol{\theta}_{g_1^{(i)}}$ 和 $\boldsymbol{\theta}_{g_2^{(i)}}$ 分别是 $\boldsymbol{g}_1^{(i)}$ 和 $\boldsymbol{g}_2^{(i)}$ 的参数。此约束可以强制在 $\boldsymbol{g}_1$ 和 $\boldsymbol{g}_2$ 中以相同的方式对高层次语义进行解码，也可以将其传播到 VAE 中以同时更新参数。因此，生成器可以逐渐将信息从更抽象的概念解码到更精细的细节，并且嵌入视图对齐可确保可以以较高的相关性保留常见的较精细区域。

（2）判别器

令 f_1 和 f_2 为 GAN_1 和 GAN_2 的判别器，如下所示：

$$\begin{cases} f_1(\boldsymbol{x}) = f_1^{(n)}(f_1^{(n-1)}(\cdots f_1^{(2)}(f_1^{(1)}(\boldsymbol{x})))) \\ f_2(\bar{\boldsymbol{x}}) = f_2^{(n)}(f_2^{(n-1)}(\cdots f_2^{(2)}(f_2^{(1)}(\bar{\boldsymbol{x}})))) \end{cases} \tag{3.14}$$

其中 $f_1^{(i)}$ 和 $f_2^{(i)}$ 是 f_1 和 f_2 的第 i 层，n 是层数。请注意，GAN_1 和 GAN_2 具有相同的网络结构。判别器将输入图像映射到概率分数，以估计从真实数据分布中提取输入的可能性。

鉴别器的第一层提取低层次特征,而最后一层提取高层次特征。考虑到输入图像对是在两个摄像机视图中相同人的实现,我们强制f_1和f_2具有相同的最后一层,这是通过共享最后一层的权重$\boldsymbol{\theta}_{f_1^{(n-i)}} = \boldsymbol{\theta}_{f_2^{(n-i)}}$来实现的,$i = 0,1,\cdots,l-1$,其中 l 是鉴别器中的权重共享层数,$\boldsymbol{\theta}_{f_1^{(i)}}$和$\boldsymbol{\theta}_{f_2^{(i)}}$是$f_1^{(i)}$和$f_2^{(i)}$的网络参数。这样的权重共享约束有助于减少网络的可训练参数的数量,并且还有效地推导了在 $\boldsymbol{x}$ 和 $\bar{\boldsymbol{x}}$ 上的联合分布中的视图不变特征。

由此,我们将联合不变特征分布学习转换为受约束目标函数且训练损失如下:

$$
\begin{aligned}
\mathscr{L}_{\text{gan}}(f_1,f_2,g_1,g_2) = {} & \log f_1(\boldsymbol{x}) + \log(1 - f_1(g_1(\boldsymbol{z}))) \\
& + \log f_2(\bar{\boldsymbol{x}}) + \log(1 - f_2(g_2(\boldsymbol{z}_{\bar{x}}))), \\
\text{subject to } \boldsymbol{\theta}_{g_1^{(j)}} = {} & \boldsymbol{\theta}_{g_2^{(j)}}, \quad j = 1,2,\cdots,k, \\
\boldsymbol{\theta}_{f_1^{(n-i)}} = {} & \boldsymbol{\theta}_{f_2^{(n-i)}}, \quad i = 0,1,\cdots,l-1
\end{aligned}
\tag{3.12}
$$

跨 GAN 可以解释为两个团队的极大-极小博弈,每个团队都有两名队员。

3.2 基于视频的人员重识别

图像序列可以看作是 3 维时空量,并且可以基于时空兴趣点提取时空特征。[48]在人员重识别中,一些研究着重于运动特征以描述行人的外观变化。例如,Wang 等人在文献[61]中提出在识别步行周期性之后,采用 HOG3D[25]描述符和密集采样。但是,这需要进行预处理以从中选择具有区别的视频片段,然后可以从这些片段中提取 HOG3D 特征。Liu 等人的另一项工作是提取对行人的空间和时间对齐外观进行编码的 3D 低层特征。他们还需要通过使用可调节的流能图来手动对齐视频片段,并通过将人体分成六个矩形来描述不同的身体部位来实现空间对齐。最近,深度神经网络已被证明对于基于图像的人员重识别有效,并已显著提高了性能。[9,55-57,67,68,75,84,85]相比之下,基于视频的人员重识别较少受到关注,仅有几种方法来应对这一挑战。例如,McLaughlin 等[39]提取每个帧的 CNN 特征,并通过 RNN 施加它们的时间依赖性。文献[65]提出了一种端到端的方法来同时学习一对视频输入的深度特征及其相似性度量。Yan 等[78]提出一种递归特征聚合网络(RFA-Net),使用 RNN 相似思路将逐帧特征聚合为序列级表示形式。另一种有效的方法[94]是使用两个 RNN,其中一个用于利用时间维度,另一个用于计算一对视频序列中两个对应位置的空间上下文相似度。类似于文献[94],文献[77]提出了一种注意力时空池化的方法,该方法采用空间池从帧中选择区域,而时间池则用于选择信息帧。

为了超越单个图像级别的外观信息并利用时域信息,Simonyan 等人[15]提出了两流网络结构,即空间和时间卷积网络队列,空间和时间网络的输入分别是 RGB 帧和多帧密集光流场的堆栈。Wang 等人[59]通过对单个帧中的预测执行共识来进一步改进两流体系结构。但由于它们在整个视频中固定数量的定期间隔的单帧上运行,它们捕获时域信息的能力仍然有限。另一项最新的工作 ActionVLAD[16]将 NetVLAD 聚合层[2]扩展到视频,并发现聚合关于空间和时间网络的卷积描述符的最后一层效果更好。受这些双路体系结构的启发,文献[11]提出了一种双路 Siamese 卷积神经网络体系结构,它使用两个 CNN 分别处理空间和时间信息,并使用加权成本函数将两个路径的输出融合在一起。但是,这些基于深度学习的方法通常使用 2D ConvNets 来提取每个帧的特征激活,这些激活被利用到 RNN 中以确保帧之间的时间依赖性。这样,时间先验在卷积之后就完全崩溃了。与这些方法相比,我们开发了一种端到端可训练的视频体系结构,该体系结构将 3D ConvNets 的最新进展与基于可训练的时空身体部位对齐的 VLAD 聚合层相结合。据我们所知,这是以前没有做过的。

最近的基于视频的人员重识别方法大多通过考虑空间和时间信息来学习深度特征。为此目的的神经网络可以分为两种类型:单路 ConvNets[39,65,78]和两路 ConvNets[11,69,71,77,94]。对于单路 ConvNet,空间网络从单个帧来进行外观建模,并且外观特征是递归的组合,以在每个时间步汇总帧的表示以产生序列表示。但是,由于缺乏运动建模,此类基于图像的深度特征不适合视频,更关键的是 2D ConvNet 会在卷积后立即丢失输入信号的时间先验知识。事实证明,两路 ConvNet 的性能优于单路 ConvNet。两路 ConvNet 将视频分解为运动流和外观流,并为每个流训练独立的 CNN,最后融合输出。然而,双路的体系结构在很大程度上忽略了视频的长期时间结构,并且本质上学习了一种分类器,该分类器在单个帧或几帧的短块上运行。[39]换句话说,两路 ConvNet 可以强制在视频的不同段落上对分类分数达成共识,但这种方法将引起这样的问题:这种时间平均是否能够对视频的复杂时空结构进行建模。当视频中某些人由于视点、照明和人体姿势的变化而导致的类内差异较大时,这个问题就会变得更加严重。假设仅给出一个视频的几个连续帧,则很容易将视频中具有相似视觉外观的其他人(例如经常穿着深色夹克和裤子的人)混淆。为此,在可靠的人员身份系统中需要的是整个视频中有关人员的外观和动作的全局证据,而无需将每个帧都分配给一个人员身份。

4 结论

为 CPS 开发安全模型的学术研究和完成的工作相对较少。考虑到 CPS 由三层组成,多层方法(multi-layered approach)在处理 CPS 中安全性更好,这要求在开始设计每一层时就考虑其安全性问题。同时任何解决方案都应考虑应用情景和环境作为评估安全任务的一部分。因此,增强应用的安全性将提高整个系统的安全性,同时应该为整个系统设计安全机制而不是只局限于某一层。

本章介绍了几个主要基于 CNN 的人员重识别方法，这些模型较为基本但有效。不管是静态图像还是视频，在目标外观变化的复杂情况下，这些方法提供的视觉特征都可以很好地完成人员重识别任务。根据训练过程是否需要标注好的数据，典型的基于深度学习的人员重识别方法可以分为有监督的方法和无监督的方法两类。

5 待解决的问题

问题 1 虽然对深度学习模型的变体（如卷积神经网络 CNN 和递归神经网络 RNN）已经进行了广泛的研究并证明了其在人员重识别领域的巨大前景，但是由于无法访问更大的数据集，这些模型无法进一步实现性能提升，且学习到的深度模型的通用性有待提高。人员重识别中的深层模型的泛化仍然是一个待解决的难题，正在引起计算机视觉界的更多关注。

问题 2 人员重识别领域一个有希望的方向是与机器学习范式的合理组合，例如排序学习（learning to rank）和小样本学习（few-shot learning）。但是在机器学习进展的基础上建立有效的人员重识别框架的研究还较少。在这点上，实现类似的组合尚待解决且充满挑战。

参考文献

[1] Ahmed E, Jones M, Marks T K. 2015. An improved deep learning architecture for person re-identification. CVPR.

[2] Arandjelovic R, Gronat P, Torii A, et al. 2016. NetVLAD: CNN architecture for weakly supervised place recognition. Computer Vision and Pattern Recognition.

[3] Ashibani Y, Mahmoud Q H. 2017. Cyber physical systems security: analysis, challenges and solutions. Comput. Secur., 68:81-97.

[4] Bak S, Carr P. 2017. One-shot metric learning for person re-identification. CVPR.

[5] Bazzani L, Cristani M, Perina A, et al. 2012. Multiple-shot person re-identification by chromatic and epitomic analyses. Pattern Recogn, 33(7):898-903.

[6] Bhabad M A, Scholar P. 2015. Internet of things: architecture, security issues and countermeasure. Int. J. Comput. Appl., 125(4):1-4.

[7] Chen D, Yuan Z, Chen B, et al. 2016. Similarity learning with spatial constraints for person re-identification. CVPR: 1268-1277.

[8] Chen S Z, Guo C C, Lai J H. 2016. Deep ranking for re-identification via joint representation learning. IEEE Trans. Image Process., 25(5):2353-2367.

[9] Cheng D, Gong Y, Zhou S, et al. 2016. Person re-identification by multi-channel parts-based CNN with improved triplet loss function. CVPR: 1335-1344.

[10] Cho Y J, Yoon K J. 2016. Improving person re-identification via pose-aware multi-shot matching. IEEE Conference on Computer Vision and Pattern Recognition.

[11] Chung D, Tahboub K, Delp E J. 2017. A two stream siamese convolutional neural network for person re-identification. International Conference on Computer Vision.

[12] Davis J V, Kulis B, Jain P, et al. 2007. Information-theoretic metric learning. ICML.

[13] Fan H, Zheng L, Yan C, et al. 2018. Unsupervised person re-identification: clustering and fine-tuning. ACM Trans. Multimed. Comput. Commun. Appl., 14(4):Article 83:1-18.

[14] Farenzena M, Bazzani L, Perina A, et al. 2010. Person re-identification by symmetry-driven accumulation of local features. CVPR.

[15] Feichtenhofer C, Pinz A, Zisserman A. 2016. Convolutional two-stream network fusion for video action recognition. CVPR.

[16] Girdhar R, Ramanan D, Gupta A, et al. 2017. Actionvlad: learning spatio-temporal aggregation for action classification. Computer Vision and Pattern Recognition.

[17] Gong S, Christani M, Loy C C, et al. 2014. Person re-identification. London: Springer.

[18] Goodfellow I J, Pouget-Abadie J, Mirza M, et al. 2014. Generative adversarial nets. NIPS.

[19] Gray D, Brennan S, Tao H. 2007. Evaluating appearance models for recognition, reacquisition, and tracking. Proceedings of International Workshop on Performance Evaluation for Tracking and Surveillance.

[20] Gray D, Tao H. 2008. Viewpoint invariant pedestrian recognition with an ensemble of localized features. ECCV.

[21] Guillaumin M, Verbeek J, Schmid C. 2009. Is that you? Metric learning approaches for face identification. ICCV.

[22] Joachims T, Finley T, Yu C N J. 2009. Cutting-plance training of structural SVMS. J. Mach. Learn. Res. 77:27-59.

[23] Kedem D, Tyree S, Sha F, et al. 2012. Non-linear metric learning. NIPS.

[24] Kingma D P, Welling M. 2014. Auto-encoding variational bayes. ICLR.

[25] Klaser A, Marszaek M, Shmid C. 2008. A spatio-temporal descriptor based on 3d-gradients. British Machine Vision Conference.

[26] Kostinger M, Hirzer M, Wohlhart P, et al. 2012. Large scale metric learning from equivalence constraints. CVPR.

[27] Krizhevsky A, Sutskever I, Hinton G E. 2012. Imagenet classification with deep convolutional

neural networks. Advances in Neural Information Processing Systems.

[28] Lai H, Pan Y, Liu Y, et al. 2015. Simultaneous feature learning and hash coding with deep neural networks. CVPR.

[29] Law M T, Thome N, Cord M. 2013. Quadruplet-wise image similarity learning. ICCV.

[30] Li D, Chen X, Zhang Z, et al. 2017. Learning deep context-aware features over body and latent parts for person re-identification. CVPR.

[31] Li W, Wang X. 2013. Locally alligned feature transforms across views. CVPR.

[32] Li W, Zhao R, Tang X, et al. 2014. Deepreid: Deep filter pairing neural network for person re-identification. CVPR.

[33] Li W, Zhu X, Gong S. 2017. Person re-identification by deep joint learning of multi-loss classification. IJCAI.

[34] Li Z, Chang S, Liang F, et al. 2013. Learning locally-adaptive decision functions for person verification. CVPR.

[35] Liao S, Hu Y, Zhu X, et al. 2015. Person re-identification by local maximal occurrence representation and metric learning. CVPR: 2197-2206.

[36] Liao S, Li S Z. 2015. Efficient psd constrained asymmetric metric learning for person re-identification. ICCV.

[37] Lisanti G, Masi I, Del Bimbo A, et al. 2015. Person re-identification by iterative re-weighted sparse ranking. IEEE Trans. Pattern. Anal. Mach. Intell., 37(8):1629-1642.

[38] McFee B, Lanckriet G R G. 2010. Metric learning to rank. ICML.

[39] McLaughlin N, Rincon J M D, Miller P. 2016. Recurrent convolutional network for video-based person re-identification. CVPR.

[40] Mignon A, Jurie F. 2012. PCCA: a new approach for distance learning from sparse pairwise constraints. CVPR: 2666-2672.

[41] Ouyang W, Wang X. 2013. Joint deep learning for pedestrian detection. ICCV.

[42] Paisitkriangkrai S, Shen C, Hengel A. 2015. Learning to rank in person re-identification with metric ensembles. CVPR.

[43] Pedagadi S, Orwell J, Velastin S, et al. 2013. Local fisher discriminant analysis for pedestrian re-identification. CVPR.

[44] Peng P, Xiang T, Wang Y, et al. 2016. Unsupervised cross-dataset transfer learning for person re-identification. CVPR.

[45] Prosser B, Zheng W S, Gong S, et al. 2010. Person re-identification by support vector ranking. BMVC.

[46] Radford A, Metz L, Chintala S. 2015. Unsupervised representation learning with deep convolutional generative adversarial networks. arXiv:1511.06434.

[47] Schwartz W, Davis L. 2009. Learning discriminative appearance-based models using partial least squares. Proceedings of SIBGRAPI.

[48] Scovanner P, Ali S, Shah M. 2007. A 3-dimensional sift descriptor and its application to action recognition. ACM Multimedia.

[49] Shi H, Yang Y, Zhu X, et al. 2016. Embedding deep metric for person re-identification: a study against large variations. ECCV: 732-748.

[50] Simonyan K, Zisserman A. 2015. Very deep convolutional networks for large-scale image recognition. ICLR.

[51] Song H O, Xiang Y, Jegelka S, et al. 2016. Deep metric learning via lifted structured feature embedding. CVPR.

[52] Sun Y, Wang X, Tang X. 2014. Deep learning face representation from predicting 10,000 classes. CVPR.

[53] Sun Y, Zheng L, Deng W, et al. 2017. SVDnet for pedestrian retrieval. ICCV.

[54] Tsochantaridis I, Hofman T, Joachims T, et al. 2004. Support vector machinc learning for interdependent and structured output spaces. ICML.

[55] Varior R R, Haloi M, Wang G. 2016. Gated siamese convolutional neural network architecture for human re-identification. ECCV: 791-808.

[56] Varior R R, Shuai B, Lu J, et al. 2016. A siamese long short-term memory architecture for human re-identification. ECCV: 135-153.

[57] Wang F, Zuo W, Lin L, et al. 2016. Joint learning of single-image and cross-image representations for person re-identification. CVPR: 1288-1296.

[58] Wang H, Gong S, Xiang T. 2014. Unsupervisedlearningofgenerativetopicsalie-ncyforperson re-identification. BMVC.

[59] Wang L, Xiong Y, Wang Z, et al. 2016. Temporal segment networks: towards good practices for deep action recognition. ECCV.

[60] Wang N, Yeung D. 2013. Learning a deep compact image representation for visual tracking. NIPS.

[61] Wang T, Gong S, Zhu X, et al. 2014. Person re-identification by video ranking. ECCV.

[62] Wang X, Doretto G, Sebastian T, et al. 2007. Shape and appearance context modeling. ICCV.

[63] Weinberger K, Blitzer J, Saul L. 2006. Distance metric learning for large margin nearest neighbor classification. NIPS.

[64] Wilson D, Martinez T. 2003. The general inefficiency of batch training for gradient decent learning. Neural Netw., 16(10):1429-1451.

[65] Wu L, Shen C, Hengel A. 2016. Deep recurrent convolutional networks for video-based person

re-identification: an end-to-end approach. arXiv: 1606.01609.

[66] Wu L, Shen C, Hengel A. 2016. Personnet: Person re-identification with deep convolutional neural networks. CoRR abs/1601.07255.

[67] Wu L, Shen C, Hengel A. 2017. Deep linear discriminant analysis on fisher networks: a hybrid architecture for person re-identification. Pattern Recogn., 65:238-250.

[68] Wu L, Wang Y, Gao J, et al. 2018. Deep adaptive feature embedding with local sample distributions for person re-identification. Pattern Recogn., 73:275-288.

[69] Wu L, Wang Y, Gao J, et al. 2018. What-and-where to look: deep siamese attention networks for video-based person re-identification. IEEE Trans. Multimedia. https://doi.org/10.1109/TMM.2018.2877886.

[70] Wu L, Wang Y, Ge Z, et al. 2018. Structured deep hashing with convolutional neural networks for fast person re-identification. Comput. Vis. Image Underst., 167:63-73.

[71] Wu L, Wang Y, Li X, et al. 2018. Deep attention-based spatially recursive networks for fine-grained visual recognition. IEEE Trans Cybern, 99:1-12.

[72] Wu L, Wang Y, Li X, et al. 2018. What-and-where to match: deep spatially multiplicative integration networks for person re-identification. Pattern Recogn., 76:727-738.

[73] Wu L, Wang Y, Shao L. 2019. Cycle-consistent deep generative hashing for cross-modal retrieval. IEEE Trans. Image Process., 28(4):1602-1612.

[74] Wu Y, Mukunoki M, Funatomi T, et al. 2011. Optimizing mean reciprocal rank for person re-identification. Advanced Video and Signal-Based Surveillance.

[75] Xiao T, Li H, Ouyang W. 2016. Learning deep feature representations with domain guided dropout for person re-identification. CVPR: 1249-1258.

[76] Xiong F, Gou M, Camps O, et al. 2014. Person re-identification using kernel-based metric learning methods. ECCV.

[77] Xu S, Cheng Y, Gu K, et al. 2017. Jointly attentive spatial-temporal pooling networks for video-based person re-identification. ICCV.

[78] Yan Y, Ni B, Song Z, et al. 2016. Person re-identification via recurrent feature aggregation. ECCV.

[79] Yu H X, Wu A, Zheng W S. 2017. Cross-view asymmetric metric learning for unsupervised person re-identification. ICCV.

[80] Zhang C, Wu L, Wang Y. 2018. Crossing generative adversarial networks for cross-view person re-identification. arXiv:1801.01760.

[81] Zhang L, Xiang T, Gong S. 2016. Learning a discriminative null space for person re-identification. CVPR.

[82] Zhang R, Lin L, Zuo W, et al. 2015. Bit-scalable deep hashing with regularized similarity

learning for image retrieval and person re-identification. IEEE Trans. Image Process., 24(12):4766-4779.

[83] Zhao F, Huang Y, Wang L, et al. 2015. Deep semantic ranking based hashing for multi-label image retrieval. CVPR.

[84] Zhao H, Tian M, Sun S, et al. 2017. Spindle net: person re-identification with human body region guided feature decomposition and fusion. CVPR.

[85] Zhao L, Li X, Zhuang Y, et al. 2017. Deeply-learned part-aligned representations for personre-identification. ICCV.

[86] Zhao R, Ouyang W, Wang X. 2013. Person re-identification by salience matching. ICCV.

[87] Zhao R, Ouyang W, Wang X. 2013. Unsupervised salience learning for person re-identification. CVPR.

[88] Zhao R, Ouyang W, Wang X. 2014. Learning mid-level filters for person re-identification. CVPR.

[89] Zheng L, Huang Y, Lu H, et al. 2017. Pose invariant embedding for deep person re-identification. arXiv:1701.07732.

[90] Zheng L, Shen L, Tian L, et al. 2015. Scalable person re-identification: abenchmark. ICCV.

[91] Zheng W S, Gong S, Xiang T. 2011. Person re-identification by probabilistic relative distance comparison. CVPR.

[92] Zheng W S, Gong S, Xiang T. 2016. Towards open-world person re-identification by one-shot group-based verification. TPAMI, 38(3), 591-606.

[93] Zheng X, Ouyang W, Wang X. 2013. Multi-stage contextual deep learning for pedestrian detection. ICCV.

[94] Zhou Z, Huang Y, Wang W, et al. 2017. See the forest for the trees: joint spatial and temporal recurrent neural networks for video-based person re-identification. CVPR.

智能电网中基于深度学习的电力盗窃网络攻击检测

作　者　Mahmoud Nabil[①]，Muhammad Ismail[②]，Mohamed Mahmoud[③]，Mostafa Shahin[④]，Khalid Qaraqe[⑤]，Erchin Serpedin[⑥]

---

① Mahmoud Nabil：目前是美国田纳西理工大学电子计算机工程系的研究助理，并在该系攻读博士学位。先后于 2012 年和 2016 年获得埃及开罗大学计算机工程学士学位和硕士学位。研究兴趣包括机器学习、密码学和网络安全、智能电网和 AMI 网络以及车载自组织网络。

② Muhammad Ismail：2007 年、2009 年先后获得埃及开罗 Ain Shams University 电子工程学士、硕士学位，2013 年获得加拿大滑铁卢大学电气和计算机工程博士学位。目前是位于卡塔尔多哈的德克萨斯农工大学电气与计算机工程系的助理研究科学家。研究兴趣包括智能电网、无线网络和网络物理安全。2014 年 IEEE ICC、2014 年 IEEE GLOBECOM、2015 年 SGRE 和 2016 年 GREEN 的最佳论文奖获奖者。*IEEE Transactions on Green Communications and Networking* 和 *IET Communications* 副主编。2011 年 1 月至 2013 年 7 月，担任 *IEEE Transactions on Vehicular Technology* 的编辑助理。2018 年 IEEE GreenCom 工作组联席主席，2017 年、2016 年 IEEE VTC 技术委员会联席主席，2015 年 CROWNCOM 宣传和出版联席主席，2014 年 IEEE INFOCOM 网络主席。

③ Mohamed Mahmoud：2011 年 4 月获得加拿大滑铁卢大学博士学位。2011 年 5 月至 2012 年 5 月在滑铁卢大学宽带通信研究组任博士后研究员。2012 年 8 月至 2013 年 7 月担任滑铁卢大学访问学者，Ryerson University 博士后。目前是美国田纳西理工大学电气与计算机工程系副教授。研究兴趣包括智能电网通信网络、移动自组织网络、传感器网络和容迟网络的安全和隐私保护方案。获得过 NSERC PDF 奖和 ICC 2009 最佳论文奖。在 INFOCOM 和 *IEEE Transactions on Vehicular Technology*、*Mobile Computing*、*Parallel and Distributed Systems* 等会议和期刊上发表过 23 篇论文。*Peer-to-Peer Networking and Applications* 期刊副主编。曾担任多个 IEEE 会议的技术计划委员会成员，以及多个期刊和会议的审稿人，如 *IEEE Transactions on Vehicular Technology*、*IEEE Transactions on Parallel and Distributed Systems* 等。

④ Mostafa Shahin：2003 年毕业于 Ain Shams University 电气工程系，2015 年获得开罗大学电子与通信工程硕士学位。从 2004 年起，他在埃及 RDI 公司的语音研究小组工作。2011 年，他加入卡塔尔德克萨斯 A & M 大学，担任研究助理。目前是澳大利亚悉尼新南威尔士大学电气工程和电信系的博士候选人。研究重点是将机器学习技术应用于语音和生物医学信号处理。

⑤ Khalid Qaraqe：1986 年获得伊拉克巴格达科技大学(University of Technology，Baghdad)电气工程学士学位(荣誉)，1989 年获得约旦大学电气工程硕士学位，1997 年获得美国德克萨斯 A & M 大学电气工程博士学位。1989—2004 年间，他在多家公司任职，并在电信行业拥有超过 12 年的经验。曾参与多个 GSM、CDMA 和 WCDMA 项目，在产品开发、设计、部署、测试和集成方面具有丰富的经验。2004 年 7 月，他加入了位于卡塔尔多哈的德克萨斯 A & M 大学电气和计算机工程系。在 IEEE 顶级期刊上发表过 90 篇期刊论文，并在著名国际会议上发表了 194 篇论文。出版了 13 部专著。拥有 4 项专利。做过 5 次讲座和演讲。研究方向包括通信理论及其在蜂窝系统和室内通信系统应用的设计和性能分析、移动网络、宽带无线接入、协作网络、认知无线电、分集技术和后 4G 系统中的应用。伊藤忠教授奖(2013—2015)的获得者，获 2013 年 QNRF 最佳研究员奖，IEEE First Workshop on Smart Grid And Renewable Energy 最佳论文奖(2015 年 3 月)，IEEE GLOBECOM 2014 最佳论文奖，IEEE DySPAN 2012 最佳海报奖，2010 年 TAMUQ 研究优秀奖，ComNet 2010 最佳论文奖，CROWNCOM 2009 最佳论文奖，ICSPC 2000/2007 年最佳论文奖。

摘　要　先进的计量基础设施(advanced mefering infrastructure, AMI)是建立现代智能电网的第一步。AMI 使智能电表与电力公司之间可以进行灵活的双向通信,以进行监控和计费。但是,AMI 会受恶意用户欺骗行为的影响,他们报告虚假用电量以减少电费,这被称为电力盗窃网络攻击。在本章中,我们将介绍基于深度学习的检测器,该检测器可以有效地阻止智能电网 AMI 网络中的电力盗窃网络攻击。首先,我们阐述了一种基于深度前馈和循环神经网络(RNN)的定制检测器。然后,我们开发了通用的电力盗窃检测器,与定制检测器相比,它具有更强的抗污染攻击能力。我们研究了所有检测器的超参数优化,以改善检测器的性能。具体来说,我们使用基于序列、随机以及遗传优化的网格搜索方法来优化检测器的超参数。我们使用实际能耗数据对所有检测器进行了广泛的测试。此外,我们对比了基于深度学习的检测器与基于浅层机器学习的检测器的性能,发现基于深度学习的检测器有明显的优势。

1　引言

电网有两种电力损耗,技术损耗和非技术损耗。技术损耗通常是从发电中心到最终用户(客户)通过电力线传输和分配电力的过程中,产生热和辐射而自然耗散电力造成的。技术损耗是不可避免的,其造成的损失可估算。[1]另一方面,由于各种原因,非技术损耗难以被精确估算。非技术损耗的原因之一是仪表中出现校准错误致使计费错误。另一个原因是未计费的电量消耗。但是,影响电网性能的最重要原因是由于不当的政策规范和非法使用电表而造成的损失。由于窃电,非技术损耗对发展中和发达经济体都造成了难以忍受的后果。对于发展中国家而言,2013 年牙买加的电力非技术损耗总共造成 4600 万美元的损失,估计占该国能源消耗的 18%。[2]印度每年因非技术损耗损失 170 亿美元。[3,4]其他发展中国家由于盗窃也损失了近 50%的电力收入。[5]发达国家也有同样

(上接 69 页)⑥　Erchin Serpedin:1992 年在法国巴黎 École supérieured′ électricité (suelec)获得信号处理与信息传输专业学位,1992 年获美国乔治亚州亚特兰大佐治亚理工学院硕士学位,1999 年 1 月获美国弗吉尼亚大学电气工程博士学位。目前是美国德克萨斯 A&M 大学电气与计算机工程系的教授。著有研究专著 2 部、教材 1 部,著作章节 9 章,发表期刊论文 110 篇,会议论文 180 篇。研究兴趣包括信号处理、生物医学工程、生物信息学和机器学习。他目前是 *IEEE Signal Processing Magazine* 的副主编,*EURASIP Journal on Bioinformatics and System Biology* 杂志的主编,以及其他十几个期刊的副主编,如 *IEEE Transactions on Information Theory*、*IEEE Transactions on Signal Processing* 等,并担任 5 个主要会议的技术主席。他是众多奖项和研究补助金的获得者。

的问题。在美国,非技术损耗的损失为每年 60 亿美元[3];在英国,非技术损耗的损失为 1.73 亿美元[6];在加拿大,每年损失约 1 亿美元[7]。

智能电网革命旨在升级和替换陈旧的电力供应链,为此,智能电网通过整合、自动化以及优化发电厂、供应量和电力用户之间的交互,来实现可持续的、快速的供需响应。智能电网(smart grid, SG)在客户端部署智能电表(smart meter, SM),这样除了能够实现弹性定价和动态平衡管理之外,还能搜集更加细致的用电数据。这个方案有希望减少私自搭接电线、篡改电表等传统的电力窃取攻击方式。不过,在客户端大规模部署智能电表会带来新的针对智能电表软件漏洞的网络攻击。这些网络攻击通过操纵智能电表里的真实电力使用数据来欺骗电力公司,以此减少用户的电费。这样会影响整个智能电网系统,让用户电力使用数据的完整性与可信性受损。虽然探测此类网络攻击十分困难,智能电表所带来的更精细化的用户能耗数据仍旧在探测电力盗窃的自动化方面有很重要的意义。

对网络攻击的检测在当今的电力工程研究中越来越引起人们的兴趣。通常,对网络攻击检测的解决方案可分为两大类:硬件解决方案和软件解决方案。硬件解决方案需要安装和部署特定的计量硬件,例如修改传感器或射频识别(RFID)芯片。尽管这些解决方案在检测不同类型的网络攻击方面具有很好的可靠性,但所需的硬件成本较高。[2]另一方面,软件解决方案在成本和检测率之间有很好的平衡。诸多文献中已经提出了几种用于窃电检测的软件解决方案。[10-22]

当前,由于大量数据和计算能力的普及,机器学习的应用在各行业有了显著的进步。同样,对于电力盗窃检测,基于机器学习的解决方案也在真实数据集上显示出更高的检测率。[3]但是,目前仍有一些局限性。首先,现有的检测器很少采用深度学习架构,而诸如支持向量机(SVM)之类的浅层机器学习架构则被广泛使用。直觉上来说,深度学习架构可以更好地捕获输入数据的行为,从而提高检测率。另外,现有的检测器忽略了客户的时间序列能耗数据中的时间相关性。使用该相关性可以进一步提高检测性能。一些现有的工作采用针对各个客户的模型[3],其中仅使用每个客户的能耗数据为其构建检测模型,以检测未来可能的盗窃行为。但是,这种做法的有效性存在很大争议。一方面,对于新客户,由于缺乏该客户的历史能耗记录,所以模型需要为其训练新的检测器。另一方面,这种检测器容易受到污染攻击,用于训练检测器的数据本身可能是恶意的,但被错误地标记为可信数据,以此来欺骗检测器。

在本章中,我们将解决构建基于深度神经网络的电力盗窃检测器时会遇到的三个基本问题。

第一,我们应该构建特定于客户的检测器还是通用检测器?这会让我们在准确性与鲁棒性、可行性之间做取舍。特定于客户的检测器在针对特定客户的数据进行训练时更加准确，但它对污染攻击的鲁棒性不强，对于新用户来说不可行。

第二，检测器的架构应该是简单的前馈神经网络还是循环神经网络（RNN）？这会让我们在最优结果与系统复杂性之间做取舍。RNN 被表示为反馈网络，其中当前状态的输出是下一状态的输入，因此它在处理时间序列数据时有相当大的优势，但是它比前馈模型复杂。

第三，哪种算法更适合模型调参？是顺序优化、随机优化，还是基于遗传的优化？同样，我们应在最优结果与系统复杂性之间做取舍。基于遗传的超参数调优优化采用了基于自然选择的智能自适应搜索启发式方法，但是它比顺序搜索和随机搜索方法复杂得多。

为了回答上述问题，我们提出了基于深度学习的检测器，可以有效地发现 AMI 网络中的电力盗窃攻击。首先，我们基于深度前馈神经网络和循环神经网络实现特定于客户的检测器。然后，我们开发了通用的盗电检测器。与特定于客户的检测器相比，它具有更强的抗污染攻击能力。此外，我们研究了通过顺序、随机和基于遗传优化的网格搜索方法对检测器的优化。所有开发的检测器均经过实际能耗数据测试和全面的网络攻击测试，以进行性能评估。此外，我们将基于深度学习的检测器与浅层机器学习方法进行了性能比较，以证实基于深度学习的检测器的优越性能。

本章内容安排如下：第 2 节中介绍现有文献。第 3 节介绍使用的数据集和网络攻击注入。特定于客户的和通用的检测器架构在第 4 节中进行说明。超参数调优方案在第 5 节中进行说明。数值结果将在第 6 节中讨论。最后，第 7 节阐述结论和未来的研究。

2 最新的检测技术回顾

数项研究已阐述了由于电力盗窃而导致的非技术损耗问题。这些研究可以粗略地分为基于硬件的解决方案[23-27]和基于软件的解决方案[10-22,28]。下面我们将通过讨论这两种类别的优缺点来概述这些解决方案。

2.1 基于硬件的解决方案

硬件解决方案要么需要安装特定的计量硬件（例如修改传感器和 RFID 芯片），要么更改 AMI 网络的整个基础架构，例如客户房屋、配电中心和变电站中的设备。

文献[23]提出了一种基于 ARM-Cortex M3 处理器的解决方案来保护智能电表 SM 免受篡改。在检测到任何恶意活动时，会有消息自动发送到电力公司服务器。文献[24]中提出了一种防篡改算法，该算法使用 ADE7953 芯片[29]，该芯片可以检测到所连接负载的任何电压不规则性，因此可以报告和分类不同类型的篡改行为。实验表明，7%的电压差是篡改事件检测的可接受阈值。在文献[25]中，通过对一家中国电力公司的案例研究评估了 RFID 技术的使用，并计算了投资回报率（ROI）。RFID 技术通过独特的 RFID 标签取代了锁住智能电表的铅制的盖子，该盖子可以很容易地更换或破坏。文献[26]中提出了一种电力测量设备，该设备会连续测量和比较电线在智能电表之前和之后的电流，两次测量中的任何不一致都表明存在窃电行为。该系统的原型已在巴西进行了测试来验证其可行性。

文献[27]中提出了一种用于电网的无线架构，该架构旨在升级和优化印度的电网。它还可以解决窃电和人工计费等其他问题。该解决方案在智能电网的运行中集成了无线传感器网络，其中一组传感器与电网相关联，例如变压器、控制站和客户。尽管该解决方案效率很高，但没有与之相关的成本分析。这些硬件解决方案的主要缺点如下：

(1) 更改基础架构成本巨大，设备的安装和部署也有成本。[27]

(2) 与硬件相关的可维护性问题，例如故障、电池更换等。

(3) 解决方案与现有电网集成的问题。

2.2 基于软件的解决方案

最近，基于软件的解决方案由于其卓越的性能和低成本而备受关注。文献中已经提出了一些研究，这些研究可以分为三个方向：博弈论、状态估计和基于机器学习的解决方案。以下分别描述。

1. 博弈论

该方向旨在将诚实和恶意的客户建模为博弈方，并研究他们与电力公司的交互。文献[15]开发了一个正式的博弈论模型。该研究对诚实和恶意客户的效用函数进行了建模，并根据几种统计假设估算了电力公司的成本。文献[14]开发了一种包括两个阶段的非合作博弈模型。首先，使用统计模型来获取概要分析的使用情况与实时抄表使用情况之间的自同步误差。然后，使用基于非合作博弈的决策模型来检测恶意行为。这些研究的主要缺点是必须确保对恶意行为的严格假设，从而限制了其实用性。

2. 状态估计

此方向旨在使用可用数据（例如客户电表读数、需求率和负载信息）来估计智能网络的状态，这些数据可以帮助估计由于窃电而导致的智能网络中的错误或不规则性。在文献[30]中，使用中心化计量表来估计一组被调查的计量表的总收费与实际消耗之间的差异。文献[31]通过状态估计对虚假数据注入进行了研究，此攻击模型假设恶意客户可以降低其电表读数，同时增加其他用户的电表读数。此外，文章对基于网格的传感器算法进行了研究，以实现更好的网络测量。最近，文献[32]提出了一种时空方法，该方法可以估算随时间推移非技术损耗的地理位置。这些技术有一个共同的缺点：它们估计了某个组或某个分区的总损失，而无法确定损失的来源。

3. 机器学习

机器学习研究与本章最相关。文献[10]针对传统的SVM提出了两种分类算法，并比较它们之间的性能。这两种算法都基于单前馈神经网络，即极限学习机（extreme learning machine，ELM）和在线顺序极限学习机（online Sequential ELM，OSELM）。其中，ELM可达到70%的分类准确率。基于浅层SVM的检测器也已在文献[33]中使用，并在真实数据集上实现了最高60%的检测精度。使用模糊推理系统作为后处理阶段，该检测器的性能在文献[11]中得到了进一步提高，达到72%的精度。文献[12]提出了一种基于图的方法，该方法使用最佳路径森林方法进行电力盗窃检测，并以89%的精度优于SVM。

文献[19,28]研究了用于窃电检测的深度学习技术。全面的比较研究在文献[19]中描述，作者比较了不同的深度学习架构，例如卷积神经网络（CNN）、LSTM-RNN和堆叠式自动编码器。然而，文章仅阐述了两种类型的网络攻击，并且使用模拟数据来评估所提出模型的性能，这无法与在真实数据上训练的模型进行可靠的对比。此外，文献[19]中没有研究微调模型超参数的效果。文献[28]中提出了一种新的CNN架构，该架构由两部分组成：一个包含多个层的CNN深层组件，一个包含完全连接的平坦层的宽组件。此研究使用了来自中国供电公司的真实数据集用于评估。不过，此研究里没有对超参数进行精细调整。

据我们所知，公开数据集上的最佳性能是文献[3]实现的，该方法采用了SVM分类器，平均检测率为94%，错误接受率为11%。

4. 其他方法

其他一些研究则以较不普遍的方法来解决电力盗窃问题，例如随机矩阵[22]、随机Petri网[21]、动态规划[16]和部分可观察的马尔可夫决策过程[17]。但是，许多研究中使用的数据集是模拟的，实验是在不同的假设和条件下进行的，所以对于真实场景可能并不可靠。

3 使用的数据集和网络攻击注入

为了评估所提出的电力盗窃通用检测器的性能，我们使用了来自爱尔兰智能能源试验的真实智能电表数据[34]。在本节中，我们描述了实验中使用的数据集以及向数据集中注入网络攻击的方法。

3.1 能源消耗数据集

该数据集由爱尔兰电力和爱尔兰可持续能源管理局于2012年1月发布。该数据集包含2009年至2010年之间536天内4622位客户的能耗读数。客户每30分钟报告一次读数，因此每个客户的报告总数为25728。表4.1给出了数据集中客户类别的摘要。该数据集包含3639个家庭住宅客户、427个中小型企业和556个其他类型的客户。在这项工作中，我们使用了住宅客户来训练和测试我们的模型，因为这种类型更容易受到电力网络攻击的影响。

表4.1 爱尔兰智能能源试验数据集中的客户类别[34]

用户类型	数量
家庭住宅客户	3639
中小型企业用户	427
其他用户	556

3.2 电力盗窃网络攻击

由于数据集仅包含可信的客户，并且收集大量恶意模式是一个复杂的任务，所以我们像文献[3]中一样，采用错误数据注入的方法来创建一组旨在减少客户总能耗的网络攻击模式，如表4.2所示。本节详细介绍网络攻击生成过程。

表4.2 文献[3]中的网络攻击

文献[3]中列举的网络攻击
$f_1(E_c(d,t)) = \alpha E_c(d,t)$
$f_2(E_c(d,t)) = \beta(d,t)E_c(d,t)$
$f_3(E_c(d,t)) = \begin{cases} 0, & \forall t \in [t_i(d), t_f(d)] \\ E_c(d,t), & \forall t \notin [t_i(d), t_f(d)] \end{cases}$
$f_4(E_c(d,t)) = \mathscr{E}[E_c(d)]$
$f_5(E_c(d,t)) = \beta(d,t)\mathscr{E}[E_c(d)]$
$f_6(E_c(d,t)) = E_c(d, T-t+1)$

定义一组客户$\mathscr{C}$，一组日期$\mathscr{D}=\{1,\cdots,D\}$，以及一组在一天内等时长的时间段$T=\{1,\cdots,T\}$。每个客户都安装了一个智能电表报告能耗，以便定期进行负载监控和计费。对于每个客户c，将特定日期d和时间t的能耗值表示为$E_c(d,t)$。因此，每个客户都有

一个实际消耗的能源消耗记录矩阵E_c，其中E_c的行跨度为$\mathscr{D}$的天数，而列跨度为 T 的时间段。智能电表报告给电力公司的客户 c 在第d 天第t 时间段的电耗为$R_c(d,t)$。可信的客户会在每个时间段结束时报告自己实际消耗的电量，因此$R_c(d,t)=E_c(d,t)$。相反，恶意客户会通过修改智能电表读数来操纵$E_c(d,t)$以降低其电费。因此，网络攻击的形式正式定义为$R_c(d,t)=f(E_c(d,t))$，其中 $f(\cdot)$表示攻击函数，其结果是降低了恶意客户电费账单。搜集可信数据样本较为容易，我们可以通过可信客户向电力公司的报告直接获得，但是搜集恶意数据样本会困难很多，因为可能获得的所有数据都是可信的，或者还没有检测出恶意客户的数据。为了解决这个问题，如表 4.2 所示，文献[3]定义了一组攻击函数，每个函数 $f(\cdot)$都代表了一个不同的攻击方案，旨在降低客户的能耗$E_c(d,t)$。第一个攻击函数$f_1(\cdot)$的目标是将$E_c(d,t)$减小一定比例，其中 α 表示固定的减小百分比。攻击函数$f_2(\cdot)$通过时间函数 $\beta(d,t)$控制的值动态降低$E_c(d,t)$。第三个攻击函数$f_3(\cdot)$表示选择性的时间过滤，其中恶意客户报告在$[t_i(d),t_f(d)]$间隔内读数为零，而其他时间报告实际消耗量$E_c(d,t)$。此处，$t_i(d)$和$t_f(d)$表示间隔的初始和最终时间段。接下来的两个攻击函数$f_4(\cdot)$和$f_5(\cdot)$是基于给定日期的恶意客户的能耗期望值，以$\mathscr{E}[E_c(d)]$表示。在$f_4(\cdot)$中，攻击者报告固定值，而在$f_5(\cdot)$中，攻击者使用函数 $\beta(d,t)$动态地降低$\mathscr{E}[E_c(d)]$。最后一个攻击函数$f_6(\cdot)$是一种反向函数，可对白天的能耗报告进行重新排序，以便将较高的能耗在低电价时段报告。

针对每个攻击函数$f_i(\cdot)$，将上述攻击应用于能耗记录矩阵E_c，得出 6 个矩阵$M_{c,i}$，其中 $i\in\{1,\cdots,6\}$。每个客户的完整数据集表示为$\hat{X}_c$，包含E_c和所有恶意矩阵$M_{c,i}$。此外，对每一行数据$\hat{X}_c(d,\cdot)$，用 0 标记诚实样本（即E_c样本），用 1 标记恶意样本（即$M_{c,i}$样本）。在诚实样本与恶意样本的比例为 1∶6 的情况下，检测器可能偏向主导类别（即恶意样本）。为了减轻偏差的影响，使用自适应综合采样方法（ADASYN）[35]对次要类别进行过采样，以使诚实样本与恶意样本之间的比例几乎相同。每个数据集 $\hat{X}_c$被划分为两个不相交的数据集以进行模型评估，具体来说，是训练集 $\hat{X}_{c,\mathrm{TR}}$和测试集 $\hat{X}_{c,\mathrm{TST}}$，其比例为 3∶2。我们使用三个参数来评估检测器的性能。检测率（detection rate，DR）衡量正确检测到的恶意攻击的百分比（式(4.1)）。误接受率（false acceptance，FA）衡量被错误识别为恶意的诚实样本的百分比（式(4.2)）。最高差（highest difference，HD）衡量 DR 和 FA 之间的差。[3]由于恶意客户可以在被发现盗窃行为后处以罚款，所以能被发现的电力盗窃攻击不会对电力公司造成经济损失，因此，我们对检测所耗费的时间并不敏感。

$$\mathrm{DR}=\frac{t_p}{t_p+f_p} \tag{4.1}$$

$$\mathrm{FA}=\frac{f_p}{t_n+f_p} \tag{4.2}$$

其中，t_p 对应于真阳性的数量，f_p 对应于假阳性，t_n 对应于真阴性。这些值可以从混淆矩阵中获得。

4 深层电力盗窃检测器

在本节中，我们解决之前提出的两个问题：(1) 使用特定于客户的检测器还是通用的检测器；(2) 使用前馈神经网络还是循环神经网络。我们介绍了实验中使用的神经网络架构以及根据检测器的类型训练每种架构的过程。

4.1 特定于客户的深度电力盗窃检测器

为了设计一个特定于客户的检测器(见图 4.1(b))，人们研究了两种深度神经网络架构：前馈神经网络和循环神经网络。针对每个客户及每种神经网络架构，我们设计了不同的模型，并通过诚实和恶意的样本来训练学习最佳模型参数。在对数据集进行预处理之后，每种架构都在客户训练集 $\hat{X}_{c,\mathrm{TR}}$ 上进行训练，并在客户测试集 $\hat{X}_{c,\mathrm{TST}}$ 上进行测试。因为每个客户的能耗值范围在一天之内变化很大，所以在训练阶段之前，我们对客户训练集 $\hat{X}_{c,\mathrm{TR}}$ 做特征归一化。此外，我们将 $\hat{X}_{c,\mathrm{TR}}$ 的均值和方差作为标准，将其用于缩放数据集，以使其在每个维度上的均值为零，单位标准偏差为 1。缩放后的训练数据表示为 $X_{c,\mathrm{TR}}$。

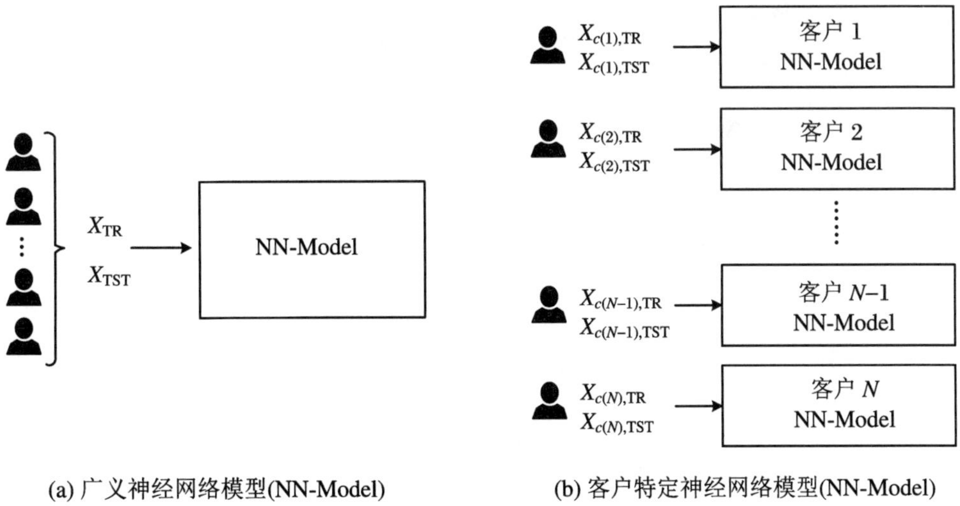

图 4.1 通用模型与客户特定模型

然后在预测阶段之前，对 $\hat{X}_{c,\text{TST}}$ 中的任何测试样本采用同样的数据变换，以获得 $X_{c,\text{TST}}$。

4.2 前馈检测器

前馈检测器的神经网络架构如图 4.2 所示。神经网络的输入由向量 $x_c(d)$ 给出，代表特定日期 d 的不同时刻 $t \in T$ 客户 $c \in C$ 的能耗值。网络架构由 L 层(包括输入和输出层)以及每个隐藏层中的 N 个神经元组成。输出层有两个神经元，分别代表恶意客户和诚实客户，真值标签可以用向量 $y(x_d(d))$ 表示，其中 $y(x_d(d)) = (0 \quad 1)^{\mathrm{T}}$ 表示诚实客户，而 $y(x_d(d)) = (1 \quad 0)^{\mathrm{T}}$ 表示恶意客户。每层 $l \in [1, \cdots, L]$ 的输出向量表示为 o^l，其中 $o^L = x_c(d)$。

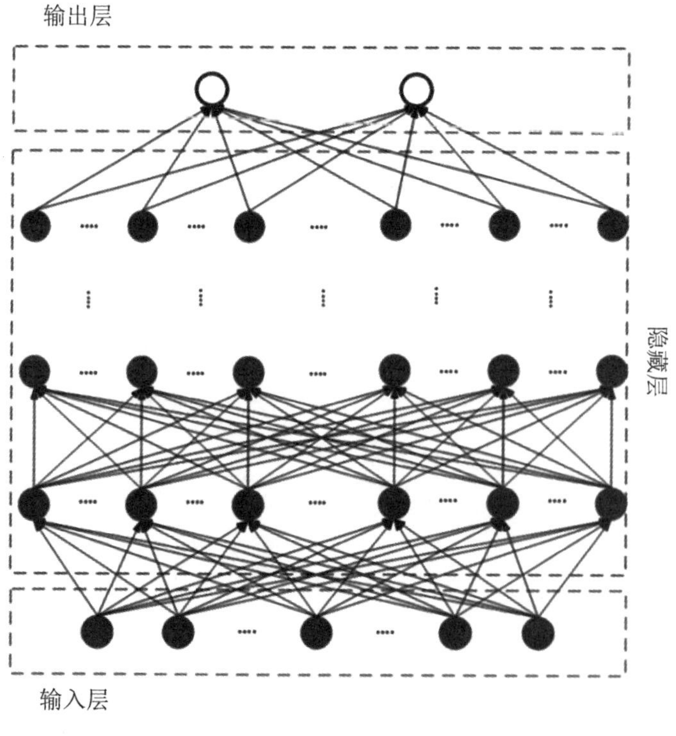

图 4.2 客户特定的前馈电盗检测器的架构

从 $l-1$ 层中的神经元 n' 到 l 层的神经元 n 的连接权重为 $w_{nn'}^l$，l 层的权重矩阵为 W^l。令 b_n^l 为第 l 层中神经元 n 的偏差，b^l 是第 l 层的偏差向量。l 层神经元 n 的激活表示为 a_n^l，l 层的激活向量为 a^l。激活 a_n^l 通过激活函数 $\sigma(z_n^l)$ 与上一层($l-1$ 层)中的激活相关，其中 z_n^l 代表神经元 n 的输入的加权和，即 $z_n^l = \sum_{n'} w_{nn'}^l a_{n'}^{l-1} + b_n^l$。在矢量形式中，$z^l = W^l a^{l-1} + b^l$，而 $a^l = \sigma(z^l)$。检测器设计(训练)阶段涉及为所有层定义前馈网络参数 W^l 和 b^l，从而为任何输入 $x(d)$ 产生所需的输出标签 $y_n(x(d))$。这可以通过最小化由以下公式给出的交叉熵代价函数 C 来实现：

$$C = \min_{\Theta} \frac{-1}{S} \sum_{X_{\mathrm{TR}}} \{ y^{\mathrm{T}}(x_c(d))\ln(o^L) + (1 - y^{\mathrm{T}}(x_c(d)))\ln(1 - o^L) \} \quad (4.3)$$

其中 Θ 表示所有层的网络参数W^l和b^l，S 表示训练样本的数量，由 X_{TR}中的行数给出。式(4.3)中的第一个求和针对输出神经元，第二个求和针对训练样本。式(4.3)中的最小化是使用基于迭代梯度下降的优化算法求解的。

迭代的总数表示为 I。X_{TR}中的训练样本被划分为 M 个大小相等的K 个小批量。对于每个迭代 i，反向传播算法都会使用小批量方法，计算式(4.3)中作为误差项 δ 的函数的代价函数梯度。随后，计算出的梯度用于更新每次迭代的权重和偏差。算法 4.1 中给出了完整的训练算法，其中主要使用了学习率 η 的随机梯度下降(SGD)优化算法。在算法 4.1 中，∇_a表示相对于a 的偏导数，$\odot$表示 Hadamard 乘积，$\sigma'(z^l(x))$是 z^l 相对于 a^l 偏导数的倒数，T 表示转置运算。

算法 4.1 前馈检测 Feed-forward 电力盗窃检测器训练算法

Data: $X_{c,\mathrm{TR}}$
Result: Optimal parameters W^l and b^l for all layers
Initialization: Weights w^l and biases b^l for all I, $i = 1$
whilei $i = I$ **do**
  Initialize: $m = 1$
  while $m \neq M$ **do**
    for *each training etample x in mini-batch m* **do**
      Feed Forward: Compute: $z^l(x) = w^l a^l(x) + b^l$ and $a^l(x) = \sigma(z^l(x))$ for all layers $l = 2, \cdots, L$
      Back propagation: Compute $\delta^l(x) = ((\nabla_a C(x) \odot \sigma'(z'(x)))$ and for all layers $l = L-1, \cdots, 2$ compute $\delta^l(x) = ((w^{l+1})^{\mathrm{T}} \delta^{l+1}(x)) \odot \sigma'(z'(x))$
    end
    Weight and bias update:
    $W^l = w^l - \frac{\eta}{N} \sum_x \delta^l(x)(a^{l-1}(x))^{\mathrm{T}}$
    $b^l = b^l - \frac{\eta}{N} \sum_x \delta^l(x)$
  end
end

4.3 门控循环检测器

图 4.3 给出了数据集中四个随机客户的能耗。如图所示，消耗量根据每个客户的日

常使用量而变化。不过，从该图很难观察到长期相关性。另一方面，图 4.4 给出了某一个客户在四个星期内的能耗。从图 4.4(a)可以看出，客户每周和每天的能耗之间存在相关性。图 4.4(b)给出了具有不同时间间隔的客户 1 的自相关函数(auto-correlation function，ACF)，其中可以在 48 个时间间隔(即一天)观察到正相关。基于此进行初步分析，我们可以得出结论：利用客户时间序列能耗数据中的时间相关性可以进一步提高盗窃检测性能。

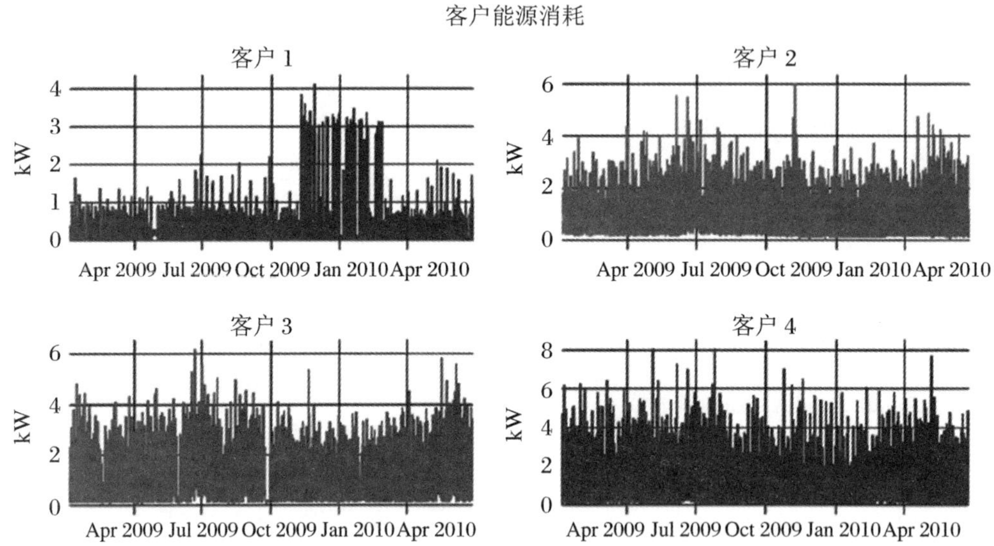

图 4.3 数据集中四个客户的能源消耗

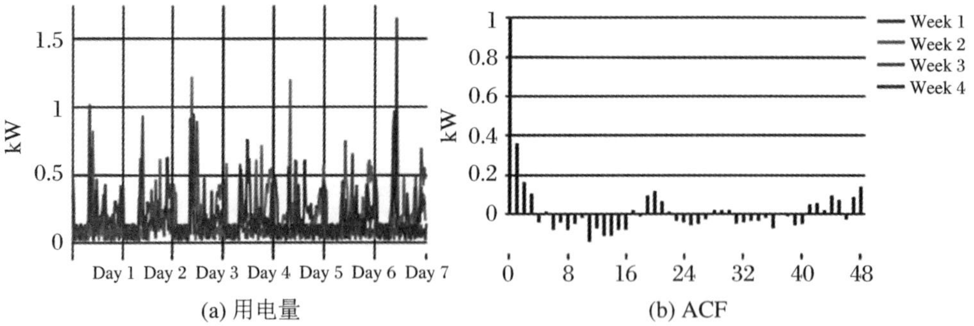

图 4.4 客户 1 的四周能源消耗

为了利用每个客户能耗数据中的时间相关性，我们设计了基于 RNN 的门控检测器。门控循环单元(GRU)被认为是 LSTM 架构的一种变体，旨在以更简单的模型(即更少的训练时间)和相对合理的性能来解决梯度消失问题。[37] 基于 RNN 的通用检测器架构如图 4.5 所示。输入层用向量 $x_c(d)$ 表示，它表示客户 c 在不同报告周期 $t \in T$ 的第 d 天客户的用电向量。RNN 架构由 L 个隐藏的 GRU 层组成，每个层都有 N 个神经元。除最后一层外，每个 GRU 层都接受序列向量作为输入，并产生序列输出向量。与传统的前馈层不同，循环层在利用序列信息中的模式方面效率更高。输出层有两个神经元，分别表示恶意和诚实两个类别，真值标签可以用向量 $y(x_c(d))$ 表示，其中，$y(x_c(d)) = (0 \quad 1)^T$ 表示诚实客户，而 $y(x_c(d)) = (1 \quad 0)^T$ 表示恶意客户。每层 $l \in \{1,2,\cdots,L\}$ 的输出向量表示为 o^l，其中 $o^1 = x(d)$。每个隐藏的 GRU 层 $l \in \{2,\cdots,L-1\}$ 具有以下参数：

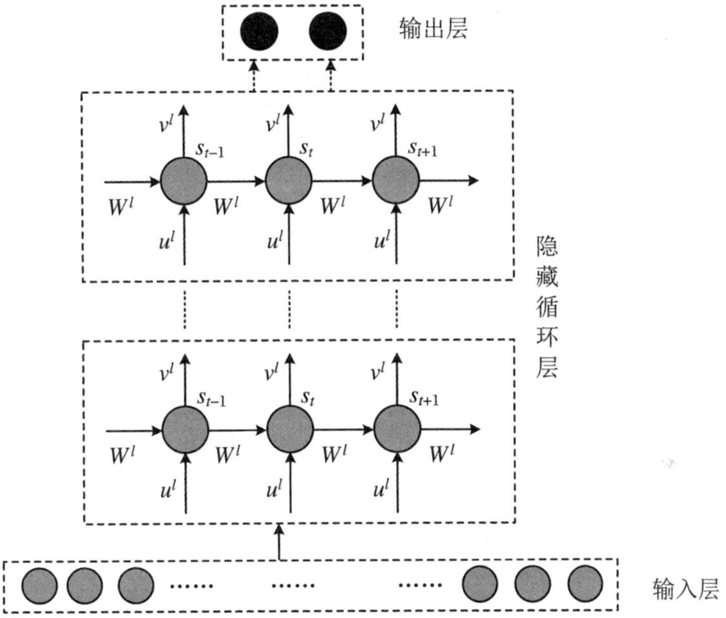

图 4.5　基于 RNN 的通用电盗检测器的架构

· 在时间 t 处的输入是 o_t^{l-1}，从上一层 $l-1$ 得出。

· 在时间 t 处的隐藏状态 s_t^l 表示基于同一层的先前隐藏状态 s_{t-1}^l 计算的记忆。

· 更新门 $z_t^l = \sigma(o_t^{l-1}U_z^l + s_{t-1}^l W_z^l + b_z^l)$，它确定新输入 o_t^{l-1} 和先前记忆 s_{t-1}^l 之间的组合。在此，U_z^l 和 W_z^l 是可学习的权重，$\sigma(\cdot)$ 是激活函数，b_z^l 是偏差矢量。

· 复位门 $r_t^l = \sigma(o_t^{l-1}U_r^l + s_{t-1}^l W_r^l + b_r^l)$，它使用公式 $h_t^l = \tanh(o_t^{l-1}U_h^l + (s_{t-1}^l \odot r^l) W_h^l + b_h^l)$ 来确定先前记忆 s_{t-1}^l 会对下一个状态有多少贡献。在这里，U_r^l、W_r^l、U_h^l 和 W_h^l 是可学习的权重矩阵，b_r^l 和 b_h^l 是偏差向量，$\odot$ 是 Hadamard 乘积。

· 下一个状态是 $s_{t+1}^l = (1-z^l) \odot h^l + z^l \odot s_t^l$，在时间 $t+1$ 处的输出为 $o_{t+1}^l = \mathrm{softmax}(V^l s_{t+1}^l + b_o^l)$，其中 V^l 为可学习的权重矩阵。

检测器训练阶段包括学习所有层的参数 $U_{(\cdot)}^l$、$W_{(\cdot)}^l$、$V_{(\cdot)}^l$ 和 $b_{(\cdot)}^l$，从而得出对任何输入 $x_c(d)$ 所期望的输出向量 $y(x_c(d))$。为得到这些权重，我们可以通过最小化在式(4.3)中定义的交叉熵代价函数 C 来实现，其中 Θ 表示 RNN 参数 $U_{(\cdot)}^l$、$W_{(\cdot)}^l$、$V_{(\cdot)}^l$ 和

$b^l_{(\cdot)}$，S 代表所有客户的训练样本总数，也就是X_{TR}中的行数。我们使用基于迭代梯度下降的优化算法来求解式(4.3)，得到最优参数。这是通过将X_{TR}划分为 M 个大小相等的小批量，并使用算法 4.2 执行 I 次迭代来实现的。每次迭代 i 都有两个主要阶段，即前馈和反向传播。在前馈阶段，微型批次中的训练样本将通过所有网络层，以计算预测的输出向量。另一方面，对于给定的网络权重，反向传播阶段使用小批量计算式(4.3)中代价函数的梯度。[36]此后，计算出的梯度可用于修改每次迭代的权重和偏差。注意，由于每个层都是 GRU，所以每个层内的反向传播基本上是经过时间的反向传播(BPTT)。

算法 4.2 循环电力偷窃检测器训练算法

Data: X_{TR}
Result: Optimal parameters $U^l_{(\cdot)}$, $W^l_{(\cdot)}$, $V^l_{(\cdot)}$, and $b^l_{(\cdot)}$, $\forall l \in (1, \cdots, L)$

Initialization: Weights $U^l_{(\cdot)}$, $W^l_{(\cdot)}$, $V^l_{(\cdot)}$, and $b^l_{(\cdot)}$, $\forall l \in (1, \cdots, L)$, $i = 1$
while $i \neq I$ **do**
  Initialize: $m = 1$
  while $m \neq M$ **do**
    for *each training example x in mini-buich m* **do**
      Feed-Forward:
      for *each recurrent layer l* **do**
        for *each time step t* **do**
          $z^l_t = \sigma(o^{l-1}_t U^l_z + s^l_{t-1} W^l_z + b^l_z)$
          $r^l_t = \sigma(o^{l-1}_t U^l_r + s^l_{t-1} W^l_r + b^l_r)$
          $h^l_t = \tanh(o^{l-1}_t U^l_h + (s^l_{t-1} \odot r^l) W^l_h + b^l_h)$
          $s^l_t = (1 - z^l) \odot h^l + z^l \odot s^l_{t-1}$
          $o^l_t = \text{softmax}(V^l s^l_t + b^l_o)$
        end
      end
      Back propagtio: Compute $\nabla_{U^l_{(\cdot)}} C(x)$, $\nabla_{V^l_{(\cdot)}} C(x)$, $\nabla_{W^l_{(\cdot)}} C(x)$, and $\nabla_{b^l_{(\cdot)}} C(x)$
    end
    Weight and bias update:
    $U^l_{(\cdot)} = U^l_{(\cdot)} - \frac{\eta}{N} \sum_x \nabla_{U^l_{(\cdot)}} C(x)$
    $V^l_{(\cdot)} = V^l_{(\cdot)} - \frac{\eta}{K} \sum_x \nabla_{V^l_{(\cdot)}} C(x)$
    $W^l_{(\cdot)} = W^l_{(\cdot)} - \frac{\eta}{N} \sum_x \nabla_{W^l_{(\cdot)}} C(x)$
    $W^l_{(\cdot)} = W^l_{(\cdot)} - \frac{\eta}{N} \sum_x \nabla_{W^l_{(\cdot)}} C(x)$
    $b^l_{(\cdot)} = b^l_{(\cdot)} - \frac{\eta}{N} \sum_x \nabla_{b^l_{(\cdot)}} C(x)$
  end
  $m = m+1$
end

另外,算法 4.2 中的∇_a表示对 a 的偏导数。算法 4.2 使用学习率 η 的随机梯度下降(SGD)进行优化。

4.4 深度通用电力盗窃检测器

特定于客户的检测器容易遭受污染攻击,这是因为用于训练每种客户模型的数据可能是恶意的,并被错误地标记为诚实的数据。此外,新加入的客户需要提交历史电耗数据以训练他们的检测器。并且,每种体系结构的超参数都有无限的选择。为了解决这些问题,我们设计了一种通用检测器,根据来自不同客户的数据进行训练和优化(见图 4.1(b))。通用检测器的网络架构与特定于客户的网络架构相同。但是,我们将 C 中所有或部分客户训练数据集合并为 $\hat{X}_{\mathrm{TR}}$。同样,我们将所有或部分客户测试数据集合并为 $\hat{X}_{\mathrm{TST}}$。由于不同的客户在不同的报告期 T 中具有不同的能耗值范围,因此不同的能耗期有不同的机会影响最终模型的优化算法。为了解决这一问题,我们对 $\hat{X}_{\mathrm{TR}}$做特征归一化处理。我们计算 $\hat{X}_{\mathrm{TR}}$的均值和方差,并将其用于归一化 $\hat{X}_{\mathrm{TR}}$,以便每个消耗时间段的均值为 0,单位标准差为 1。我们采用同样的方法处理测试集 $\hat{X}_{\mathrm{TST}}$。

5 超参数调优

在本节中,我们讨论三种超参数调优算法:顺序优化、随机优化和基于遗传的优化,每种算法都可以与第 4 节中介绍的神经网络架构一起使用。这些算法可解决我们的第三个问题,即选择在最优性和复杂性之间进行权衡的调优算法。与顺序和随机优化方法不同,基于遗传的优化采用智能和自适应启发式搜索算法,它比其他两种方法更复杂。

5.1 超参数的顺序网格搜索调优

检测器超参数的优化选择可提高检测性能。这里的目标是为我们的检测器优化以下超参数:隐藏层数(L)、每个隐藏层中的神经元数(N)、用于寻找最优前馈参数(权重和偏差)的基于梯度下降的优化算法类型、参数的初始化方法、丢弃率(dropout rate)、权重约束以及前馈层使用的激活函数的类型。[36]令 $\mathcal{L}$ 和 $\mathcal{N}$ 表示可用于检测器架构的隐藏层数和神经元数的有限集,我们用 $\mathcal{O}$ 表示可用于查找最佳检测器参数的优化算法集,其中包括 SGD、RMSProp、Adagrad 等。[36]可以用于前馈网络参数的初始化程序集由 $\mathcal{H}$ 给出,包括 Normal、Uniform、Glorot Normal 等。[36]丢弃率和权重约束值的集合分别由 $\mathcal{B}$

和 $\mathcal{G}$ 表示。令 $\mathcal{A}_H$ 和 $\mathcal{A}_O$ 分别代表隐藏层和输出层的激活函数集，包括 ReLU，Sigmoid 等。[36] 因为可优化的超参数空间非常大，所以在所有超参数上进行详尽的网格搜索会导致很高的计算复杂度。因此，在本节中，我们采用顺序网格搜索分析，代表了一种次优机制。如算法 4.3 所示，我们通过在每个阶段寻找最佳的一个或两个超参数来分别优化每个超参数。由于这种方法是基于贪心的算法，因此可以实现超参数的次优选择。我们基于 X_{TR} 实施交叉验证，以减少出现次优的概率。令 P^* 表示相对于验证集可提高检测精度

算法 4.3　顺序网格搜索算法

Result: Optimal hyper-parameters $P^* = \{L^*, N^*, O^*, H^*, B^*, G^*, A_H^*, A_O^*\}$

Initialization: Optimizer = SGD, Initializer = Glorot Uniform, dropout rate = 0, weight constraint = none, hidden and output layers activation functions = Relu and Sigmoid

for $\mathcal{L}$ **do**
    for $\mathcal{N}$ **do**
        Apply training algorithm and record the detection accuracy.
    end
end

Define model MDI with hyper-parameters: L^*, N^*, and initial setting for the rest of hyper-parameters.

for $\mathcal{O}$ **do**
    Apply training algorithm using MDI and record the detection accuracy.
end

Define model MD2 with hyper-parameters: L^*, N^*, O^*, and initial setting for the rest of hyper-parameters.

for $\mathcal{H}$ **do**
    Apply training algorithm using MD2 and record the detection accuracy.
end

Define model MD3 with byper-parameters: L^*, N^*, O^*, H^*, and initial setting for the rest of hyper-parameters.

for $\mathcal{B}$ **do**
    for $\mathcal{G}$ **do**
        Apply raining algorithm using MD3 and record the detection accuracy.
    end
end

Define model MD4 with hyper-parameters: L^*, N^*, O^*, H^*, B^*, G^*, and initial setting for the rest of hyper-parameters.

for $\mathcal{A}_{\mathrm{H}}$ **do**
    for $\mathcal{A}_{\mathrm{O}}$ **do**
        Apply training algorithm using MD4 and record the detection accuracy.
    end
end

Define model MDS with hyper-parameters: L^*, N^*, O^*, H^*, B^*, G^*, A_H^*, A_O^*.

的超参数设置。如算法 4.3 所示，一个给定的超参数组合会对应一个特定的前馈模型（MD）。

5.2　超参数的随机网格搜索调整

尽管进行超参数调优时使用顺序搜索效率很高，但是顺序搜索过程却是贪心的，可能会导致超参数的优化是次优的。在本节中，我们采用随机搜索进行超参数优化。与穷举网格搜索相比，随机搜索可在更短的时间内找到次优但有效的解。[38]以下超参数使用随机搜索进行了优化：网络结构中隐藏层的数量和每个隐藏层中神经元的数量，在隐藏层使用的激活函数的类型，在隐藏层使用的激活函数的类型，在输出层使用的激活函数的类型，以及用于找到最佳 RNN 参数（权重和偏差）的基于梯度下降的优化算法的类型。[36]我们用 $\widetilde{\mathcal{L}}$ 和 $\widetilde{\mathcal{N}}$ 分别表示通过随机搜索算法采样的隐藏层和神经元数量的均匀分布。用 $\mathcal{O}$ 表示优化算法的均匀分布，包括 Adam、SGD、Adamax 等。[36]另外，可用于前馈网络参数的初始化程序集的均匀分布为 $\widetilde{\mathcal{H}}$，包括正态、均匀、Glorot 正态等。[36]丢弃率和权重约束值的均匀分布分别记为 $\widetilde{\mathcal{B}}$ 和 $\widetilde{\mathcal{G}}$。最后，我们定义了两个均匀分布来表示隐藏层和输出层使用的一组激活函数，分别为 $\widetilde{\mathcal{A}}_H$ 和 $\widetilde{\mathcal{A}}_O$。算法 4.4 显示了在 X_{TR}上的随机搜索，用于选择定义为$\widetilde{P}^*$ 的最佳超参数。搜索迭代的最大次数表示为 I，其中在每次迭代中均对所有分布进行均匀采样以创建与不同架构相对应的随机向量，使用 K 折交叉验证对采样架构进行评估，并选择最佳的 3 个模型。应该注意的是，顺序搜索在每个

算法 4.4　随机搜索超参数优化算法

Data: X_{TR}

Result: Optimal hyper-parameters $\widetilde{P}^* = L^*, N^*, O^*, H^*, B^*, G^*, A_H^*, A_O^*$

Initialization: Weights $U^{\mathrm{L}}(\cdot)$, $W^{\mathrm{L}}(\cdot)$, $V^{\mathrm{L}}(\cdot)$, and $b^{\mathrm{L}}(\cdot)$ $\forall l \in (1, \cdots, L)$, $i = 1$

while $i \neq I$ **do**

  $L[i] \leftarrow \widetilde{\mathcal{L}}$, $N[i] \leftarrow \widetilde{\mathcal{N}}$, $O[i] \leftarrow \widetilde{\mathcal{O}}$, $H[i] \leftarrow \widetilde{\mathcal{H}}$, $B[i] \leftarrow \widetilde{\mathcal{B}}$, $G[i] \leftarrow \widetilde{\mathcal{G}}$, $A_{\mathrm{H}}[i] \leftarrow \widetilde{\mathcal{A}}_{\mathrm{H}}$, $A_{\mathrm{O}}[i] \leftarrow \widetilde{\mathcal{A}}_{\mathrm{O}}$

  for *each* $\bar{X}_{\mathrm{TR}}$, $\bar{X}_{\mathrm{TST}}$ *in k-folds*(X_{TR}) **do**

    Apply training algorithm using sampled byper-parameters and record DR, FA and accuracy.

  end

  Record average values across folds DR[i], FA[i] and accuracy[i].

  $i = i + 1$

end

Report the hyper-parameters of the top three models.

选择阶段都不会考虑超参数之间的关系(贪婪性),而随机搜索却不一样,我们在随机搜索中考虑了这些交互,不过仅针对超参数选项的随机子集。

5.3 基于遗传算法的超参数优化

先前讨论的超参数调整解决方案不是最优的,但是在寻找快速解决方案方面仍然很有效。与检查一组随机模型并选择最佳模型的随机优化不同,基于遗传的优化应用智能搜索试探法来提升检测器的性能。正如在3.2节中所讨论的,我们使用三个指标对检测器进行性能评估:DR、FA及其差HD。前两个指标的目标相反,最佳超参数应使DR最大化并使FA最小化。因此,可以为我们的超参数搜索制定两个目标优化问题,其中总体目标表示为maximize(DR, - FA)。或者,仅将HD最大化也可以定义为我们的搜索目标。但是,相同的HD值可能对应不同的DR和FA,因此无法合理地进行比较。在本节中,我们将使用多目标遗传算法来调整前馈模型和门控循环模型的超参数。特别是非支配排序遗传算法Ⅱ(nondominated sorting genetic algorithmⅡ, NSGA-Ⅱ)[39]可用于找到一组称为Pareto前沿的最优(DR和FA)解决方案,此后,可以计算折中解决方案。因此,我们的神经网络检测器的性能是NSGA-Ⅱ算法的适应度函数。另外,用于NSGA-Ⅱ算法的染色体包括要优化的超参数集(如图4.6所示)。具体来说,染色体包括以下内容:隐藏层数(L),每个隐藏层内的神经元数(N),基于梯度下降的优化算法(O)的类型,参数的初始化方法(H),丢弃率(B),权重约束(G)和激活函数的类型(A_H和A_O)。

如算法4.5所示,遗传迭代的最大次数表示为M,遗传算法的主要步骤在每次迭代中都被执行。首先,通过在所有客户数据集的随机子集上训练每个神经网络种群,为种群$G_1[i]$中的每个个体计算适应度函数,即DR和FA。请注意,在基于遗传的超参数优化中,由于要训练和测试的网络量很大,因此每个神经网络模型仅使用一部分客户数据。所有客户数据在训练和评估通用模型时都具有相同的机会被使用。然后,通过选择、交叉和突变从$G_1[i]$创建后代种群$G_2[i]$,并与$G_1[i]$结合形成$G[i]$。非支配的排序根据优化目标maximize(DR, - FA)排列并将受过训练的个体分成一组Pareto边界$\{\mathscr{F}_1, \mathscr{F}_2, \cdots, \mathscr{F}_l\}$,并按其优势排名。具体来说,对于任何一个个体$\boldsymbol{a} \in \mathscr{F}_2$,存在一个个体$\boldsymbol{b} \in \mathscr{F}_1$在两个适应度值DR和FA上支配$\boldsymbol{a}$,即满足以下两个不等式:$\mathrm{DR}(\boldsymbol{a}) < \mathrm{DR}(\boldsymbol{b})$和$\mathrm{FA}(\boldsymbol{b}) < \mathrm{FA}(\boldsymbol{a})$。如果必须分割Pareto边界$\mathscr{F}_i$以保证$G[i+1]$的正确大小,则在此边界内进行种群距离排序,并选择最接近正确大小的个体。种群距离排序通过选择密度较小的个体,从而在Pareto边界产生了更多样化的解决方案。通过计算每个个体的两个适应度值及其左、右邻居的两个适应度值之差,计算出种群距离。然后,通过将针对两个适合度值计算的种群距离相加来计算总体种群距离。之后,按照种群距离的降序对边界$\mathscr{F}_i$中的个体进行排序,并选择排在最前面的个体以完成新的种群$G[i+1]$。最后,使用上一代

的 Pareto 边界，可以计算出超参数的折中解。

算法 4.5 基于遗传算法的超参数调整算法

Result: Optimal hyper parameters L^*, N^*, O^*, H^*, B^*, G^*, A_H^*, A_O^*

Initialization: Weights

$G[0]$ = Create generation of size n randomly-generated individuals;

$X_{TR}[0]$ = Create a population of n training sets; /* Each training set has m customers randomly sampled with replacement from all the training customers */

$i = 0$

while $i \neq M$ **do**

 // Compute fitness for each individual $x \in G_1[i]$

 For each individual $x \in G_1[i]$ Compute fitness on $X_{TR}[i]$

 // off-spring generation from $G_1[i]$

 Generate an off-spring population $G_2[i]$ from $G_1[i]$, via selection, crossover, and mutation.

 // Compute fitness for each individual $x \in G_2[i]$

 For each individuals $x \in G_2[i]$ Compute fitmess on $X_{TR}[i]$.

 // Combine $G_1[i]$ and $G_2[i]$

 Assign $G_1[i] = G_1[i] \cup G_2[i]$

 /* Sort generation individuals and partition them to sorted subsetsof non dominated fronts */

 $(\mathscr{F}_1, \mathscr{F}_2, \cdots \mathscr{F}_l\}$ = Non-dominated-sort $(G[i])$

 // Create generation i + 1

 $G_1[i+1] = [\,]$

 $j = 1$

 // Fill $G_1[i+1]$ from the nondominated fronts

 while $|G_1[i+1]| + |\mathscr{F}_j| < n$ do

  Add $\mathscr{F}_j$ to $G_1[i+1]$

  $j = j + 1$

 end

 /* In case of the size of $G_1[i+1]$ is less than n, the individuals within the last Pareto frontier are crowd sorted and top k are selected */

 if $|G_1[i+1] < n$ **then**

  Crowd-distance-sorting($\mathscr{F}_j$)

  Add topk individuals from $\mathscr{F}_j$ to $G_1[i+1]$, such that $|G_1[i+1]| = n$

 end

 $X_{TR}[i]$ = Create a population of n training sets

 $i = i + 1$

end

Calculate a compromise solution for the hyper-parameters from the Pareto frontier $\mathscr{F}_1$, of $G[M-1]$.

从理论上讲，Pareto 边界上的任何点都可以视为最佳超参数操作点。但是，极端点(DR = 1 AND FA = 1, DR = 0 AND FA = 0)不能在我们的两个目标 DR 和 FA 之间提供正确的平衡。此外，由于需要同时优化两个相反的目标，即将 DR 最大化而将 FA 最小化(即 DR = 1 和 FA = 0，也称为乌托邦点[40])，在实际操作中也有些问题。对此，式(4.4)给出了一个折中而可行的解 S，其定义为最小化 Pareto 边界与乌托邦点之间距离的点。

$$S = \min_{1 \leqslant i \leqslant K} \sqrt{(\mathrm{DR}_i - \mathrm{DR}^*)^2 + (\mathrm{FA}_i - \mathrm{FA}^*)^2} \tag{4.4}$$

其中 K 表示 Pareto 边界上的点数，DR^* 表示理想检测率(即 DR = 1)，FA^* 表示理想误报(即 FA = 0)。

6 数值结果与讨论

我们使用来自爱尔兰智能能源试验的真实智能电表数据来评估所提出的基于 RNN 的通用电力盗窃检测器的性能。[34]该数据集由爱尔兰电力和爱尔兰可持续能源管理局于 2012 年 1 月发布。该数据集包含 2009 年至 2010 年之间 536 天中 3639 名居民用户的能耗读数。客户每 30 分钟报告一次读数(即神经网络输入大小为 48)，因此每个客户的报告总数为 25728。每个客户数据集 $\hat{X}_c$ 用于表 4.2 中给出的网络攻击注入。对于网络攻击 $f_1(\cdot)$、$f_2(\cdot)$ 和 $f_5(\cdot)$，α 和 $\beta(d,t)$ 是在[0.1, 0.8]间隔内均匀分布的随机变量。[3]对于攻击 $f_3(\cdot)$，$t_i(d)$ 是[0,42]中的一个均匀分布随机变量，而攻击的持续时间，即 $t_f(d) - t_i(d)$，是区间[8,48]中的一个均匀分布随机变量，因此 $t_f(d)$ 的最大值为 48。对每个客户应用所有网络攻击生成 $\hat{X}_c$ 数据集，其中包含 536 个诚实样本(天)和 3216 个恶意样本。$\hat{X}_c$ 中的每个样本有 48 个能耗值。对于每个 $\hat{X}_c$ 数据集，我们都执行过采样以平衡诚实类和恶意类的大小。因此，每个 $\hat{X}_c$ 数据集的总大小为 6432(包括诚实和恶意样本)。每个 $\hat{X}_c$ 数据集按 3∶2 的比例分为训练集 $\hat{X}_{c,\mathrm{TR}}$ 和测试集 $\hat{X}_{c,\mathrm{TST}}$。所有实验均使用两个 NVIDIA Tesla K80 GPU 在田纳西理工大学的高性能集群(HPC)上进行。实验使用了 Tensorflow 和 Python Keras 库。

6.1 通过顺序网格搜索超参数调优对特定于客户的检测器进行评估

在算法 4.1 和 4.2 中，期数 $I = 50$，批量大小 $K = 100$。对于神经网络架构，使用以下初始设置：参数初始化为 Glorot Uniform，优化程序为 SGD，隐藏层激活为 ReLU，输出层激活为 Sigmoid。算法 4.3 用于网格搜索,前馈神经网络使用集合 $\mathcal{L}=\{4,6,8\}$,门控循环神经网络使用集合 $\mathcal{L}=\{2,3,4\}$,对于前馈神经网络而言 $\mathcal{N}=\{100,500,1000\}$,对于门控循环神经网络而言 $\mathcal{N}=\{300,400,600\}$,$\mathcal{O}=\{$SGD,RMSprop,Adagrad,Adadelta,Adam,Adamax,Nadam$\}$[36],$\mathcal{H}=\{$GlorotUniform,Normal,LecunUniform,GlorotNormal,HeNormal,HeUniform,Uniform$\}$[36],$\mathcal{B}=\{0,0.2,0.5\}$,$\mathcal{G}=\{1,3,5\}$,$\mathcal{A}_H=\{$ReLU,Softplus,Linear,Sigmoid,Tanh$\}$,$\mathcal{A}_O=\{$Softmax,Sigmoid$\}$。

图 4.7 显示了针对特定客户的电力盗窃检测器的超参数的网格搜索结果。如图所示,前馈检测器受益于深层架构,因为 60%的客户采用了 8 个隐藏层的前馈。大约有相同数量的客户在其隐藏层中分别使用 100、500 和 1000 个神经元。类似的,对于优化程序,几乎相同数量的客户使用 SGD、RMSProp、Adadelta、Adam、Adamax 和 Nadam 作为优化程序,约 4%的客户使用 Adagrad 作为优化程序。此外,大多数客户(42%)使用 Golort Uniform 进行参数初始化。并且,大多数客户不使用丢弃(62%)或权重限制(40%)。对于激活函数,大多数客户将 ReLU 用于隐藏层(将近 90%),将 Sigmoid 用于输出层(将近 75%)。

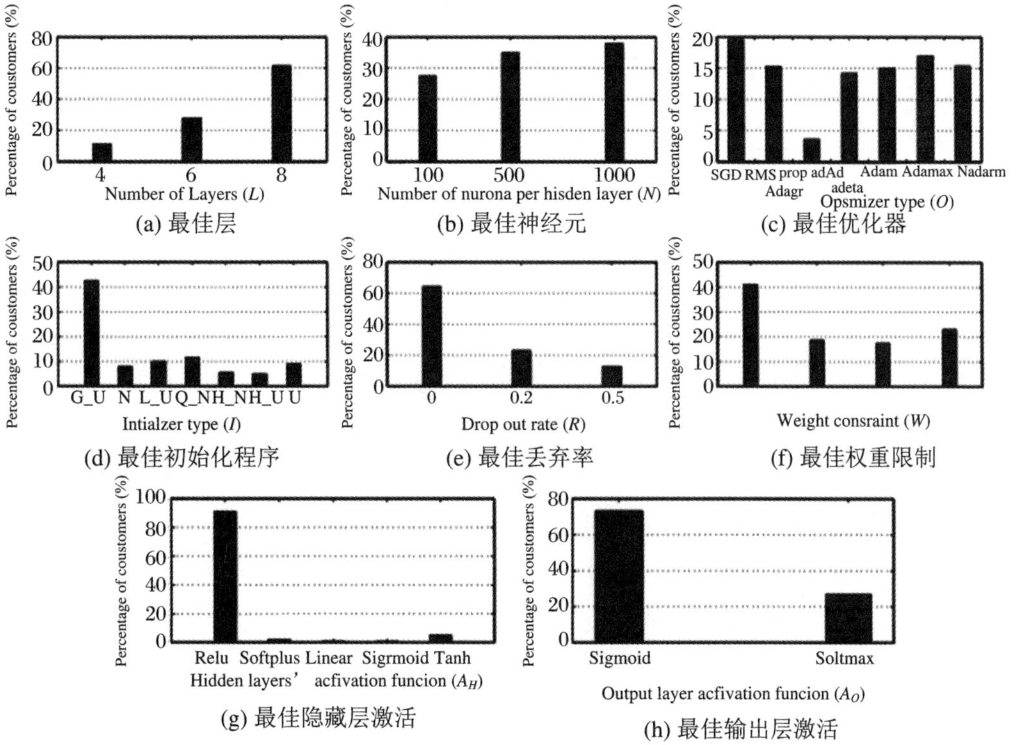

(a) 最佳层　(b) 最佳神经元　(c) 最佳优化器

(d) 最佳初始化程序　(e) 最佳丢弃率　(f) 最佳权重限制

(g) 最佳隐藏层激活　(h) 最佳输出层激活

图 4.7　所有客户的前馈网格搜索分析结果

表 4.3 列出了客户测试数据在 DR、FA 和 HD 方面的平均检测性能。通过前馈模型所决定的超参数,每列的第一行表示所有客户的平均效果。具体来说,第一列显示的是使用算法 4.1 中的模型 MD1 定义的超参数时的性能结果(该分布的层数和神经元数分别如图 4.7(a)、(b)所示,其他超参数不变)。下一列显示的是使用算法 4.1 中由模型 MD2 定义的超参数时的性能结果(遵循图 4.7(c)中分布的优化器类型,同时使用图 4.7(a)、(b)的层和神经元分布,其他超参数不变)。依此类推其他列。最后一栏是文献[3]的结果。文献[3]中的工作使用了与我们的研究相同的数据。但是,文献[3]中的检测器基于浅层机器学习架构(SVM)。由于网格搜索分析是基于准确性度量进行的,所以当对不同的超参数应用网格搜索时,DR 会不断提高。如表 4.3 所示,应用 MD3 调优超参数时(即层、神经元、优化器和初始化器分别遵循图 4.7(a)~(d)所示的分布,而没有应用丢弃或权重约束,并且 ReLU 和 Sigmoid 激活函数分别用于隐藏层和输出层),可获得最佳的 HD(和最低的 FA)。与文献[3]中的浅层架构相比,最优前馈模型(MD3)的 FA 率降低了 80%,基于前馈的检测器中的 FA 率从文献[3]中的 11%降低到 2.3%。基于前馈的检测器报告的最好的 HD 从文献[3]中的 83%提高到 90.3%。结果表明,与其他浅层机器学习架构相比,采用优化的超参数实现深层前馈架构可提高窃电检测性能。

表 4.3 使用顺序搜索进行超参数调整的客户特定的前馈平均检测性能

		MD1	MD2	MD3	MD4	MD5	文献[3]
前馈网络	DR(%)	91.3	92.3	92.6	92.7	93	94
	FA(%)	5.8	2.8	2.3	2.9	3	11
	HD(%)	85	89.5	90.3	89.8	90	83

6.2 评估通过随机网格搜索超参数调优的广义检测器

在该实验中,将一组 200 位客户的训练数据并在一起,形成 $\hat{X}_{TR}$。同样,将所有客户的测试数据并在一起以形成 $\hat{X}_{TST}$。对训练数据进行特征缩放产生 X_{TR},对测试数据施加相同的操作产生 X_{TST}。在算法 4.1 和 4.2 中,迭代总数为 $I=10$,批处理大小为 350。对于算法 4.4,用于随机搜索的选项如下:$\mathcal{L}=\{2,3,4\}$,$\mathcal{N}=\{100,500\}$,$\mathcal{O}=\{$SGD, Adadelta, Adagrad, Adam, Adamax, Nadam, RMSprop$\}$,$\mathcal{A}_H=\{$Sigmoid, ReLU, HardSigmoid, Tanh$\}$,$\mathcal{A}_O=\{$Sigmoid, Softmax$\}$。此外,迭代总数为 $I=30$,设置丢弃率为 0.2,网络神经元的初始化设置为 Glorot Uniform。[36]

表 4.4 给出了依据算法 4.4 对采样的超参数使用 GRU 模型而获得的随机搜索评估结果。结果用三个指标(DR、FA 和 HD)给出了 X_{TR} 上 K 折交叉验证($K=3$)的平均检

测性能。如表中所示，通用检测器受益于循环深度结构，其 HD 可以达到 91.4%。我们还可注意到，所有使用 ReLU 采样的神经网络都无法正确优化，这归因于文献[41]中讨论的发现，也就是说，如果正确初始化，深度 Sigmoidal 网络可以胜过深度 ReLU 网络。另外，所有使用 SGD 优化器的网络都难以获得良好的结果，这可以归因于训练所用的迭代次数较少。最后，所有性能较好的模型都在输出层使用了 Softmax 激活。表 4.4 中展示了对层数 $l \in \{2,3,4\}$，HD 排名前三的模型，这些模型可进一步用于使用测试集 X_{TST} 进行性能评估。

利用本章前面使用的相同数据进行测试，表 4.5 给出了表 4.4 中展示的排名前三的模型与文献[3]中提出的模型之间的比较。表 4.5 的前三列给出了使用表 4.4 中展示的最佳超参数时的平均性能结果，用 MD1、MD2 和 MD3 分别表示 $l=2$、$l=3$ 和 $l=4$ 的模型。最后一栏给出了文献[3]的结果。尽管文献[3]中的检测器是使用与本章相同的数据集训练的，但它是基于浅层机器学习架构（SVM）的客户特定检测器。如表 4.4 所示，当应用 MD2 或 MD3 超参数时，可获得最佳的 HD，比文献[3]中提出的检测器高出 4%。此外，FA 改善了近 55%。结果表明，使用 RNN 架构可以提高检测性能。广义检测器是不依赖特定客户数据的通用模型。因此与文献[3]中提出的检测器相比，它对污染攻击的防御更好。

表 4.4 算法 4.4 使用 k 折交叉验证产生的超参数结果

L	N	A_H	A_O	O	DR	FA	HD	准确度 (Accuracy)
2	201	Hard Sigmoid	Sigmoid	Adam	0.930	0.029	0.900	0.950
	384	Sigmoid	Sigmoid	SGD	0.707	0.313	0.394	0.697
	428	**Sigmoid**	**Softmax**	**Adamax**	**0.946**	**0.313**	**0.394**	**0.955**
	270	ReLU	Sigmoid	Nadam	0	0	0	0.499
	306	Hard Sigmoid	Softmax	SGD	0.727	0.324	0.403	0.701
	258	Hard Sigmoid	Sigmoid	SGD	0.713	0.311	0.401	0.701
	154	Hard Sigmoid	Softmax	Adagrad	0.880	0.067	0.812	0.906
	250	Tanh	Sigmoid	Adadelta	0.916	0.051	0.865	0.932
	351	Sigmoid	Softmax	Adamax	0.941	0.035	0.902	0.952
	284	Hard Sigmoid	Softmax	SGD	0.739	0.340	0.398	0.699
	105	Tanh	Sigmoid	Adagrad	0.877	0.083	0.793	0.896

续表

L	N	A_H	A_O	O	DR	FA	HD	准确度（Accuracy）
	385	Tanh	Sigmoid	Adadelta	0.928	0.037	0.890	0.945
	307	Sigmoid	Sigmoid	RMSprop	0.923	0.031	0.891	0.945
	239	Tanh	Sigmoid	Adagrad	0.609	0.328	0.281	0.640
	272	Hard Sigmoid	Sigmoid	Adadelta	0.855	0.071	0.813	0.906
3	110	Sigmoid	Softmax	Nadam	0.928	0.036	0.891	0.945
	251	Tanh	Sigmoid	Nadam	0	0	0	0.499
	310	**Hard Sigmoid**	**Softmax**	**Adam**	**0.939**	**0.033**	**0.905**	**0.952**
	407	Hard Sigmoid	Sigmoid	Adagrad	0.867	0.075	0.791	0.895
	193	Sigmoid	Sigmoid	Adadelta	0.875	0.068	0.807	0,903
	492	ReLU	Sigmoid	SGD	0	0	0	0.499
	198	Tanh	Softmax	RMSprop	0.419	0.186	0.232	0.615
	352	Sigmoid	Softmax	Adamax	0.931	0.026	0.905	0.952
	215	**Tanh**	**Softmax**	**Adamax**	**0.942**	**0.028**	**0.914**	**0.957**
4	275	Tanh	Softmax	Adam	0	0	0	0.499
	202	ReLU	Sigmoid	Adagrad	0	0	0	0.499
	393	Sigmoid	Sigmoid	RMSprop	0.939	0.044	0.894	0.947
	165	Sigmoid	Softmax	Adagrad	0.898	0.073	0.825	0.912
	390	Hard Sigmoid	Sigmoid	Adadelta	0.608	0.359	0.249	0.624
	310	Tanh	Sigmoid	RMSprop	0.187	0.126	0.061	0.530

表 4.5　使用随机搜索进行超参数调整的广义盗窃检测器的平均性能

		MD1	MD2	MD3	文献[3]
GRU	DR(%)	94.4	92.5	92.7	94
	FA(%)	6.9	5.0	5.3	11
	HD(%)	86.4	87.4	87.4	83

6.3　评估通过遗传搜索超参数调优的广义检测器

在该实验中，每个遗传个体都是一个神经网络，既可以是前馈架构，也可以是 GRU 架构。在算法 4.5 中，每个总体内的个体数量 n 为 20，世代总数 $M=15$。在每一代中，在将神经个体合并在一起形成 $\hat{X}_{\mathrm{TR}}$之后，对它们进行训练，训练数据包含 30 个样本客户。同样，将 30 个客户的测试数据并在一起形成 $\hat{X}_{\mathrm{TST}}$。对训练数据进行特征缩放生成 X_{TR}，对测试数据采取同样操作生成X_{TST}。在算法 4.1 和 4.2 中，迭代总数为 $I=20$，批处理大小为 350。对于算法 4.4，用于随机搜索的选项如下：对于 GRU $\mathcal{L}=\{1,2,3,4\}$，对于前馈 $\mathcal{L}=\{2,4,6,7\}$，$\mathcal{N}=\{64,128,256,512,768,1024\}$，$\mathcal{O}=\{$SGD, Adadelta, Adagrad, Adam, Adamax, Nadam, RMSprop$\}$，$\mathcal{A}_H=\{$Sigmoid, ReLU, HardSigmoid, Tanh$\}$，$\mathcal{A}_O=\{$Sigmoid, Softmax$\}$，$\mathcal{B}=\{0.2,0.3,0.4,0.5\}$，$\mathcal{G}=\{1,3,5\}$。

图 4.8 给出了前馈和 GRU 模型的最后一代的 Pareto 前沿结果。从图中可以看出，

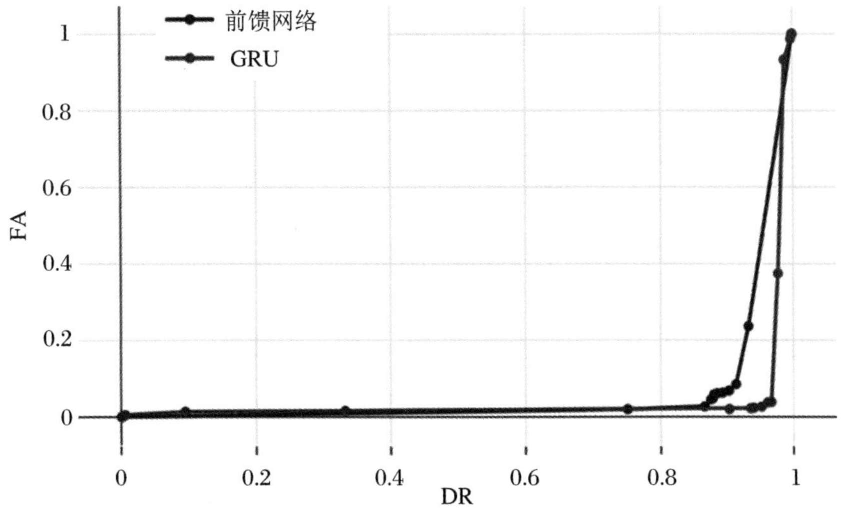

图 4.8　帕累托前沿结果

GRU 的肘部比前馈更锋利，这是因为 GRU 受益于时间序列相关特征。对于前馈架构，最优解为 FeedForward = {L:8，N:1024，H:LecunUniform，O:Nadam，A_O:Softmax，A_H:ReLU，B:0.2，G:1}，对于 GRU 架构，最优解为 GRU = {L:2，N:512，H:GlorotNormal，O:Adam，A_O:Sigmoid，A_H:Linear，B:0.0，G:3}。表 4.6 通过在 200 个客户的合并数据上训练和测试最终模型，对两种 Pareto 模型（前馈和 GRU）与文献[3]中提出的模型进行了比较。如表 4.6 所示，GRU 超参数模型获得了最佳的 HD，该模型比文献[3]中提出的检测器性能提高了 6.5%。此外，FA 改善了近 57%，DR 改善了 0.2%。结果表明，使用 RNN 架构以及基于遗传的超参数调整可以提高窃电检测性能。

表 4.6 使用基于遗传的优化进行超参数调整的广义盗窃检测器的平均性能

	前馈网络	GRU	文献[3]
DR(%)	89.3	94.2	94
FA(%)	6.9	4.7	11
HD(%)	82.4	89.5	83

7 结论与未来研究

7.1 结论

在本章中，我们提出了两个用于电力盗窃检测的深层神经模型。与使用诸如 SVM 之类的浅层机器学习模型的现有研究不同，我们的模型使用深层前馈和深层循环神经网络。另外，我们分析研究了针对每个客户训练的特定于客户的检测器以及针对来自多个客户的数据训练的广义检测器。此外，我们广泛分析了检测器超参数的优化，包括顺序网格搜索、随机选择和多目标遗传算法。本章的实验基于两年中 3639 名实际住宅用户的用电量数据。我们进行了广泛的性能评估，包括与文献中使用的基准检测器进行比较，进而表明我们的检测器可有效检测电力盗窃网络攻击。我们得出以下结论作为对本章前面所提出问题的解答。

第一，我们应该构建特定于客户的检测器还是通用检测器？通用检测器对于污染攻击更为鲁棒，并且确实依赖于特定的客户历史数据。另外，如结果所示，特定于客户的检测器和通用检测器之间的性能差别不是很大。

第二，对于检测器的架构，它应该是简单的前馈还是循环神经网络(RNN)？我们建议在前馈检测器的基础上使用GRU循环检测器。如前面的结果所示，循环模型利用了客户能源消耗的时间序列前馈特性，并且可以学习客户用电的复杂模式，从而能获得更好的检测性能。

第三，哪种算法更适合超参数调优？顺序优化、随机优化或基于遗传的优化？我们在这项工作中的主要贡献之一是将超参数优化表示为双目标优化问题，以最大程度地提高检测率并最小化误判率，并使用多目标遗传算法NSGA-Ⅱ进行超参数优化。相对于顺序搜索和随机搜索，基于遗传的超参数优化的训练更为复杂和耗时。但是，在探索搜索空间时，遗传架构会考虑到超参数彼此之间的“相互作用”。此外，NSGA-Ⅱ提供了优于盲搜索的功能，在探索搜索空间的同时考虑了检测器的性能，从而提高了检测成功率。尽管如此，顺序搜索和随机搜索优化方法也提供了相当不错的性能。

7.2 未来的研究

在本文工作的基础上，还可以进行许多不同的改进、检验和实验。将来，我们计划将文中的检测器应用于不同的真实数据集。此外，我们计划研究更多的神经网络架构，尤其应考虑新型的超参数。可研究的另一个领域是用于超参数调整过程的遗传算法。现有文献中提出了大量多目标遗传算法，每个算法都有其参数，对这些算法和其使用参数的选择，值得仔细研究。

参考文献

[1] Buevich M, Zhang X, Schnitzer D, et al. 2015. Short paper: microgrid losses: when the whole is greater than the sum of its parts. In: Proceedings of the 2nd ACM International Conference on Embedded Systems for Energy- Efficient Built Environments, 95-98. ACM.

[2] Viegas J L, Esteves P R, Melício R, et al. 2017. Solutions for detection of non-technical losses in the electricity grid: a review. Renew. Sust. Energ. Rev., 80:1256-1268.

[3] Jokar P, Arianpoo N, Leung V C M. 2016. Electricity theft detection in AMI using customers' consumption patterns. IEEE Trans. Smart Grid, 7(1):216-226.

[4] Singh S K, Bose R, Joshi A. 2017. Entropy-based electricity theft detection in AMI network. IET Cyber-Phys. Syst. Theory Appl., 3:99-105.

[5] Antmann P. 2009. Reducing technical and non-technical losses in the power sector. World Bank, Washington, DC.

[6] IBM. 2012. Energy theft: incentives to change. Technical report.

[7] CBC Electricity theft by B. C. Grow-ops costs 100M a year. Online https://www.cbc.ca/news/canada/british-columbia/electricity-theft-by-b-c-grow-ops-costs-100m-a-year-1.969837. Lastaccesed Nov 2017.

[8] Pickering P E-meters offer multiple ways to combat electricity theft and tampering. https://www.electronicdesign. com/meters/e-meters-offer-multiple-ways-combat-electricity-theft-and-tampering. Last accesed Nov 2017.

[9] Abaide A R, Canha L N, Barin A, et al. 2010. Assessment of the smart grids applied in reducing the cost of distribution system losses. 2010 7th International Conference on the European Energy Market (EEM). IEEE, 1-6.

[10] Nizar A H, Dong Z Y, Wang Y. 2008. Power utility nontechnical loss analysis with extreme learning machine method. IEEE Trans. Power Syst., 23(3):946-955.

[11] Nagi J, Yap K S, Tiong S K, et al. 2011. Improving SVM-based nontechnical loss detection in power utility using the fuzzy inference system. IEEE Trans Power Delivery, 26(2):1284-1285.

[12] Ramos C, De Sousa A, Papa J, et al. 2011. A new approach for nontechnical losses detection based on optimum-path forest. IEEE Trans. Power Syst., 26(1):181-189.

[13] Angelos E, Saavedra O, Cortés C, et al. 2011. Detection and identification of abnormalities in customer consumptions in power distribution systems. IEEE Trans. Power Delivery, 26(4):2436-2442.

[14] Lin C H, Chen S J, Kuo C L, et al. 2014. Non-cooperative game model applied to an advanced metering infrastructure for non-technical loss screening in micro-distribution systems. IEEE Trans. Smart. Grid., 5(5):2468-2469.

[15] Amin S, Schwartz G A, Cardenas A A, et al. 2015. Game-theoretic models of electricity theft detection in smart utility networks: providing new capabilities with advanced metering infrastructure. IEEE Control Systems, 35(1):66-81.

[16] Zhou Y, Chen X, Zomaya A Y, et al. 2015. A dynamic programming algorithm for leveraging probabilistic detection of energy theft in smart home. IEEE Trans. Emerg. Top. Comput., 3(4):502-513.

[17] Liu Y, Hu S. 2015. Cyberthreat analysis and detection for energy theft in social networking of smart homes. IEEE Trans. Comput. Soc. Syst., 2(4):148-158.

[18] Jindal A, Dua A, Kaur K, et al. 2016. Decision tree and SVM-based data analytics for theft detection in smart grid. IEEE Trans. Ind. Inf., 12(3):1005-1016.

[19] Bhat R R, Trevizan R D, Sengupta R, et al. 2016. Identifying nontechnical power loss via spatial and temporal deep learning. Proceedings of 15th IEEE International Conference on Machine Learning and Applications (ICMLA), 272-279.

[20] Zhan T S, Chen S J, Kao C C, et al. 2016. Non-technical loss and power blackout detection under advanced metering infrastructure using a cooperative game based inference mechanism. IET Gener. Transm. Distrib., 10(4):873-882.

[21] Tariq M, Poor H V. 2016. Electricity theft detection and localization in grid-tied microgrids. IEEE Trans. Smart Grid.

[22] Xiao F, Ai Q. 2017. Electricity theft detection in smart grid using random matrix theory. IETGener Transm Distrib.

[23] Dineshkumar K, Ramanathan P, Ramasamy S. 2015. Development of ARM processor based electricity theft control system using GSM network. 2015 International Conference on Circuit, Power and Computing Technologies (ICCPCT). IEEE, 1-6.

[24] Ngamchuen S, Pirak C. 2013. Smart anti-tampering algorithm design for single phase smart meter applied to AMI systems. 2013. 10th International Conference on Electrical Engineering/Electronics, Computer, Telecommunications and Information Technology (ECTICON). IEEE, 1-6.

[25] Khoo B, Cheng Y. 2011. Using RFID for anti-theft in a chinese electrical supply company: a cost-benefit analysis. Wireless Telecommunications Symposium (WTS). IEEE, 1-6.

[26] Henriques H O,Barbero A P L, Ribeiro R M, et al. 2014. Development of adapted ammeter for fraud detection in low-voltage installations. Measurement, 56:1-7.

[27] Devidas A R, Ramesh M V. 2010. Wireless smart grid design for monitoring and optimizing electric transmission in india. 2010 Fourth International Conference on Sensor Technologies and Applications (SENSORCOMM). IEEE, 637-640.

[28] Zheng Z, Yang Y, Niu X, et al. 2018. Wide and deep convolutional neural networks for electricity-theft detection to secure smart grids. IEEE Trans. Ind. Inf., 14(4):1606-1615.

[29] Devices A. 2010. Single-phase multifunction metering IC with di/dt sensor interface. MARUTSU, Norwood.

[30] Bandim C J, Alves J E R, Pinto A V, et al. 2003. Identification of energy theft and tampered meters using a central observer meter: a mathematical approach. Transmission and Distribution Conference and Exposition, 2003 IEEE PES, vol 1. IEEE, 163-168.

[31] Lo C H, Ansari N. 2013. Consumer: a novel hybrid intrusion detection system for distribution networks in smart grid. IEEE Trans. Emer. Top. Comput., 1(1):33-44.

[32] Faria L T, Melo J D, Padilha-Feltrin A. 2016. Spatial-temporal estimation for nontechnical losses. IEEE Trans Power Delivery, 31(1):362-369.

[33] Nagi J, Yap K S, Tiong S K, et al. 2010. Nontechnical loss detection for metered customers in power utility using support vector machines. IEEE Trans. Power Delivery, 25(2):1162-1171.

[34] Irish Social Science Data Archive. Online https://www.ucd.ie/issda/. Lastaccesed Nov 2017.

[35] He H, Bai Y, Garcia E A, et al. 2008. Adasyn: adaptive synthetic sampling approach for

imbalanced learning. Proceedings of IEEE International Joint Conference on Computational Intelligence，1322-1328.

[36] Goodfellow I，Bengio Y，Courville A. 2016. Deep learning. MIT Press，Cambridge.

[37] Chung J，Gulcehre C，Cho K，et al. 2014. Empirical evaluation of gated recurrent neural networks on sequence modeling. arXiv preprint arXiv，1412.3555.

[38] Bergstra J，Bengio Y. 2012. Random search for hyper-parameter optimization. J. Mach. Learn. Res.，13(Feb):281-305.

[39] Deb K，Pratap A，Agarwal S，et al. 2002. A fast and elitist multiobjective genetic algorithm：NSGA-II. IEEE Trans. Evol. Comput.，6(2):182-197.

[40] Eschenauer H，Koski J，Osyczka A. 2012. Multicriteria design optimization：procedures and applications. Springer Science & Business Media，New York.

[41] Pennington J，Schoenholz S，Ganguli S. 2017. Resurrecting the sigmoid in deep learning through dynamical isometry：theory and practice. Advances in Neural Information Processing Systems，4788-4798.

基于卷积神经网络的恶意网络流量分类

作　者　Kyle Millar①, Adriel Cheng②, Hong Gunn Chew③, Lim Cheng-Chew④

摘　要　随着人们对互联网及运行于其中应用程序的依赖增加,恶意用户利用这些联网系统所产生的收益也随之增加。检测和减轻这些威胁的方法不能再依赖于信息的单一方面,而是必须具备通过从各种各样的信息中学习的能力以适应新的威胁。由于能够从大量数据中学习复杂的推理,深度学习成为近年来机器学习中最广为人知的技术之一。本章旨在研究如何采用一种通常用于图像分类的深度学习技术——卷积神经网络(CNN),来检测和分类恶意网络流量。

关键词　卷积神经网络,基于 GPU 的深度学习,恶意软件分类及检测、分析和相似性

1　引言

相比于传统机器学习算法,人们对深度学习算法更加感兴趣的原因是深度学习算法无需手动选择特征集合即可生成对输入数据的复杂表示。因为这一可直接从源数据做出复杂决策的过程,深度学习也被称为一种"端到端"的算法。[1]通常,传统的机器学习技术如果需要经过基于人工干预的启发式特征选择过程,则可能会无意中丢弃有用的知

---

① Kyle Millar:University of Adelaide 电气与电子工程学院的一年级博士生。在本科毕业设计中开始接触恶意流量检测的深度学习技术,该项目获得了一等荣誉,并获得了 DST 集团监视系统本科生奖。他将这项研究延伸到他的博士学位,目前的主要研究课题是通过网络流量分析进行设备推断。

② Adriel Cheng:澳大利亚国防科技集团网络和电子战部门的研究科学家。拥有南澳大利亚 University of Adelaide 的学士和博士学位,且两个学位均获得 University of Adelaide 大学奖章。研究兴趣包括机器学习、IP 网络的表征、建模和分析。

③ Hong Gunn Chew:University of Adelaide 电气与电子工程学院副教授,学校电子实践协调员和毕业设计项目协调员。研究兴趣包括机器学习、自主系统、网络安全和能源管理。

④ Lim Cheng-Chew:获得英国莱斯特郡 Loughborough University 电子和电气工程学士学位(荣誉)及电子和电气工程博士学位。目前担任澳大利亚阿德莱德大学(University of Adelaide)教授。主要研究方向为控制与系统理论、自主系统、信息物理系统、优化技术及应用。*IEEE Transactions on Systems, Man, and Cybernetics: Systems* 副编辑,*Journal of Industrial and Management Optimization* 编辑委员会成员,并担任多家期刊的客座编辑,包括 *Discrete and Continuous dynamics Systems* 等。

识。深度学习旨在针对源数据(在本章讨论的情况下为网络流量 IP 数据包)做出新的推论而得到一些新的特征,这些新的特征在其他情况下可能无法被使用到。

这种新的深度学习研究浪潮已在图像分类领域广泛普及。在 2012 年,当一个深度卷积神经网络(CNN)赢得了 ImageNet 视觉识别挑战时,深度学习技术对图像分类任务的普适性引发了人们的注意,这一技术几乎使当时的图像分类错误率降低了一半。[2] 从那以后,几乎所有提交给 ImageNet 挑战的算法都是使用深度卷积神经网络的某个变体。[3]

卷积神经网络是人工神经网络的一种,旨在利用来自输入中的本地局部连接性特征。卷积神经网络在图像分类领域应用最为广泛,且在其他应用领域也有成功的应用,例如自然语言处理[4-7]、音频分类[8]和信号处理[9]。

最近网络安全和网络管理的研究也对卷积神经网络产生了兴趣。这一技术已被用于检测和分类网络上出现的各种流量。卷积神经网络在该领域已显示出令人鼓舞的结果,该技术既能通过对流量元数据特征的解释来进行统计分析[10,11],也可通过在流量的内容中查找模式来促进有效负载分析[1,12,13]。尽管卷积神经网络很有潜力,但仍需要对设计和实现用于网络流量分类的卷积神经网络的原理进行深入研究。

本章的目的是介绍卷积神经网络的基本原理,重点介绍为什么卷积神经网络独特的性质使其非常适合检测恶意网络流量。更进一步说,本章的主要贡献可以归纳为如下几点:

· 我们分析了使用卷积神经网络的三个主要优点,并研究这些属性如何对于网络安全语境下的网络流量分类产生有利或不利的影响。

· 受自然语言处理领域研究工作的启发,我们提出了一种新颖的网络流量表示方法,便于深度学习分类器使用,我们称该表示方法为“流图”(flow-image)。

· 我们比较了三种不同的卷积神经网络架构,包括一个新颖的架构,该架构旨在利用 TCP/IP 数据包中的已知属性。

· 我们探索了网络流量的一些结构性特征,并提出了如何使用卷积神经网络来创建鲁棒的分类器,对那些采用了恶意规避技术的网络流量进行分类。

本章假定读者具有一定的神经网络及其术语的知识和背景。否则,我们建议读者先阅读文献[14]以了解这方面的内容。

本章的其余部分组织如下:第 2 节介绍了卷积神经网络的关键概念和优势;基于卷积神经网络的恶意网络流量分类器所具有的优点在第 3 节中着重介绍;第 4 节概述了相关文献中如何将网络流量表示为便于卷积神经网络处理的形式,并提供了一种新颖的表示形式用于解决现有表示形式中存在的问题;第 5 节研究了三种卷积神经网络架构,并详细介绍了如何将它们用于网络流量分类;第 6 节简要概述了本章中用于实验验证分析的设置;第 7 节介绍了实验结果,并介绍了卷积神经网络的不同属性如何影响恶意网络流量分类的效果;第 8 节和第 9 节对本章进行总结,并对未来的研究提出了一些建议。

2 卷积神经网络

卷积神经网络的一个基本假设是输入数据中的信息可以局部相关。[15]例如,当阅读一个句子时,不仅单个字母是相关的,而且它们之间的关系也是相关的。这种关系通常会随着距离增大而迅速减小,一个单词中的字母之间的相关性对随后的单词几乎没有影响。查找局部相关性通常比一次分析整个输入要有效得多。在人工神经网络中,可以通过使用局部感受野(receptive field)来增强这些局部相关性。局部感受野将对节点的输入限制在其输入的较小局部区域。图 5.1 描绘了如何使用局部感受野将节点的输入限制为上一层的一个局部区域。

使用局部感受野有如下几个优点:

首先,不必立即对整个输入进行计算。这个优点对处理较大维度的输入数据尤其重要,在传统的深度学习技术(如全连接的神经网络)中,神经网络的大小会随着所使用的输入数据的维度而显著增加。使用大型神经网络会导致对硬件计算能力的需求更大,并且在训练样本太少的情况下易导致过拟合。[16]

使用局部感受野的第二个优点在于可以有效处理输入中存在变形或者重复的识别特征。充分利用该优点的一个常见例子是检测任务,即无论出现在图像中的什么位置,都应同样容易被检测到。一旦确定了局部相关性,则局部感受野将相当于一个搜索函数,不管该局部相关性在输入中的位置如何,这个搜索函数都可以发现该相关性。因此,如果局部相关性发生了位移或重复,则无需向已有的神经网络添加任何其他复杂功能即可对其进行识别。这在人工神经网络中称为权重共享。对于特定的应用,权重共享可以极大地减少所需神经网络的大小,并可以帮助增强其推广到新数据的能力。[16]

局部感受野的第三个优点是它们对局部噪声更鲁棒。在许多分类任务中,输入可能会受到噪声因素的影响。根据总的输入进行计算的分类系统可能容易发生分类错误。但是一般情况下,很可能只有部分输入受到影响。利用局部感受野可以帮助将噪声的影响仅限于发生噪声的区域。[5]

从某种意义上说,卷积神经网络就是使用了局部感受野的神经网络。这是通过使用两个专用层(卷积层和池化层)来实现的。典型的卷积神经网络由两个阶段组成。第一阶段利用卷积层和池化层来识别输入中的局部相关性,并允许局部相关的平移不变性。

这个阶段可以看作是学习和从输入中提取特征。第二阶段利用全连接多层网络将上一阶段中发现的特征组合成对输入最有可能属于哪个类别的整体预测。图 5.1 显示了用于图像分类的典型卷积神经网络的网络结构。

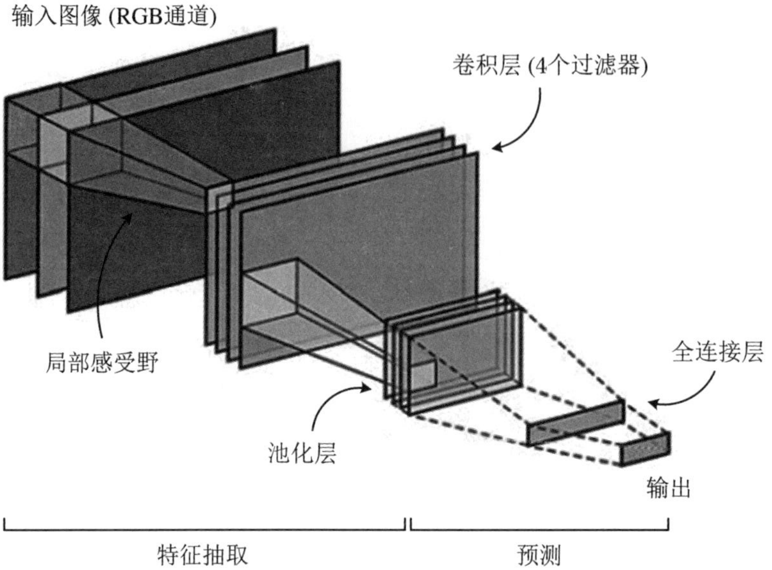

图 5.1 用于图像分类的典型卷积神经网络结构

卷积层和池化层构成特征提取阶段,而全连接层构成预测阶段。

在本节的其余部分将简要介绍这些层中的每一层,旨在为读者提供本章后续各节的一些背景知识。有关卷积神经网络及其结构的更深入说明,请读者参阅文献[15,17]。

2.1 卷积层

卷积层是卷积神经网络的核心组成部分。卷积层通过将该层中每个节点的输入限制为上一层中的少数几个节点的输出来形成局部感受野的效果。

上一部分中提到了本地感受野的一个特点是权重共享,即能够检测重复或转换的模式而不会增加网络结构复杂性。卷积层使用过滤器来实现此概念,这里的过滤器类似一个滑动窗口,用于在输入的不同区域中检测相同模式。图 5.2 给出的是一个单个过滤器的例子,它在输入中扫描某一特定模式。为了在输入中搜索多种模式,卷积层通常将包含多种过滤器,其输出称为特征图(feature map)。特征图可以被视为标识了每个过滤器各自发现的模式的位置。图 5.1 中的卷积层描绘了一个包含四个过滤器的特征图。

卷积神经网络的维度是指其卷积层中过滤器的尺寸。一维(1D)和二维(2D)卷积神经网络在研究中经常出现,这是因为大多数任务的输入数据是一维或二维数组。二维卷积神经网络通常用于图像分类,其中二个维度就是图像中像素点的空间坐标。一维卷积

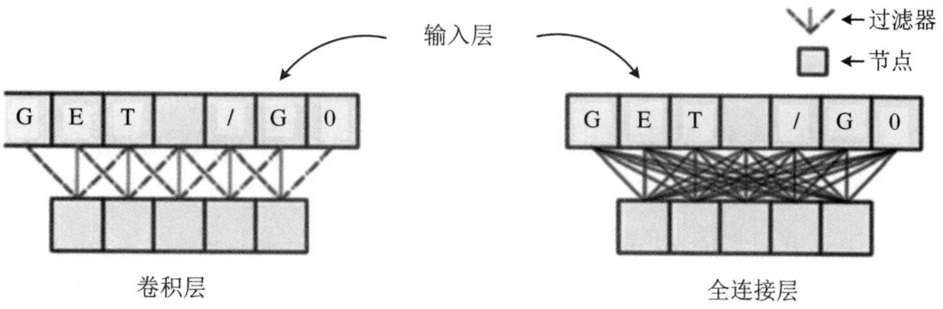

图 5.2 卷积层与完全连接层中连接的比较

卷积层中的每个节点都与输入层中的节点建立类似的但位于不同位置的三个连接,这被称为过滤器大小为 3 的卷积层。与卷积层不同,全连接层中的每个节点都连接到上一层中的每个节点。

神经网络常用于处理序列数据输入的分类问题,例如文本分类。图 5.1 和图 5.2 分别给出了二维和一维卷积神经网络的例子。应该注意的是,在该术语中,过滤器的深度不被认为是其维度。图 5.1 显示了一个卷积层,其过滤器深度为 3,与图像的三个输入通道(红色、绿色和蓝色)有关。

2.2 池化层

卷积神经网络中的池化层主要有两个目的:(1) 减小特征图的大小;(2) 为其中找到的特征提供一定程度的平移不变性。特征图最重要的价值是提供了一个位置让过滤器在其中检测其各自的模式。这些模式由特征图中的强正值或负值来标识,绝对值越大,过滤器在该位置检测到某个模式的可能性越大。池化层通过按子区域的重要值汇总子区域来降低特征图中低值的百分比。

最大池化是最常用的池化函数。它以与卷积层相似的过程对子区域进行采样。但是,最大池化不是在输入中找到模式,而是取该子区域中的最大绝对值。这可以增加特征图中重要值的密度,同时还允许找到的模式在位置上进行轻微平移。图 5.1 描述了池化层如何减小前一层的特征图的大小。

2.3 全连接层

卷积神经网络中使用的全连接层与全连接神经网络相同。该层中的每个节点都连接到上一层中的每个节点。这种结构允许从上一层提取全局关系。卷积神经网络使用全连接层将卷积层中发现的各个特征组合到对整体输入的最终预测中。

全连接层的缺点是其连接数与上一层中的节点数成正比。当输入较大时,这可能会导致大量的计算开销。因此,卷积层和池化层通常被设计为在使用全连接层之前减少输入中的参数数量。

3 卷积神经网络用于网络流量分类任务的优点

在本节中,我们研究一下卷积神经网络在网络安全应用场景中对网络流量进行分类的三个优点:

- 较大输入数据量下的模型效率(3.1 节)。
- 平移和重复的不变性(3.2 节)。
- 强抗噪声能力(3.3 节)。

3.1 较大输入数据量下的模型效率

网络流量的一个通常特点为其数据量相当大。一个数据包的长度通常为 1500 字节,这也是当今大多数网络的最大传输单元(MTU),通常网络中一个"流"包含数百或数千个数据包。在使用神经网络时如何有效地处理如此大的输入量是一个需要考虑的问题。

神经网络的可训练参数是指可以通过训练来调整的参数。[14]最重要的可训练参数是节点之间的连接权重。神经网络中的每个连接都有相关的权重。在训练过程中会调整此权重的值,以确定此连接在整体分类功能中的重要性。通过权重共享,一个卷积神经网络可以大大减少可训练参数的数量。权重共享允许在同一层的多个连接之间共享训练后的权重值。

上一节重点介绍了全连接层的输入与神经网络中连接数之间的关系。对于这些连接中的每一个都来训练其可训练参数需要大量的计算资源,在很多情况下现有的计算硬件可能无法提供如此大量的计算能力,并且在没有足够训练样本的情况下还可能导致过拟合。[16]

我们可以使用图 5.2 的例子来比较卷积层与完全连接层中可训练参数的数量。尽管在卷积层中建立了 15 个连接,但是由于权重共享,仅需要调整 3 个权重。相反,具有相同数量节点的完全连接层可调整的权重为 35 个。

权重共享导致的可训练权重参数减少,使卷积神经网络在处理较大的输入数据时比其他类型的神经网络具有更高的计算效率。7.1 节中将进一步分析这一点。

3.2 平移和重复的模式

一个卷积神经网络搜索离散的局部模式的过程可以定位输入数据中的特征,无论这些特征在输入数据中出现的位置如何。这种方法的好处已在语音识别任务中显示出来：在语音识别任务中，说话人的语速、音调和变化会改变那些有利于识别的特征所在的位置。[16]恶意网络流量已经在利用数据包的大小、顺序和时间上相似的属性来掩盖其恶意意图的识别特征。[18]

在输入变化的情况下，卷积神经网络可以对某些规避技术具有鲁棒性。表 5.1 显示了一个如何使用不同的字符串操作来提取相同信息的例子。这三个命令都希望提取包含在/_vti_pvt/administrators. pwd 文件中的信息（译者注：为了读取同一个文件，三个命令分别使用不同的表示法来代表目标文件的路径，熟悉 UNIX 命令的读者应该熟悉“./”表示“当前目录”，“../”表示上一层目录，例如路径“/_vti_pvt/./././././administrators. Pwd”和路径“/_vti_pvt/administrators. Pwd”表示的是同一个文件）。为了学习检测此命令，一个全连接神经网络将必须单独学习这些表示中的每一个。相比之下，卷积神经网络可以重用较低抽象层中发现的相同模式，以快速将模式推广到新的变体中。

表 5.1 简单字符串操作示例[19]

方 法	例 子
自引用(self-referencing)	/_vti_pvt/./././././administrators. Pwd
双斜杠(double slashes)	/_vti_pvt///administrators. Pwd
反向遍历(reverse traversal)	/scripts/../_vti_pvt/administrators. Pwd

权重共享允许卷积神经网络识别输入中重复的模式，而不会增加神经网络的复杂性。从网络流量的角度来看，因为网络应用经常使用相似的语法结构和重复的数据包，所以数据和网络流量中重复出现某一模式非常普遍。

3.3 含有噪声的输入

在许多分类任务中，输入可能会受到噪声因素的影响。但是，就恶意网络流量而言，什么是噪声是很难定义的。一方面，攻击者可以将随机生成的字符串注入到数据包中，来搅乱分类器的决策过程。另一方面，如果攻击者知道了随机生成的字符串将被归类为噪声，则攻击者可以将恶意内容隐藏在这些貌似随机的字符串中。

即使输入的某些部分已被噪声模糊[5]，使用局部接受域也可以使卷积神经网络对输入进行有效的分类。此属性将使卷积神经网络在识别某些故意加入了噪声的注入攻击时具有鲁棒性。值得注意的是，攻击者也可以利用卷积神经网络的这一属性。卷积神经网络的卷积层在输入中寻找可识别目标的特征。对于某个有恶意意图的网络流量，如果其特征是未知的，则不太可能发出任何警告；但是，一个将输入数据作为一个整体来考虑的检测系统可能会检测到整体输入数据中发生了变化，进而怀疑输入数据中包含恶意意图。因此，卷积神经网络的抗噪声能力既可以是一个优点，也可以是一个缺点，其效果取决于攻击者使用了何种规避技术来防止恶意意图被发现。

4 卷积神经网络输入表示

在本节中，我们研究如何将网络流量表示为利于卷积神经网络处理的形式。本节先评估了相关文献中已经提出的几种表示方法，然后介绍一种新颖的表示方法，旨在提高使用卷积神经网络进行网络流量分类的效率。

4.1 相关工作

网络流量技术通常可分为两类：(1) 基于统计的分类，这种技术根据元数据的一个或者多个特征对流量进行分类，例如根据发送数据包的数量来进行分类；(2) 基于负载的分类，这种技术根据数据包的消息内容中发现的不同指纹对流量进行分类。[13]

文献[11]探索了基于卷积神经网络的统计分类方法，但是文献[11]没有考虑应该使用何种数据表示形式来充分利用卷积神经网络的优势。在本文中，我们将直接解决输入数据表示的问题，以利用卷积神经网络的全部潜力。

Wang 等人在文献[1,12]中探索了使用卷积神经网络进行基于负载的分类。该方法将一个网络数据流的载荷中前 784 个字节表示为一个 28×28 像素的图像。载荷中的每个字节用一个范围从黑色(由值 0 表示)到白色(由值 255 表示)的灰度像素来表示。这提供了一个 8 比特字节到 256 值范围的一对一映射。

Wang 等人的结果表明，在此输入表示形式上，一维卷积神经网络的分类精度比二维卷积神经网络更好。尽管作者没有说明，但此结果可能源于图像第二维的创建方式。784 个字节的载荷被人为地“换行”以形成图像的第二维，因此这个维度只是第一个维度的扩展。使用二维卷积神经网络分析一维输入可能会降低分类器对新数据准确分类的能力，并可能导致准确性下降。

图像中每个像素的值是一个数字。在灰度级中，此灰度值表示在纯黑色和纯白色之间的一个数值。将字节表示为像素的灰度值会隐含着这样一个假设，就是字节之间有和像素灰度值之间类似的关系。例如，一个值为 0 的字节与值为 1 的字节之间的相似度比其与值为 10 的字节之间的相似度更大。尽管此表示形式适用于文献[1,12]中的测试数据集，但对于不同类型的网络流量，这一假设并不总是成立。恶意流量的混淆技术旨在利用检测系统及其攻击目标处理数据方式的差异。利用这些差异，恶意攻击可以将其真实意图相对于检测系统隐藏起来，同时仍将恶意负载发送给攻击目标。检测系统将字节表示为数字将很容易被攻击者加以利用，因为攻击目标往往不是将字节作为数字来处理的。

为了解决上述问题，作为本研究的一部分，本节提出了一种新的网络数据表示方法。在本章的其余部分，此数据表示形式将被称为“流图”(flow-image)。

4.2 流图

从根本上说，网络流量是两个通信对端之间的“对话”。因此，我们不是从图像分类中汲取灵感，而是从自然语言处理(NLP)中获取灵感。

文本分类是自然语言处理的主要任务之一，是指基于预定义的目标对文本进行分类，例如情感分析(即识别文本作者的观点是肯定还是否定)、术语提取(即识别大段文字中的重要单词)。这些分类方法通常利用诸如词袋(bag-of-words)等特征生成技术在分析之前以更高阶的形式来表示语言[7]，这就需要对待分类文本的语言语法有先验的知识。

要对恶意网络流量进行分类，不能假设存在基于句法或语义结构的先验知识，因为恶意攻击可以利用这些假设来规避检测。幸运的是，最近人们研究了卷积神经网络如何在没有对主题语言的任何预定义知识的前提下进行有效分类。[6,7]这是通过从最基本的层次上对文本进行分析来实现的，这里“最基本的层次”指的是组成文本的字符(characters)。

字符级自然语言处理允许分类器直接从其基础字符学习文本的完整格式。虽然这给分类所用的神经网络增加了额外的复杂性，但是其允许在语言的结构未知时实现对文本的分类。文献[7]中表明卷积神经网络可以成功地应用于字符级自然语言处理任务，其结果可与英语文本分类的最新技术相媲美。

为了表示对神经网络而言有意义的“字符”，我们需要使用一种分类表示方法，因为字符的“值”之间没有内在的相关性。独热编码(one-hot-encoding)因其易于实现而成为一种表示类别信息的通用方法。但是，需要使用的类别越多，此方法的效率就越低。独热编码可构造一个大小为 n 的向量，其中 n 是输入值可对应的不同类别的数量。如果某物体属于第 i 个类别，则表示该物体的向量中第 i 个元素为 1，其他元素全部为 0。例如，在网络流量中，为了表示字节值“0”，需要构造大小为 256 的向量，向量的第一个元素设置为 1，将其余元素设置为 0。文献[7]的研究表明编码可以有效地表示输入给卷积神经网络的 70 个不同的字符。流图使用独热编码来表示一个字节的 256 个不同值。

卷积神经网络需要使用固定大小的输入，因此必须在分析之前设置每个流中被分析的字节数。此外，要有效使用二维卷积神经网络对网络流量进行分类，输入还必须具有两个维度。为了解决这两个问题，网络流量流以如图 5.3 所示的二维数组表示。此数组的每一行代表该流中的一个数据包，每一列代表该数据包中的一个字节。此二维数组的大小固定，以表示双向网络流的前 10 个数据包，和这 10 个数据包的前 97 个字节。如果一个双向网络流少于 10 个数据包，或者某些数据包少于 97 个字节，不足的部分用零字节值填充。

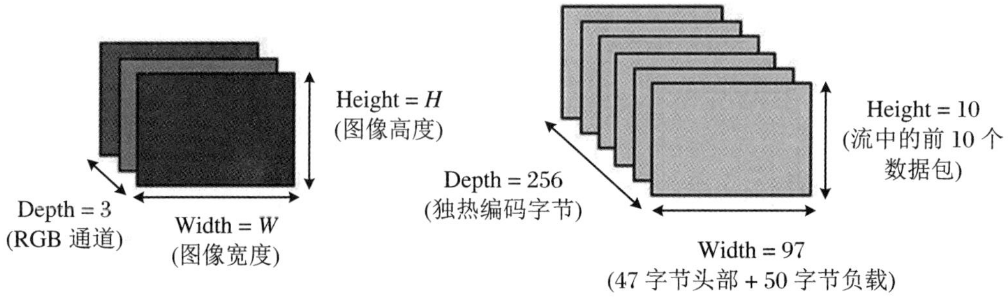

图像　　　　流图

图 5.3　用于图像分类任务的输入表示和流图的对比

一个数据包的前 97 个字节由 47 字节的 TCP/IP 报头和 50 字节的载荷组成。流图中包含此两方面的信息的原因有二，利用报头的信息在检测某些攻击行为时更容易一些（比如扫描和探测行为），而使用载荷中包含的信息更易于检测其他的一些攻击行为（比如蠕虫）。[20]

流图取 TCP/IP 报头的前 47 字节，是因为在我们分析的数据集中，47 字节是超过 99%的数据包的最大报头长度（关于数据集的细节将在 6.1 节中给出）。47 字节的报头由 11 字节的 IP 头（包括源 IP 地址和目的 IP 地址，因为数据集中的一些综合偏差，TTL 字段被去除了）和 36 字节的 TCP 头组成。

对于数据包的载荷部分，之所以截取每个载荷的前 50 个字节，是因为有研究表明越是靠后的字节，对于分类所起的作用越小。[21-23] 只使用每个流中的前 10 个数据包是为了在分类效率和分析流中数据包之间关系的能力二者之间取得平衡。

需要注意的是选取每个流中数据包的个数、每个数据包的字节数是基于对数据集的分析来定的。对于不同的数据集，本章中选取的数值不一定适用。比如一个攻击者只需将恶意内容放在为构造流图而截取的数据范围之外（译者注：比如将恶意内容放在流的第 10 个数据包之后，或者放在某数据包载荷的第 50 字节之后），将可以很轻易地逃避检测。在部署一个基于流图的检测系统之前，我们需要事先决策好如何在系统的运行效率和检测鲁棒性之间进行折中。

为了表示使用编码的字节，流图需要引入第三个维度。图 5.3 直观地展示了流图的三个维度，并且将之与输入给卷积神经网络的图片数据的表示方法进行了对比。

5　卷积神经网络架构

在本节中，我们将讨论三种卷积神经网络架构，并研究如何利用卷积神经网络的特点来增强对恶意网络流量的检测和分类的效果，即使攻击者使用了一定的逃避检测策略也能被检测出来。三种卷积神经网络架构的配置如表 5.2 所示。

表 5.2　CNN 架构的结构

层级	2D	1D	分段卷积神经网络 CNN	
			头部	载荷
1	Conv[3×3]	Conv[1×3]	Conv[1×47]	Conv[1×3]
2	Conv[3×3]	Conv[1×3]	Conv[1×1]	Conv[1×3]
3	Pool[2×2]	Pool[1×2]	Pool[2×1]	Pool[1×2]
4～5	Conv[3×3]	Conv[1×3]	Conv[1×1]	Conv[1×3]
6	Pool[2×2]	Pool[1×2]	Pool[2×1]	Pool[1×2]
7	FC[256]	FC[256]	FC[256]	FC[256]
8	FC[256]	FC[1024]	—	FC[1024]
输出层	FC[6]	FC[6]	FC[6]	FC[6]

每个卷积层有 256 个过滤器，数据中每一个类别在输出层中对应一个节点，用于表示对数据预测的类别，所有池化层均使用最大池化操作。Conv[$h\times w$]表示一个过滤器的高和宽分别为 h 和 w 的卷积层；Pool[$h\times w$]表示一个过滤器的高和宽分别为 h 和 w 的池化层；FC[n]表示有 n 个节点的全连接层。

5.1　二维卷积神经网络

在用于图像分类的大量不同架构卷积神经网络中，二维卷积神经网络是最常见的一种。图像由两个与空间坐标系有关的维度组成，因此一定需要利用这两个维度的局部相关性。二维卷积神经网络利用图像数据的这个特性来搜寻多个维度的相关性。

流图形式的输入具有两个维度。第一个代表流中的数据包,第二个代表数据包中的字节。我们可以利用二维卷积神经网络来查找同一数据包内和相邻数据包内的本地相关性的字节。一个通信过程往往包含两端的呼叫和响应,网络流量的行为通常和通信的呼叫和响应类似。一端发送数据包后,往往都可以收到来自另一端的响应或确认。对具备本地相关性的数据包进行分析可以得到连接的两端如何通信的信息。图 5.4 描绘了二维卷积神经网络架构对流图形式的数据输入进行计算的关键环节。

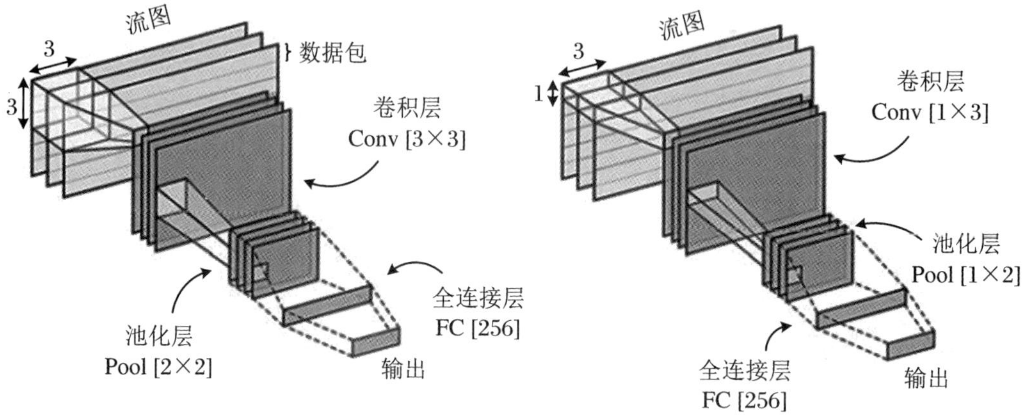

图 5.4 二维卷积神经网络和一维卷积神经网络的结构

二维卷积神经网络的过滤器跨多个数据包,而一维卷积神经网络的过滤器仅考虑单个数据包的字节。注意此图中仅显示了卷积神经网络中的第一个卷积层、池化层和完全连接层。

5.2 一维卷积神经网络

一维卷积神经网络通常用于自然语言处理中,输入的语言信息可以表示为一维数组。尽管流图形式的输入数据有两个维度,但与多个数据包上的字节相比,数据包内的字节之间相关度更高。我们可以使用一维卷积神经网络来利用网络流量的这种特性。一维卷积神经网络架构图如图 5.4 所示。

5.3 分段卷积神经网络

分段卷积神经网络是一种新颖的卷积神经网络架构,旨在充分利用 TCP/IP 数据包的报头和载荷这两个不同部分迥异的属性。这种卷积神经网络架构受到 Bromley 等人设计的暹罗卷积神经网络(Siamese-CNN)架构[24]所采用方法的启发。暹罗卷积神经网络使用两个卷积神经网络来同时分析两个不同的图像,然后比较两个神经网络各自的输出以确定两者之间的相似性。然而,暹罗卷积神经网络的主要作用是度量两个图像之间的相似性，分段卷积神经网络主要适于对具备独特属性的两个输入进行类别相同的分类。图5.5显示了如何使用两个卷积神经网络来分析TCP/IP连接的不同部分。

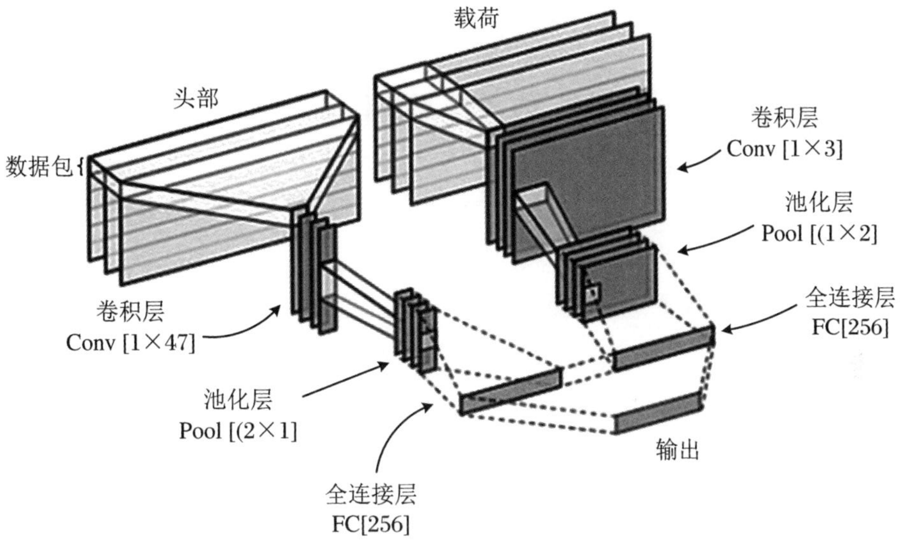

图5.5 分段卷积神经网络结构的示例

图中展示了如何针对数据包的两个不同区域(报头和负载)分别优化两个卷积神经网络。为了便于展示，此图仅画出了分段卷积神经网络的第一个卷积层、池化层和全连接层。

数据包的报头部分主要与其如何通过网络发送所需的信息有关。数据包报头部分具有严格的结构，以便连接另一端完整接收数据包。因此，数据包报头部分的构造方式几乎没有什么变化。此外，由于数据包报头的大多数值与数据包的不同属性有关，所以报头部分几乎没有字节之间的局部相关性。因此对数据包的报头部分进行分类使用全连接神经网络更合适。但是同一个流中的多个数据包报头通常有相似的属性，权重共享在这种情况下就可以发挥作用了。针对上述两个特性，在卷积神经网络中使用一维过滤器较合适，该过滤器对数据包的整个报头部分进行处理。在数据包的级别，此过滤器充当类似全连接神经网络的作用。而且使用一维过滤器便于在数据包之间进行权重共享。

TCP/IP数据包的负载部分是数据包所包含的消息内容。因此，应使用受自然语言处理启发的CNN结构。我们选择1D-CNN(见5.2节)用于分段CNN的处理有效载荷部分。

6 实验设置

6.1 数据集

评估卷积神经网络在网络流量分类任务中的性能，需要一个包含完整数据包的数据集。我们选择了 UNSW-NB15 数据集[25,26]进行实验。此数据集中包含九类恶意网络流量，但是由于深度学习需要一定数量的样本才能生成准确的预测，我们在数据预处理时将最小的四个恶意类合并为一个名为 OTHER-MALICIOUS 的类。

实验中将 UNSW-NB15 数据集分为三个子集：培训集(72%)、验证集(8%)和测试集(20%)。表 5.3 列出了我们实验中使用的恶意类及其在每个子集中的分布。

表 5.3 UNSW-NB15 数据集中各种类别的分布

恶意行为类别	训练集(72%)	验证集(8%)	测试集(20%)	总数
DOS	2592	290	721	3603
EXPLOITS	18189	2030	5055	25274
FUZZERS	13851	1541	3848	19240
GENERIC	2727	311	760	3798
RECONNAISSANCE	8397	939	2335	11671
OTHER-MALICIOUS	1611	188	450	2249
NON-MALICIOUS	36000	4000	10000	50000
总数	83367	9299	23169	115835

在实验所用数据集中还包括一个非恶意类，以便于研究分类器区分恶意攻击和正常流量的能力。此非恶意类由在典型网络上经常出现的诸如 HTTP、P2P 和 FTP 之类的流量组成。

6.2 硬件和软件

最近深度学习研究的兴起很大程度上是由专用硬件的进步推动的。因为深度学习算法需大量数学运算，所以之前在计算能力受限或者计算时间上有要求的那些应用，深度学习算法并不适用。随着专用图形处理单元(GPU)的引入，这些计算现在可以高度并行进行。

我们使用阿德莱德大学(University of Adelaide)的 Phoenix 高性能计算服务来训练所使用的深度神经网络。训练使用的硬件为 NVIDIA Tesla K80 GPU,32 GB 内存,8 核。神经网络使用 Google 的深度学习框架 TensorFlow[27]实现。

7 实验结果

为了评估数据表现形式和 5.1、5.2、5.3 节中描述的卷积神经网络架构的有效性,我们使用 UNSW-NB15 数据集进行恶意网络流量分类实验。我们使用了全连接神经网络作为与卷积神经网络分类能力对比的基线。实验中使用的全连接神经网络由 3 层组成,此 3 层分别包含 256、1024 和 7 个节点。

7.1 架构效率

卷积神经网络的主要优势之一是它们在处理大输入量时的效率较高。为了确定这对流图形式输入的分类任务有多大程度的影响,我们测量对不同的网络大小,训练不同构架神经网络所需的时间。

图 5.6 显示了每个神经网络中可训练参数的数量。可训练参数的数量大致与网络使用内存的大小成正比,如图 5.7 所示。在内存需求方面,卷积神经网络架构只有全连接神经网络的 1/3 到 1/10。因此,卷积神经网络更适合于在限制条件较多的硬件上实现。

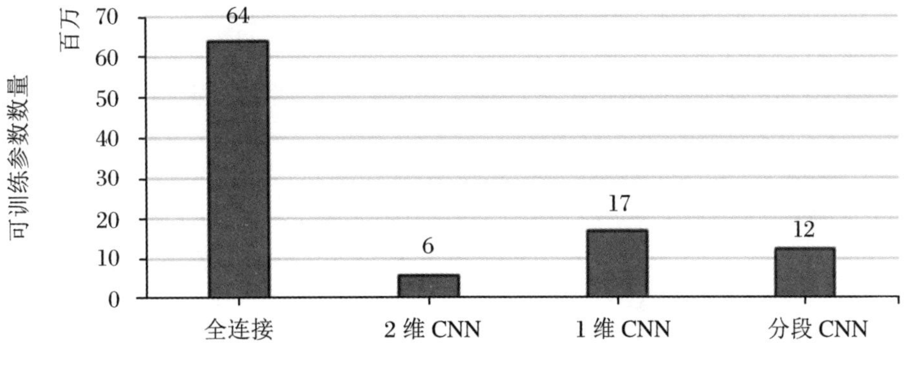

图 5.6 每个神经网络中可训练参数的数量

图 5.8 显示了每个神经网络的训练时间。分段卷积神经网络所需训练时间最少,不到一维卷积神经网络训练时间的一半。值得一提的是,不同神经网络的训练时间与其可训练参数的数量没有太多相关性。当然这一结论可能仅限于以流图形式表示的输入数据。

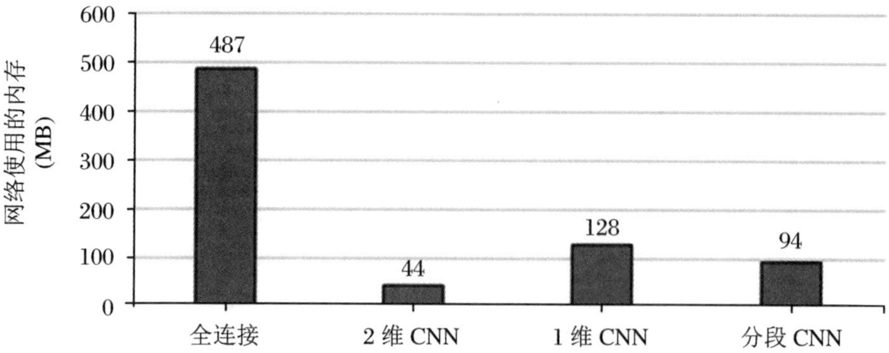

图 5.7 内存中神经网络的近似大小

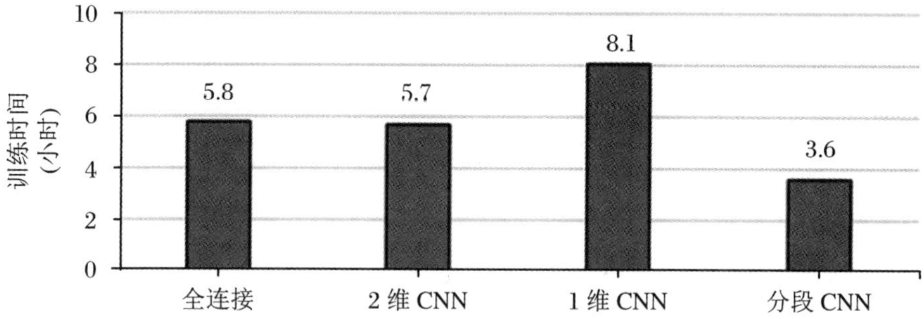

图 5.8 每个神经网络的训练时间

对网络流量输入进行预处理转换成流图的表示形式之后，可以将每个数据包的报头和负载分离为输入的不同部分。因此，分段卷积神经网络的训练也可以利用这一分离加快训练过程。通过用两个卷积神经网络分别处理报头和载荷，每个卷积神经网络只需要处理较小的输入，而且每个输入（报头和载荷）具有较高的相似度。此过程类似于分治法的过程。

7.2 分类准确率

上述四种不同的神经网络经过训练之后，我们使用测试集来评估各自的分类性能，其结果如图 5.9 所示。所有分类器在测试集上均表现出相似的分类性能，而全连接神经网络总体上实现了最高的分类精度。在测试集上全连接神经网络的性能表现优异，这说明神经网络的大小足以适应 UNSW-NB15 数据集中网络流量的任何变化。

全连接神经网络在训练集上达到了几乎 100%的训练分类准确性。该结果表明该分类器过度拟合了训练数据，这也印证了我们在 3.1 节中的结论，即由于其大量的可训练参数，即使是很小的全连接神经网络也可能会过拟合流图输入。

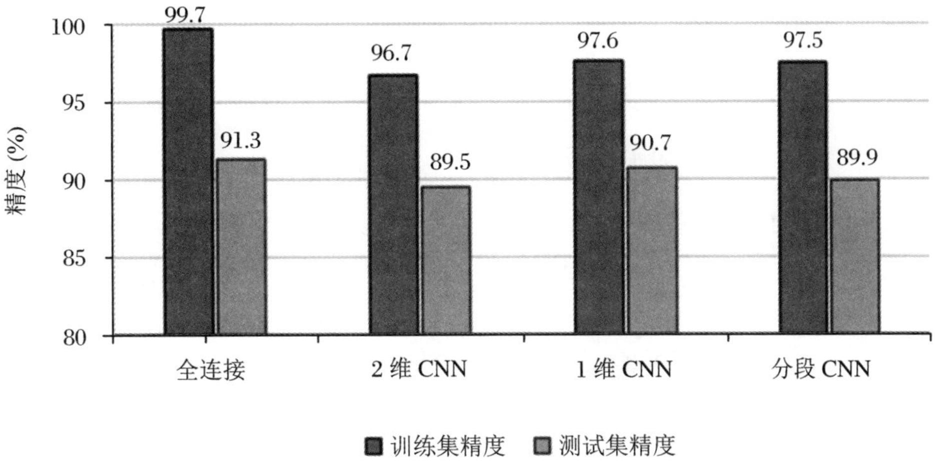

图 5.9　在 UNSW-NB15 数据集上不同神经网络架构的训练和测试准确性对比

尽管可训练参数减少到了$\frac{1}{5}$至$\frac{1}{10}$，但 3 种卷积神经网络架构都能够实现与全连接神经网络相似的分类性能，如图 5.9 所示。该结果表明，在计算资源有限的情况下，仍然建议使用卷积神经网络而非全连接神经网络进行网络流量分类。

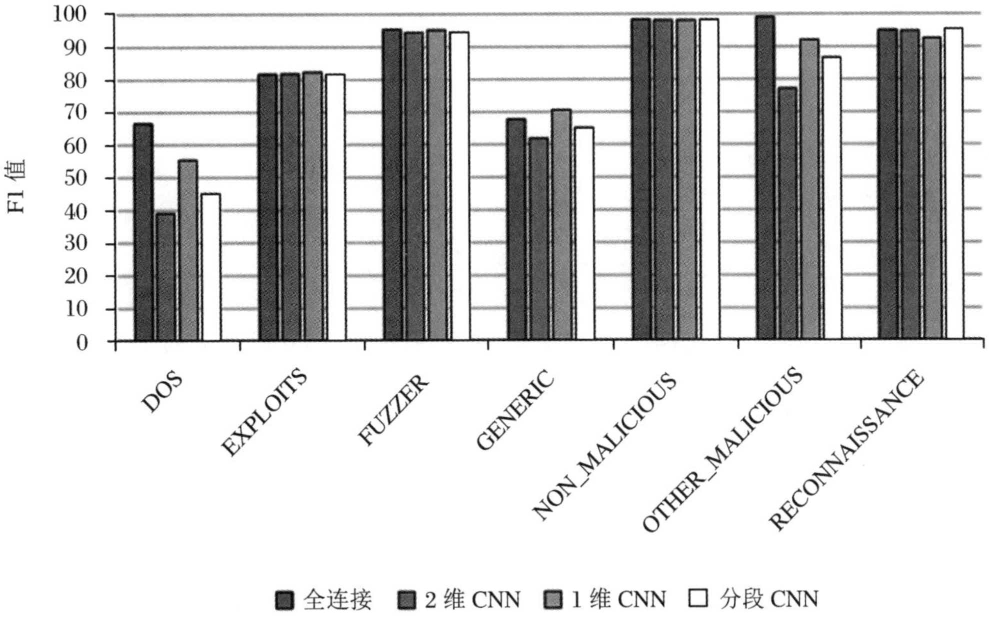

图 5.10　测试集上每个分类器各个类别的 F1 值

为了进行更深入的分析，对每个分类器我们进一步计算其每个类的分类精确率(precision)和召回率(recall)。精确率就是对某个类所有的预测中预测正确的比例，召回率就是某个类的所有实例被分类器检测出来的比例。精确率和召回率的调和平均数(harmonic average)称为 F1 值(F1 score)。F1 值通常被用于比较一个分类器对不同类实例的分类性能。

$$\text{F1 值} = 2\,\frac{(\text{Precision} \times \text{Recall})}{(\text{Precision} + \text{Recall})} \tag{5.1}$$

图 5.10 中显示的是测试集上每个分类器对不同类的 F1 值。从图 5.10 中可以看到 DOS、GENERIC 和 OTHER_MALICIOUS 类的 F1 值有类似的规律。在这些类别中,全连接神经网络和一维卷积神经网络的准确性最高,其次是分段卷积神经网络和二维卷积神经网络。此结果与每种神经网络使用的池化程度相关,这表明 UNSW-NB15 数据集中的网络流量是高度结构化的。下一节将进一步讨论网络流量的结构化程度对分类性能的影响。

7.3 网络通信流量的结构

为了进一步研究网络流量的结构如何影响神经网络的分类性能,本节对已训练分类器的预测过程进行评估。

训练一个神经网络就是根据某连接对整体分类的重要性来调整该连接的权重。因此,可以通过连接权重的总和来估计一个神经网络中某输入的重要性。

文献[21]探索了通过连接权重来识别 TCP/IP 流中重要字节的过程。此过程可以突显全连接神经网络、一维卷积神经网络和二维卷积神经网络三者从流图输入中提取信息方式之间的差异。本节不讨论分段卷积神经网络,因为它没有就神经网络在流图上进行预测提出任何额外的信息。图 5.11 所示的热力图描述了对神经网络的第一个全连接层而言最重要的输入。

通过分析图 5.11 中全连接神经网络的热力图的报头部分,我们可以发现一个很明显的规律,即 IP 标识字段以及校验和字段是对流图数据的分类最重要的两个特征。我们知道,IP 标识字段及校验和字段对每个 IP 包是唯一的。因此很明显,全连接神经网络学习了识别训练集中的各个数据包而产生了过拟合。

从全连接神经网络的热力图的有效载荷部分,可以观察到该神经网络将流的第一和第四个数据包的载荷识别为对其分类最重要的部分。第一和第四个数据包载荷分别对应于 UDP 和 TCP 连接的首个有效载荷内容。该结果表明,流的第一个包含有效载荷的数据包中的载荷对于整个流的分类最为重要。有效载荷内容的重要性与其在流中的位置之间的相关性在其他研究中也得到了证实。[21-23]这一结果也证明了神经网络无需任何预先定义的分类知识即可学习识别复杂输入中某些属性的能力。

图 5.11 所示的一维卷积神经网络和二维卷积神经网络的第一个全连接层的热力图指示了它们各自的卷积层和池化层所学习到的重要特征。这两个热力图中,我们可以观

察到在利用需大量计算的全连接层之前,如何使用卷积层和池化层来增加输入中重要特征的密度。

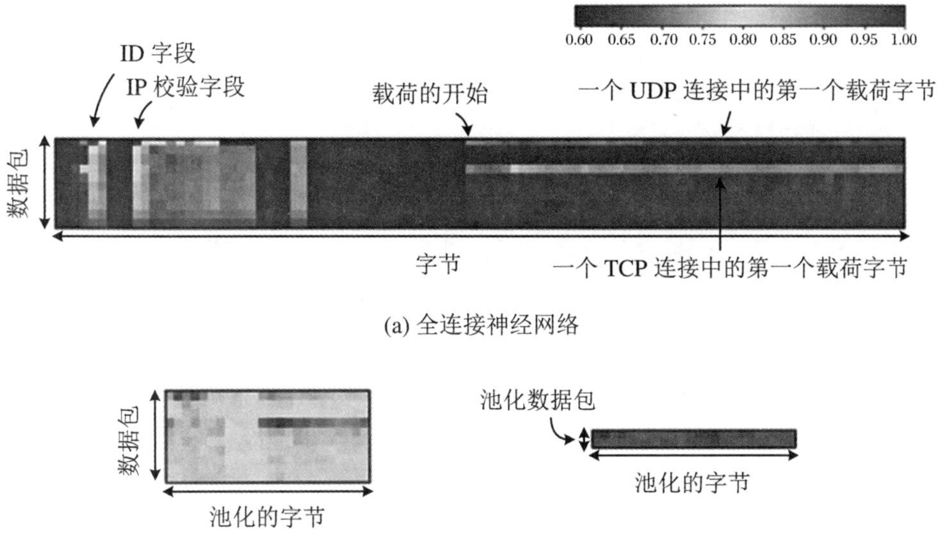

(a) 全连接神经网络

(b) 一维 CNN　　(c) 二维 CNN

图 5.11　三个热图显示了全连接神经网络、一维 CNN 和二维 CNN 的第一全连接层的输入中的重要特征

一维卷积神经网络热力图说明了一维卷积和池化操作如何在保持流中数据包顺序的同时,增加单个数据包中重要特征的密度。二维卷积神经网络还通过对流中的多个数据包应用卷积和池化操作,进一步提高了流图中重要特征的密度。

与全连接神经网络中第一层的输入大小相比,二维卷积神经网络中第一个全连接层的输入大小只有其 1/20。如 7.1 节所述,减少第一个全连接层的输入值的数量极大地减小了整个网络的大小。但是,对流中多个数据包的池化操作会降低二维卷积神经网络从数据包发送顺序中学习特征的能力。

7.4　瞬态特征

上一节着重讨论了神经网络通过学习流中数据包顺序的特征来对网络流量进行分类。本节将研究如何通过恶意规避技术来使分类器出现分类错误。

通过前面几节所述的实验,可以确定流的第一个包含有效载荷数据包中的载荷内容对分类而言是最重要的。但是我们不能始终依赖此假设,尤其是在对采用了规避策略的恶意流量进行分类时。

“分片”(fragmentation)是将一个数据包的内容分开封装到多个数据包的过程。现有研究已经证明攻击者可以通过仔细选择如何执行分片来逃避检测。[19]使用这种规避技术的一个简单例子是有意地以错误的顺序发送分片数据包。接收这些数据包的主机可以利用数据包的序列号将它们正确组合;但是基于导致的时间延迟和计算成本的考虑,很多入侵检测系统(IDS)可能不执行数据包重组的操作。与此类似,攻击者可以更改一个流中数据包发送的顺序,让入侵检测系统难以识别该流的真实意图。[18]

为了模拟攻击者使用规避技术的情况,我们逐步改变流图表示输入中数据包的顺序,然后重新测试使用原始训练集训练过后的 4 种神经网络的分类准确性。在实验中我们有意改变了被重新排序数据包的数量,来研究变化顺序的数据包数量如何影响总体流量分类效果。对测试集中每个流,我们随机选择流中的数据包进行重新排序,被选中的数据包与该流中的下一个数据包互换位置。图 5.12 给出了随着测试集的流中乱序数据包数量的增多,不同神经网络分类的准确性如何变化的结果。

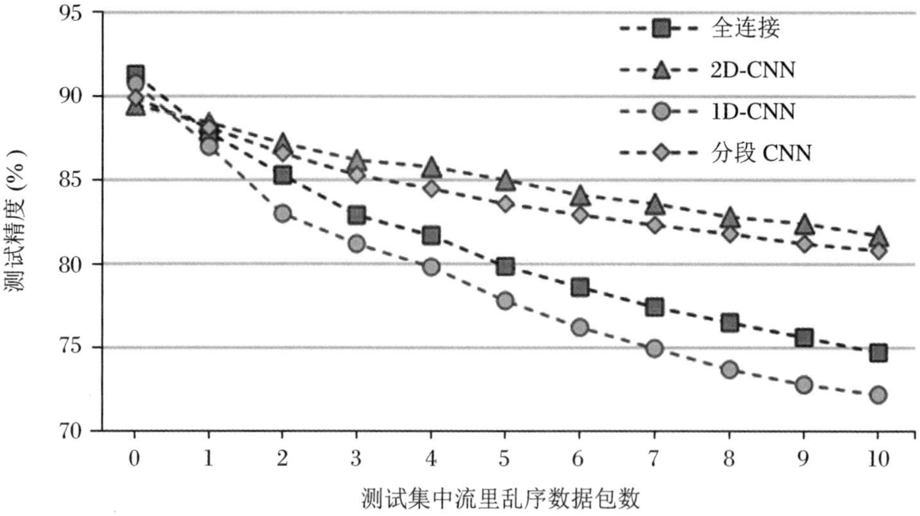

图 5.12 神经网络分类准确率随着测试集中流里乱序数据包增多而降低

每个神经网络的分类性能会随着乱序数据包数量的增多而降低。但是相对来说,二维卷积神经网络和分段卷积神经网络的分类性能降低较小。这两个神经网络都采用了跨多个数据包的池化操作,该操作减少了对数据包特定顺序的依赖,从而可以有助于在数据包顺序变化的情况下完成正确的分类。

8 结论

本章探讨了使用卷积神经网络进行恶意网络流量分类的优点。研究表明基于卷积神经网络的方法可以达到与全连接神经网络类似的分类精度,而其网络大小仅为全连接神经网络的十分之一。该结果证实,基于卷积神经网络的解决方案将更适合于在计算能力受限的硬件上实现。

本章介绍了流图这一新颖的输入数据表示方式，流图可以解决在相关文献中提出的将类型数据表示为数值而带来的一些问题。例如，一个入侵检测系统IDS用数值来表示类型数据，其对流量的分类可能是基于真实流量中某些并不存在的性质，这就很容易被攻击者利用来规避入侵检测系统的检测。

本章提出了分段卷积神经网络这一新颖的卷积神经网络架构。该架构可以充分利用TCP/IP数据包中迥异的两个部分（报头和载荷）的不同性质。而且由于使用分治法，分段卷积神经网络可以实现更快的训练。

本章使用了输入数据重要性热力图来研究网络流量中包含的结构性对神经网络分类性能的影响。实验中发现网络流中数据包的顺序对总体的分类效果有较大的影响。

我们测试了不同神经网络对采用了简单检测规避策略的网络流量进行分类的性能。实验中采用的检测规避策略是更改流中数据包的顺序。结果表明，这种规避技术对二维卷积神经网络和分段卷积神经网络的影响较小，因为这两种神经网络在多个数据包之间采用了池化操作，从而减少了对数据包特定顺序的依赖。

9 未来的工作

本章介绍了卷积神经网络对有噪声数据进行分类的优点。有一点需要注意，在网络流量中，很难量化什么是噪声和什么是潜在的恶意威胁。卷积神经网络这种对噪声的适应能力到底是一种优点，还是一种易于被攻击者的检测规避技术所利用的性质？这是值得进一步研究的主题。

卷积神经网络需要固定大小的输入数据。但是网络流量的多样性使得定义合适的输入大小很困难。此外，如果事先知道此输入大小，则攻击者只需将恶意代码放置在分析区域之外，就可以很轻易地逃避检测。为了解决这个问题，可以将允许输入大小可变的循环神经网络与卷积神经网络结合使用，来构建一个可以充分利用每种方法优点的神经网络。

本章中用于实验分析的数据集是合成的，未来需要使用真实的网络流量进一步评估神经网络的分类能力，以确定这些方法是否在实际条件下仍然适用。

本章的主要贡献之一是提出使用基于卷积神经网络的分类器，可以检测采用了某些规避检测技术的恶意流量。但是，深度学习技术只能从已有的数据中学习。如果没有经过适当的设计，深度学习技术将不能有效处理使用了诸如多态代码、加密和字符编码变体之类技术的恶意流量。可以通过对抗网络技术来更有效地训练用于分类此种恶意流量的神经网络。具体来说就是额外训练第二个神经网络，用于产生可以逃避第一个神经网络检测的输入数据。将对抗网络作为一种训练神经网络的方法来研究是一个值得探索的方向，可训练针对不同检测规避技术更为鲁棒的神经网络。

参考文献

[1] Wang W, Zhu M, Wang J, et al. 2017. End-to-end encrypted traffic classification with one-dimensional convolution neural networks. 2017 IEEE international conference on Intelligence and Security Informatics (ISI). IEEE, Piscataway, 43-48.

[2] Krizhevsky A, Sutskever I, Hinton G. 2012. ImageNet classification with deep convolutional neural networks. Adv. Neural. Inf. Process. Syst., 2:1097-1105.

[3] Russakovsky O, et al. 2015. ImageNet large scale visual recognition challenge. Int. J. Comput. Vis., 115(3):211-252.

[4] Yoshioka T, Karita S, Nakatani T. 2015. Far-field speech recognition using CNN-DNN-HMM with convolution in time. 2015 IEEE International Conference on Acoustics, Speech and Signal Processing (ICASSP). IEEE, Piscataway, 4360-4364.

[5] Abdel-Hamid O, Mohamed A R, Jiang H, et al. 2012. Applying convolutional neural networks concepts to hybrid NN-HMM model for speech recognition. 2012 IEEE International Conference on Acoustics, Speech and Signal Processing (ICASSP). IEEE, Piscataway, 4277-4280.

[6] Zhang X, LeCun Y. 2017. Which encoding is the best for text classification in Chinese, English, Japanese and Korean? arXiv preprint arXiv:1708.02657.

[7] Zhang X, Zhao J, LeCun Y. 2015. Character-level convolutional networks for text classification. Adv. Neural. Inf. Process. Syst., 649-657.

[8] Hershey S. et al. 2017. CNN architectures for large-scale audio classification. 2017 IEEE International Conference on Acoustics, Speech and Signal Processing (ICASSP). IEEE, Piscataway, 131-135.

[9] Romaszko L. 2015. Signal correlation prediction using convolutional neural networks. Neural connectomics workshop, 45-56.

[10] Chen Z, He K, Li J, et al. 2017. Seq2Img: a sequence-to-image based approach towards IP traffic classification using convolutional neural networks. 2017 IEEE international conference on big data (big data). IEEE, Piscataway, 1271-1276.

[11] Zhou H, Wang Y, Lei X, et al. 2017. A method of improved CNN traffic classification. 2017 13th international conference on Computational Intelligence and Security (CIS). IEEE, Piscataway, 177-181.

[12] Wang W, Zhu M, Zeng X, et al. 2017. Malware traffic classification using convolutional neural network for representation learning. 2017 International Conference on Information Networking (ICOIN). IEEE, Piscataway, 712-717.

[13] Millar K, Cheng A, Chew H G, et al. 2018. Deep learning for classifying malicious network traffic. Presented at the Pacific-Asia conference on knowledge discovery and data mining, Melbourne, Australia.

[14] LeCun Y, Bengio Y, Hinton G. 2015. Deep learning. Nature, 521(7553):436-444.

[15] LeCun Y, Bottou L, Bengio Y, et al. 1998. Gradient-based learning applied to document recognition. Proc IEEE, 86(11):2278-2324.

[16] LeCun Y, Bengio Y. 1995. Convolutional networks for images, speech, and time series. Handb Brain Theory Neural Netw, 3361(10).

[17] Dumoulin V, Visin F. 2016. A guide to convolution arithmetic for deep learning.

[18] Marpaung J A P, Sain M, Hoon-Jae L. 2012. Survey on malware evasion techniques: state of the art and challenges. 2012 14th International Conference on Advanced Communication Technology (ICACT). IEEE, Piscataway, 744-749.

[19] Del Carlo C. 2003. Intrusion detection evasion: how attackers get past the burglar alarm. SANS Great Lakes, Chicago.

[20] Wang K, Stolfo S J. 2004. Anomalous payload-based network intrusion detection. International workshop on recent advances in intrusion detection. Springer, 203-222.

[21] Wang Z. 2015. The applications of deep learning on traffic identification. Black Hat USA.

[22] Aceto G, Dainotti A, Donato W D, et al. 2010. PortLoad: taking the best of two worlds in traffic classification. 2010 INFOCOM IEEE conference on computer communications workshops. IEEE, Piscataway, 1-5.

[23] Smit D, Millar K, Page C, et al. 2017. Looking deeper-using deep learning to identify internet communications traffic. Presented at the Australasian Conference of Undergraduate Research (ACUR), Adelaide.

[24] Bromley J, Guyon I, LeCun Y, et al. 1994. Signature verification using a"Siamese" time delay neural network. Adv. Neural. Inf. Process. Syst., 6:737-744.

[25] Nour M, Slay J. 2015. UNSW-NB15: a comprehensive data set for network intrusion detection systems (UNSW-NB15 network data set). Military Communications and Information Systems Conference (MilCIS). IEEE, Piscataway.

[26] Nour M, Slay J. 2016. The evaluation of network anomaly detection systems: statistical analysis of the UNSW-NB15 Sata set and the comparison with the KDD99 data set. Inf. Secur. J.: Glob Perspect, 1-14.

[27] Martín A, et al. 2016. TensorFlow: a system for large-scale machine learning. OSDI, 16:265-283.

DBD：利用深度学习检测使用自动生成域名的僵尸网络

作　者　R. Vinayakumar[①]，K. P. Soman[②]，Prabaharan Poornachandran[③]，Mamoun Alazab[④]，Alireza Jolfaei[⑤]

摘　要　僵尸网络在恶意软件分发中起着重要作用，而且被广泛用于在互联网上进行恶意活动。文献研究表明，大量僵尸网络使用 DNS 来进行恶意活动，而且利用 DNS 查询数据来检测僵尸网络的方法有很多种。但是，由于僵尸网络非常频繁地生成域名，解析域名可能会较为耗时，因此给僵尸网络的检测造成了一定的困难。本章提出了一种

---

① R. Vinayakumar：印度哥印拜陀市 Amrita Vishwa Vidyapeetham 工程学院博士生。研究重点是机器学习和深度学习在网络安全中的应用，自然语言处理、图像处理和大数据分析对网络安全的重要性。参与了多个国际共享任务，并组织了检测恶意域名的共享任务(DMD 2018)，作为 SSCC 2018 和 ICACCI 2018 的一部分。详情可访问 https://vinayakumarr.github.io/。

② K. P. Soman：在印度哥印拜陀市 Amrita School of Engineering 拥有 25 年的研究和教学经验。在国际期刊和会议上发表了大约 150 篇论文。为工业界和学术界组织了一系列基于小波的信号处理、模式分类核方法、深度学习和大数据分析的研讨会和暑期学校。他的多部著作由新德里的 Prentice Hall 和 Elsevier 出版。详情可访问 https://nlp.amrita.edu/somankp/。

③ Prabaharan Poornachandran：印度 Amrita Vishwa Vidyapeetham 教授。在计算机科学和安全领域拥有 20 多年的经验。兴趣领域是恶意软件、关键基础设施安全、软件二进制分析、人工智能和机器学习。

④ Mamoun Alazab：澳大利亚查尔斯・达尔文大学工程、信息技术与环境学院副教授。在澳大利亚联邦大学科学、信息技术与工程学院获得计算机科学博士学位，是一名具有行业和学术经验的网络安全研究者。Alazab 的研究是多学科的，重点是网络安全、计算机系统的数字取证、网络犯罪的检测和预防，包括网络恐怖主义和网络战争，发表有 100 多篇研究论文。仅在 2018 年，他就参加了 22 场受邀演讲和主题演讲活动。召集并主持了 50 多次会议和讲习班。在许多项目上与政府和业界密切合作，包括北领地信息和企业服务部、IBM、Trend Micro、澳大利亚联邦警察、澳大利亚通信和媒体管理局、Westpac、联合国毒品和犯罪问题办公室(UNODC)以及司法部。IEEE 的高级成员，IEEE 澳大利亚北领地分部的创始人和主席。

⑤ Alireza Jolfaei：澳大利亚新南威尔士州 Macquarie University 计算系网络安全讲师(助理教授)。获得澳大利亚昆士兰黄金海岸 Griffith University 应用密码学博士学位。在加入 Macquarie University 之前，曾在澳大利亚联邦大学(Federation University Australia)担任讲师，并在美国宾夕法尼亚州费城 Temple University 担任计算机科学助理教授。目前的研究领域包括密码学、信息物理系统安全、物联网安全，以及用于网络安全的人工智能和机器学习。撰写过 40 多篇与网络安全相关的期刊和会议文章。发表在 *IEEE Transactions on Information Forensics and Security* 上的论文获得了 IEEE Australian Council 奖。目前担任澳大利亚 IEEE 维多利亚分部计算智能协会主席。

新的深度学习框架，用于检测由恶意域名生成算法（domain generation algorithms，DGA）生成的域名。我们将其命名为 deep bot detect（DBD）。DBD 能够评估大规模网络中的数据，而无需进行人工反向工程或执行不存在域名（NXDomain）检查。该框架分析域名并使用统计特征对域名进行分类，这些统计特征是通过深度学习算法隐式提取的。该框架已在我们的实验室环境中进行了测试和部署。实验结果证明了该框架的有效性：具有较高的准确度和较低的假阳性率。我们所提出的框架是一种较为简单的体系结构，与其他基于字符的短文本分类模型相比，它包含的学习参数更少。因此，本章所提出的框架训练起来更快，并且不易过拟合。该框架提供了一种早期检测机制，用于识别使用自动生成域名的僵尸网络，可使互联网免受相关恶意活动的侵害。

关键词　僵尸网络，深度学习，域名生成，恶意软件，网络犯罪，网络安全，域通量，Keras 嵌入

1　引言

在过去的十年中，网络上恶意活动的数量快速增加。[1-6,13]作案者使用恶意代码来感染大量计算机形成僵尸网络，用于远程对僵尸网络发送命令和控制（C & C）其运行的机器称为主控节点（botmaster），僵尸网络在主控节点的管理下进行恶意活动，如发动分布式拒绝服务（DDoS）攻击、发送垃圾邮件、传播恐吓软件和间谍软件等。对付僵尸网络的一种策略是通过黑名单机制切断僵尸网络和 C & C 主控节点的通信。为了逃避主控节点被列入黑名单，僵尸网络管理员经常通过毒化 DNS 域名系统来频繁地更改主控节点域名。[7]解析僵尸网络主控节点位置并提供故障转移恢复能力的一种常用方法是持续地变换其位置（fluxing）。主要有两种类型：变换主控节点的 IP（IP Flux）和变换其域名（domain flux）。[8]本章主要关注域名变换：僵尸网络管理员频繁更改映射到 C & C 主控节点 IP 地址的域名。主控节点的域名是使用域名生成算法（domain generation algorithms，DGA）生成的，该算法可以大规模随机生成域名并进行自动注册。僵尸网络经常使用的域名生成算法包括 Conficker、Torpig、Kraken 和 Murofet。[9]

对抗使用 DGA 恶意软件的一种方法是监视网络中 DNS 请求并使用机器学习分类算法检测 DGA 域名。过去有关 DGA 域名检测的工作可以分为两类：追溯性检测和实时检测。追溯性检测不能实时使用，因为它们使用类似批处理的方式对大量域名进行预测建模以判断哪些是 DGA 域名。[10]这些方法使用各种统计测试（例如 Kullback-Leibler 散度测试[12]）将域名聚类，并且利用一些上下文信息（例如 HTTP 头）以进一步提高判断准确性，因此这类方法在计算上开销较大。实时检测方法则无需任何其他上下文信息就

可对域名进行分类(分类成 DGA 域名和非 DGA 域名)。实时检测类方法运行很快,但是准确性不如追溯性检测方法。

现有 DGA 域名实时检测方法都是基于特征工程,常用的特征包括熵、字符串长度、元音与辅音之比和 n-gram 等。将特征输入到机器学习分类器中进行分类(通常使用的分类器是随机森林)。文献[10]中提出了一种基于自动特征提取的追溯性 DGA 检测方法。最近,DGA 分析已考虑应用深度学习架构(例如长短期记忆 LSTM 方法)。[11]这样的方法在准确性方面胜过传统的机器学习方法。

与传统的机器学习算法相比,包括 LSTM 在内的深度学习架构在各种网络安全应用中均表现出色。[44、45]

本章提出一个称为 DBD 的可扩展深度学习框架。该框架使用具有长短时记忆的卷积神经网络 CNN-LSTM 来检测 DGA 域名。我们使用一个标记好的数据集来评估 DBD、基于字符的短文本分类模型等方法的性能。该数据集由从实验室网络活动中收集的合法域名和使用 DGA 算法生成的域名组成。实验结果表明我们的框架可有效识别 DGA 域名和发现网络中僵尸节点。DBD 的实现基于 TensorFlow[14],一个用于学习超大规模深度神经网络的框架。一旦 DBD 将某域名分类为 DGA 域名,我们可以假定发出该域名解析请求的主机已被僵尸网络控制,分析其解析的域名列表以查找相应的 C & C 服务器 IP 地址。

本章其余部分安排如下:第 2 节介绍了有关 DNS、Keras 嵌入和深度学习架构的背景知识;第 3 节介绍了过去有关 DGA 域名检测的文献;第 4 节提出了可扩展的基于 DGA 域名检测的僵尸网络识别框架;第 5 节详细阐述了实验和观察结果;最后的第 6 节对本章进行总结。

2 背景信息和预备知识

2.1 僵尸网络

僵尸网络是由互联网上受感染的计算机组成的网络。僵尸网络由主控节点通过命令和控制(C & C)通道远程控制。僵尸网络中受感染的计算机称为僵尸节点(bot)。主控节点控制僵尸节点上的恶意程序进行网络攻击活动。不同僵尸网络的大小或结构可能会有所不同,但是它们在生命周期中遵循相似的阶段。[15]为了适应新技术,僵尸网络与主控节点一起发展。主控节点和僵尸主机通信的通道称为 C & C 通道,C & C 通道中传送的信息通常包括如下几类:

- 主控节点发出命令联系僵尸网络中的僵尸主机。
- 僵尸网络中的僵尸主机根据主控节点发出的命令执行其活动。
- 僵尸主机将已执行活动的结果转发给主控节点。

仅当成功识别了主控节点时,我们才能检测到僵尸网络。如果没有在主控节点与受感染僵尸节点计算机之间建立可靠的连接,则主控节点也无法控制僵尸节点。根据主控节点和僵尸节点之间通信的方式,目前主要有三种类型的僵尸网络架构,即集中式、分布式和混合式。在集中式僵尸网络架构中,僵尸网络中的所有活动僵尸节点都是通过集中式的 C&C 命令控制主控节点来管理。换句话说,活动僵尸节点与 C&C 服务器通信来进行所有操作,例如接收命令和应答命令。集中式僵尸网络通常使用分层的星形拓扑来构建。互联网中继聊天协议(internet relay chat,IRC)和超文本传输协议(hyper text transfer protocol,HTTP)是集中式僵尸网络架构中经常使用的协议。这种类型的僵尸网络只有一个中心点,因此更易于控制。集中式体系结构的设计很复杂,且与其他体系结构相比,消息延时和可生存性很短,失败的可能性更大。分布式或对等式僵尸网络架构使用多个 C&C 服务器来管理所有活动僵尸节点,每个僵尸节点都同时充当 C&C 服务器以及客户端。与集中式架构相比,检测分散式架构的僵尸网络难度更大。这额外的难度是因为使用了对等通信协议(peer-to-peer)。与集中式架构相比,分散式僵尸网络架构的设计非常复杂,其消息延迟更大,但是生存能力更高,失败的机会也更少。混合架构是集中式和分布式架构的组合。对采用混合架构僵尸网络的检测和监视任务比集中式和分散式架构更加困难。且与其他体系结构相比,混合体系结构的设计要简单一些。

2.2 域名系统

域名系统(DNS)是互联网基础设施中的一个应用协议。DNS 是一个分布式数据库,用于将节点的域名和 IP 地址对应起来。DNS 维护一个层次结构来控制其分布式数据库,由根级、顶级域、二级域、子域和主机几个层次组成。一个域名由顶级域(TLD)和第二级域(SLD)组成,顶级域和二级域之间用"."来分隔。例如在域名"YouTube.com"中,com 是 TLD,而 YouTube 是 SLD。DNS 层次结构被分为不同的"区域"(zone),每个区域由"区域管理器"来管理和控制。DNS 层次结构中的每个节点都有一个标签,其中包括与域名有关的信息。

一个 DNS 的层次结构被称为一个"域名空间",它类似于具有反向树结构的 eDirectory。一个组织可以使用其域名空间来创建自己的专用网络。这些专用网络在互联网上是不可见的。一个简单的 DNS 层次结构如图 6.1 所示。我们将一个域名中的每个部分或子域称为一个"标签"。从一个子域到根的路径称为一个完全限定域名(fully qualified domain name,FQDN)。一个 DNS 层次结构最多可以包含 127 个级别,域名中

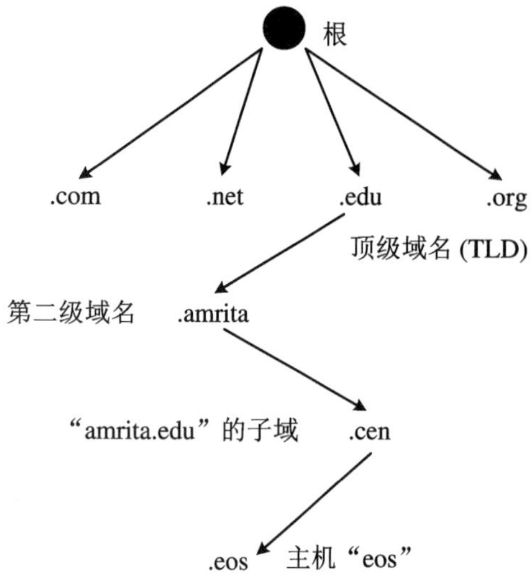

图 6.1 分层域名系统

每个级别的标签由“.”进行分隔。每个标签可以包含 0 到 63 个字符。长度为 0 的标签已分配给根区域。一个完整的域名可以包含 253 个字符。一个域名查询请求中的域名将最终被发送到特定的 DNS 服务器，并且该名称存在于这个 DNS 服务器所负责的 DNS 名称空间中。域名的所有信息都以记录（称为“资源记录”）的形式存储在 DNS 服务器中。

DNS 服务器可以分为递归和非递归（或迭代）两种类型。非递归 DNS 服务器充当授权开始（start of authority，SoA）。非递归 DNS 服务器会在受管域内应答 DNS 查询而无需查询其他 DNS 服务器，即使该 DNS 服务器无法提供 DNS 请求中查询的域名也不会再查询其他 DNS 服务器。递归 DNS 服务器（见图 6.2 所示示例）可以响应所有类型域的域名查询，如果某递归 DNS 服务器没有所查域名的信息，该 DNS 服务器就向其他 DNS 服务器发起查询。递归 DNS 服务器通常面临 DDoS 攻击、DNS 缓存中毒、对资源的未经授权使用以及根名称服务器性能下降等问题。此外，DNS 消息通常是不加

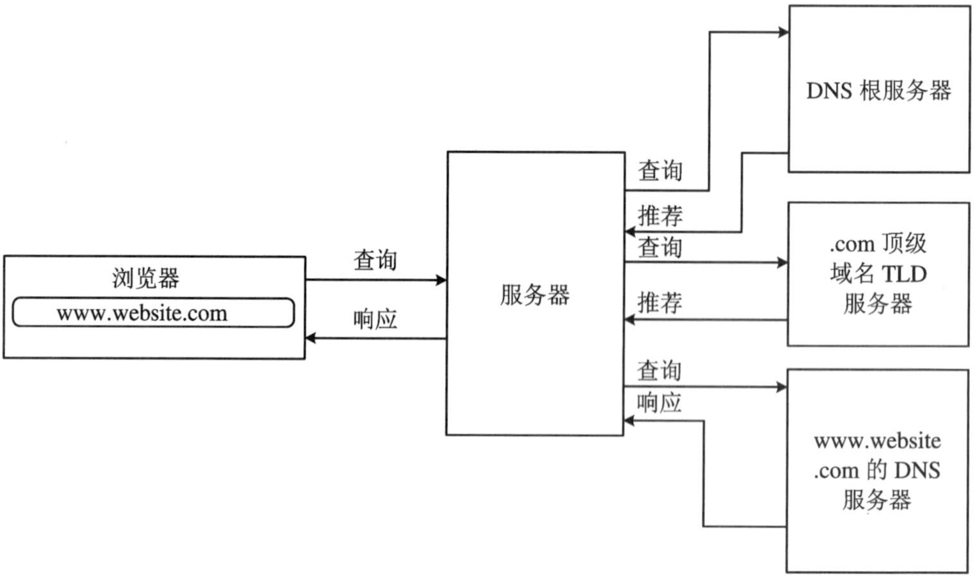

图 6.2 递归 DNS 查询示例

密的[16],因此我们可以通过截获 DNS 消息来得知某个主机正在访问的网站。

2.3 域名变换和域名生成算法

域名变换是一种通过经常更改与 C&C 服务器 IP 地址对应的域名,从而使僵尸网络保持运行的技术。僵尸网络的主控程序利用域名生成算法(DGA)大规模生成域名,企图绕过黑名单和启发式算法对 DGA 域名的检测。图 6.3 显示了域名变换攻击的流程图。在这里僵尸网络中的僵尸节点试图使用两个域名:abc.com 和 def.com,来联系其所在僵尸网络的主控节点。域名 abc.com 未注册,僵尸节点从 DNS 服务器接收到域名解析失败的 NXDomain 响应消息。域名 def.com 已注册,因此僵尸节点可以通过此域名联系到僵尸网络的 C&C 服务器。在域名变换攻击中,僵尸网络中的僵尸节点用随机生成的域名与僵尸网络主控 C&C 节点联系。在大多数情况下,因为那些通过算法随机生成的域名并没有被实际注册在 DNS 系统中,僵尸节点的这些操作将触发 DNS 服务发送多个域名不存在(non-existent domain,NXDomain)的 DNS 响应消息。通过监视网络中的 DNS 流量并分析 DNS 消息可检测僵尸网络的活动,这种方法比对恶意软件的静态二进制分析更有效。这主要是因为一般分析 DNS 消息的方法比对二进制文件反向工程来获取恶意软件特征的方法耗时要少。[37]

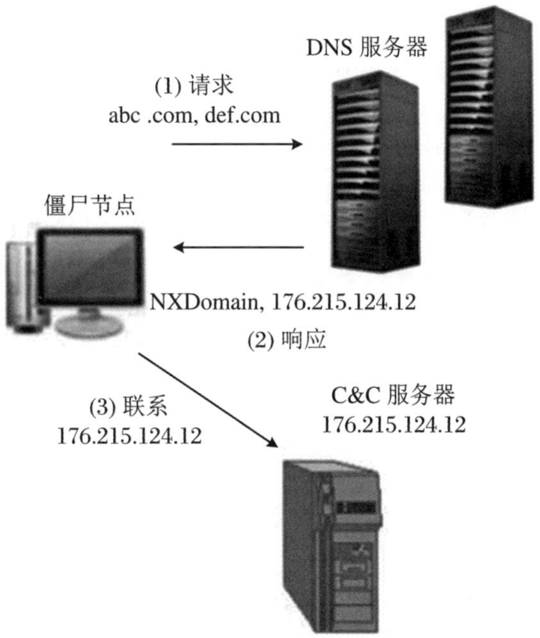

图 6.3 域名变换攻击流程图

分析网络中的DNS消息，检测使用DGA算法生成的域名，将有助于跟踪僵尸网络的活动并及时阻止僵尸节点与主控C & C服务器之间的通信。分析DNS数据来检测DGA生成域名的方法有很多好处。DNS协议在整个网络中仅包含少量流量，这使其即使在大型网络中也仅需分析少量的数据，另外DNS信息通常会被缓存以进一步减少网络中的DNS消息。我们还可以通过将其他一些特征，例如自治系统(AS)编号和域名所有者信息，作为额外的特征来分析DNS数据，以进一步提高DGA域名的检测率。此外，对DNS消息的分析有助于在攻击的早期甚至还未发生之前就进行识别。

DGA使用随机种子生成大量域名，随机种子可以是日期、数字或任意的随机字符串。为了构造域名，DGA算法使用位移位、异或、除法、乘法和模运算的组合来生成符合一定概率分布的字符串，例如正态分布或均匀分布。DGA算法通常会改变其使用的随机种子，随机种子可能会在一天的时间内就发生变化。由于DGA算法不断创建不同的域名，因此使用域名黑名单的策略效率低下。但是DGA算法生成的域名包含唯一的统计属性，且该属性与合法域名不同。我们提出的检测方法将利用这些属性来检测DGA域名。

2.4 Keras嵌入和具有长短期记忆的卷积神经网络

深度学习框架Keras中的嵌入(embedding)是一种用在深度学习模型中把原始文本中的单词与向量相关联的常用方法。Keras框架的嵌入层将正整数(索引)转换为固定大小的连续或密集矢量表示。正整数的索引指向词汇表中的特定字符，密集向量表示是一个字符嵌入矩阵，使用下面的公式计算：

$$(\text{nbchar},\ \text{vocabsize}) \times (\text{vocabsize},\ \text{embeddim}) = (\text{nbchar},\ \text{embeddim}) \quad (6.1)$$

其中nbchar表示唯一字符的数量，vocabsize表示词汇表的大小，embeddim表示将嵌入字符的矢量空间的大小。嵌入结果为矩阵(nbchar，embeddim)并将其作为输入传递到深度神经网络。Keras嵌入层的初始权重使用高斯分布来初始化，嵌入层与神经网络的其他层协同工作，在反向传播期间优化权重。

给定Keras嵌入的矩阵表示M，CNN卷积神经网络会从字符表示中捕获特征。CNN由一维卷积、池化和完全连接的层组成。一维卷积包含一个过滤器，该过滤器可在序列上滑动并检测来自不同位置的特征。为了减小特征尺寸，一般可使用Keras框架中的一维最大池化(maxpooling 1D)。这些新特征被输入到长短期记忆神经网络LSTM中。该过程在数学上表示为

$$H^{\text{CNN}} = \text{CNN}_{\text{char}}(M) \quad (6.2)$$

$$h_t = \text{LSTM}(e_t, h_{t-1}) \quad (6.3)$$

其中 $e=H^{\mathrm{CNN}}$,每行是 LSTM 的时间步长,h_t 是时间步长 t 的隐藏层表示。对于矩阵 H^{CNN}的每一行,LSTM 将其先前时间步长的值进行处理以产生下一时间步长的嵌入表示。最后,LSTM 产生的特征表示被传递到一个完全连接层。该完全连接层使用输出为 0 或 1 的非线性激活函数,激活函数输出 0 表示被检测的域名是合法域名,输出 1 表示被检测域名是 DGA 算法生成的域名。

3 相关工作

Pleiades 设计了第一种检测 DGA 域名的方法,该方法不需要对僵尸网络恶意软件进行逆向工程。[10] 在文献[18]中,Woodbridge 等人应用长短期记忆神经网络 LSTM 方法对 DGA 域名进行检测和分类。Woodbridge 等人的 LSTM 网络由一个嵌入层、一个 LSTM 层和一个逻辑回归器组成。在文献[10]中 Woodbridge 等人将他们的方法与随机森林分类器和无特征隐马尔可夫模型进行了比较。在所有实验中,与手工特征工程和无特征的方法相比,LSTM 方法的性能要更好。文献[19]讨论了包括现有 DGA 检测方法的准确性和误报率等各种问题,并提出了一种标记 DNS 流量数据的新方法。作者使用这些标记的数据来评估采用 Keras 嵌入的无特征 CNN 和 LSTM 的性能,以及使用手工特征工程的常规机器学习分类器性能。在文献[20]中,作者研究了循环神经网络 RNN 在总共 61 个恶意软件家族的大量恶意软件样本上的效率。

文献[21]讨论了深度学习技术在 DGA 域名检测和分类方面的应用,其使用的数据集包含可公开获得的数据和从实时开源威胁情报源订阅的 DGA 域名。文献[21]利用该数据集对每种深度学习架构进行了详细实验分析。实验表明,深度学习架构的性能比随机森林分类器更好。文献[22]讨论了在局域网内收集 DNS 日志的方法。作者使用两个不同的数据集评估了循环结构的性能,一种数据是从公共来源收集的,另一种是从实时 DNS 流量收集的。这样做是为了有效地找到可靠的机器学习模型,该模型可以实时部署以监视 DNS 流量。文献[23]提出了一种可扩展的框架,该框架提供了一种在 ISP 级别网络中收集 DNS 流量数据的方法。

文献[24]中作者提出了一种独特的深度学习架构用于检测 DGA 域名和恶意 URL。文献[25]使用 DNS、URL 和电子邮件数据等多个测试数据集对文献[24]中提出的方法进行了评估,并与其他深度学习架构和使用二元(bi-gram)文本表示的进行逻辑回归进行了比较。Curtin 等人在文献[27]中提出了一种基于循环神经网络 RNN 的 DGA 域名检测方法。该方法使用一种称为 smashword 得分的算法来衡量域名与英语单词的相似度。Tran 等人在文献[28]中讨论了通过发现 DGA 域名来检测僵尸网络的时候,结合使用成本敏感型方法与LSTM的重要性。

文献[29]中作者将各种ImageNet模型用于DGA域名分析。他们描述了如何转换ImageNet模型的预训练权重并使模型可用于DGA数据。在文献[30]中,Mac等人研究了在DGA域名分析任务中使用各种常规机器学习分类器、深度学习以及将深度学习与常规机器学习的混合。在混合使用深度学习与常规机器学习时,深度学习可用于获得最佳特征,而传统的机器学习被用于分类。在文献[31]中,Yu等人讨论了用于DGA分析的各种基于字符的模型的效率,包括Endgame[18]、Invincea[32]、CMU[33]、MIT[35]和NYU[36]。

为了对短字符串(URL,文件路径或注册表项)建模,Saxe和Berlin提出了一种三层CNN卷积神经网络,其中嵌入层使用的是Keras嵌入。[32]他们的方法包含1024个神经元,使用ReLU激活函数,并且使用了批处理归一化和规范化来防止过拟合。在文献[33]中,Dhingra等人提出了一种对推特帖子的表示和分类方法。Dhingra等人使用双向门控循环单元(gated recurrent unit,GRU)来学习推特帖子数据的特征表示。这些推文被分隔为字符流,每个字符使用一热字符编码(one hot encoding)表示,这些一热编码表示被映射到字符空间,并传递到一个双向GRU中。双向GRU包含前向和后向GRU,这有助于域名中字符序列的学习过程,此GRU使用一个非线性的软最大(softmax)激活函数。Zhang等人在文献[36]中提出了NYU模型用于对推特帖子分类。他们将多个堆叠的CNN层与使用基于单词的文本表示形式的LSTM层组合在一起。由于堆叠的CNN层会造成过拟合,Zhang等人建议使用最少数量的CNN层,即一层CNN。他们同时还评估了使用传统文本表示方法(例如词袋、TF-IDF的n-gram)的深度学习模型的有效性。Vosoughi等人在文献[35]中提出了一种新的基于卷积神经网络CNN的推特帖子文本的表示,该表示方法常用于图像处理领域[34],即LSTM以及混合使用CNN和LSTM。

表6.1给出了各种基于字符的短文本分类算法的详细信息。所有算法都使用字符级嵌入作为其第一层,以将域名转换为数字矢量,然后再用深度学习进行特征提取和分类。表6.2给出了基于深度学习的DGA检测算法的详细信息。

表6.1 常用的短文本分类方法

名　称	架　构	任　务
CMU[33]	双向门控循环单元	社交网站文本分类
MIT[35]	堆叠CNN与LSTM	社交网站文本分类
NYU[36]	堆叠CNN	文本分类

表 6.2 基于深度学习的 DGA 域名检测方法总结

提出者	方法	数据源	文本表示法
Woodbridge 等人[18]	LSTM	合法域名:Alexa 统计的访问量前一百万域名; DGA 域名:Bambenek 咨询公司开源威胁情报	Keras 嵌入
Yu 等人[19]	CNN、LSTM	合法域名:Alexa 和 Farsight 访问量前一百万域名、安全 DNS 数据流; DGA 域名:DGArchive 收集的 DGA 域名、Farsight Security 的威胁情报订阅	Keras 嵌入
Lison 等人[20]	RNN 类似结构	合法域名:Alexa、Statvoo 和 Cisco 统计的访问量前一百万域名; DGA 域名:DGArchive 收集的 DGA 域名和 Bambenek 开源威胁情报	Keras 嵌入和一热编码
Vinayakumar 等人[21]	CNN、RNN 类似结构	合法域名:Alexa 和 OpenDNS 访问量前一百万域名; DGA 域名:订阅开源威胁情报中的 DGA 域名	Keras 嵌入
Vinayakumar 等人[22]	RNN、LSTM	合法域名:Alexa 和 OpenDNS 访问量前一百万域名、本地局域网收集的域名; DGA 域名:订阅开源威胁情报中的 DGA 域名、本地局域网收集的域名	Keras 嵌入
Vinayakumar 等人[23]	CNN、RNN 类似结构	合法域名:Alexa 统计的访问量前一百万域名、从运营商网络中获取的真实域名; DGA 域名:从运营商网络中获取的真实域名	Keras 嵌入
Yu 等人[31]	CNN、RNN、LSTM、CNN 与 RNN、CNN 与 LSTM、双向 RNN、双向 GRU	合法域名:Alexa 统计的访问量前一百万域名; DGA 域名:Bambenek 开源威胁情报	Keras 嵌入和一热编码
Mohan 等人[24]	CNN、CNN-LSTM	合法域名:Alexa 和 OpenDNS 访问量前一百万域名; DGA 域名:订阅开源威胁情报的 DGA 域名	Keras 嵌入

续表

提 出 者	方 法	数 据 源	文本表示法
Vinayakumar 等人[25]	CNN、CNN-LSTM、CNN-RNN	合法域名：Alexa 和 OpenDNS 访问量前一百万域名；DGA 域名：开源 DGA 算法生成的域名、360-DGA、开源威胁情报订阅 DGA 域名、DGArchive 收集的 DGA 域名、本地局域网收集的域名	Keras 嵌入
Mac 等人[30]	LSTM、CNN 与 LSTM、双向 LSTM	合法域名：Alexa 访问量前一百万域名；DGA 域名：Bambenek 开源威胁情报	Keras 嵌入和一热编码
Curtin 等人[27]	RNN、LSTM、一般化的似然比检验	合法域名：Alexa 和 OpenDNS 访问量前一百万域名；DGA 域名：使用公开 DGA 算法生成的域名、DGArchive 收集的 DGA 域名、Andrey Abakumov 在 Github 上的 DGA 域名仓库、Johannes Bader 实现的 DGA 算法、公开 WHOIS 数据库中被 sinkhole 的域名	一热编码和 TF-IDF
Tran 等人[28]	开销敏感的 LSTM	合法域名：Alexa 访问量前一百万域名；DGA 域名：Bambenek 开源威胁情报	Keras 嵌入

4 DGA 域名检测：深度僵尸检测

由于 DNS 流量未经加密，通过对 DNS 流量进行分析发现 DGA 域名，就可以发现僵尸网络的存在。通常，可以通过以下方式检测 DGA 域名：

- 分析“域名不存在”(NXDomain)的 DNS 响应消息；
- 分析 DNS 查询(DNS query)的统计特征；
- 分析 DNS 响应(DNS response)的统计特征；
- 基于时间的 DNS 流量分析。

本章提出的 DGA 检测方法称为“深度僵尸检测”(deep bot detect，DBD)，它是基于对 DNS 查询的统计特征进行分析的。DBD 的处理过程包括预处理阶段、特征提取阶段和分类阶段。DBD 在预处理阶段使用文本表示方法从域名中提取表示特征的数字向量,然后使用深度学习架构从数字向量中计算出最佳特征,最后使用具有非线性激活函数的完全连接层进行分类。

DBD 将域名转换为小写的字符串,因为域名不区分大小写,而且区分大小写字母可能会引起正则化问题。如果区分域名的大小写,DBD 必须被训练更多的轮次,来学习域名的不同模式。

表 6.3 列出了 DBD 的详细配置,这些配置与文献[23,24]中所使用的配置相似。与其他基于字符的短文本分类模型相比,DBD 的可训练参数较少,因此 DBD 的训练速度更快,并且不容易过拟合。

表 6.3　DBD 的详细配置

神经网络层的名称(类型)	输出形状	参数个数
嵌入层	(None, 91128)	6528
Conv1D	(None, 8764)	41024
MaxPooling1D	(None, 2164)	0
LSTM	(None, 70)	37800
Dense	(None, 1)	71
Activation	(None, 1)	0

参数总个数:85423

可训练参数个数:85423

不可训练参数个数:0

DBD 考虑的语料库包含 39 个字符:- 、. 、-、a、b、c、d、e、f、g、h、i、j、k、l、m、n、o、p、q、r、s、t、u、v、w、x、y、z、0、1、2、3、4、5、6、7、8、9。这些字符是在域名中可以出现的合法字符。域名字符串的最大长度为 91,如果域名字符串长度小于 91,则用 0 将其填充到 91 个字符长度。DBD 使用的 Keras 嵌入其向量大小为 128,每个字符都被映射到一个 1×128 的向量中。与常规的 ASCII 编码不同,DBD 使用的 Keras 嵌入可将语义相似的字符映射到相似的向量中,以此来学习字符之间的相似性。Keras 嵌入输出为一个 39×128 的矩阵,其中 39 为域名中可使用的唯一字符数,128 为嵌入空间的维度。Keras 嵌入与深度学习模型中的其他层一起可获得特征的最优表示,其中相似的字符被嵌入称在嵌入空间上较为靠近。

近年来,可视化在基于深度学习的网络安全应用程序中发挥着重要作用,特别是在中间特征的可视化中。[46] 我们将通过 Keras 嵌入获得的 128 维的特征输入到 t-SNE[26] 中,t-SNE 会将其转换为二维表示形式,如图 6.4 所示。可以看到数字、字母和特殊字符出现了聚类。这表明该模型具有了区分数字、字母和特殊字符的功能。

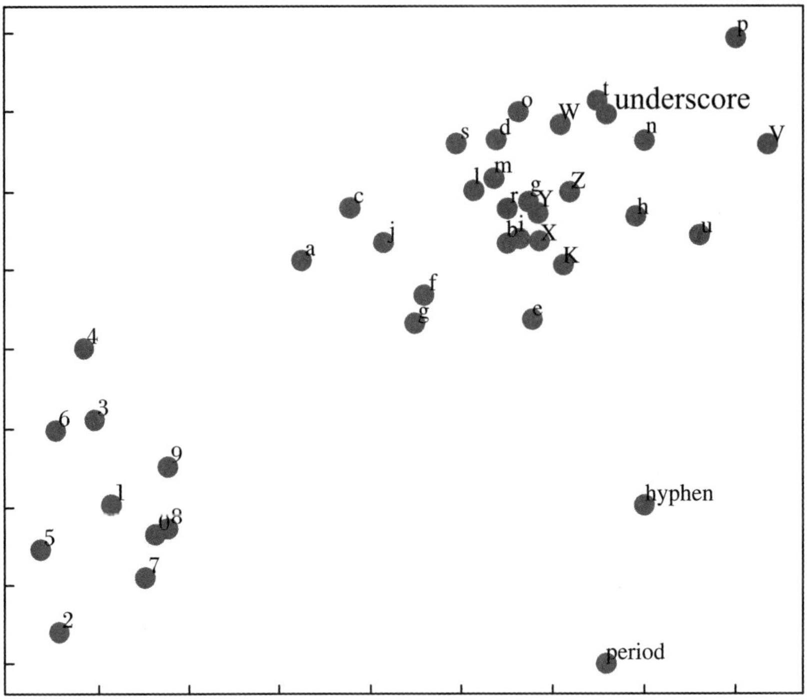

图 6.4 DBD 模型中 Keras 嵌入获得特征向量的二维可视化

表 6.4 DNN 的详细配置

神经网络层的名称(类型)	输出形状	参数个数
dense_1 (Dense)	(None,128)	128128
batch_normalization_1 (Batch)	(None,128)	512
activation_1 (Activation)	(None,128)	0
dropout_1 (Dropout)	(None,128)	0
dense_2 (Dense)	(None,96)	12384
batch_normalization_2 (Batch)	(None,96)	384
activation_2 (Activation)	(None,96)	0
dropout_2 (Dropout)	(None,96)	0
dense_3 (Dense)	(None,64)	6208
batch_normalization_3 (Batch)	(None,64)	256
activation_3 (Activation)	(None,64)	0
dropout_3 (Dropout)	(None,64)	0

续表

神经网络层的名称(类型)	输出形状	参数个数
dense_4 (Dense)	(None,32)	2080
batch_normalization_4 (Batch)	(None,32)	128
activation_4 (Activation)	(None,32)	0
dropout_4 (Dropout)	(None,32)	0
dense_5 (Dense)	(None,16)	528
batch_normalization_5 (Batch)	(None,16)	64
activation_5 (Activation)	(None,16)	0
dropout_5 (Dropout)	(None,16)	0
dense_6 (Dense)	(None,1)	17
参数总个数:150689 可训练参数个数:150017 不可训练参数个数:672		

公平起见,对于本章研究的所有模型,我们都用大小为 128 的 Keras 嵌入作为域名表示方法。为评估 Keras 嵌入的有效性,我们使用了 3-gram 文本表示方法映射的域名。我们将 3-gram 的特征哈希为长度为 1×1000 的向量。这些向量被传递到 DNN 中进行特征提取和分类。表 6.4 中列出了详细的配置。为了避免过拟合并加快训练过程,在 DNN 各层之间使用了丢弃(dropout)和批处理规范化(batch normalization)。DBD 在嵌入层之后使用了一个卷积层,该卷积层包含 64 个长度为 5 且使用 ReLU 激活函数的滤波器。这个卷积层还包括长度为 4 的最大池化和具有 70 个存储块的 LSTM。这种混合 CNN-LSTM 模型可学习重要的特征并输出固定长度的向量来表示特征。最后,DBD 将 128 个向量传递到使用 Sigmoid 非线性激活函数的完全连接层。该函数对合法域名输出 0,对 DGA 域名输出 1。为了使反向传播期间的损失最小化,所有深度学习架构都使用二进制交叉熵损失函数,其定义如下:

$$\text{loss}(\text{pd},\text{ed}) = -\frac{1}{N}\sum_{i=1}^{N}[\text{ed}_i\log(\text{pd}_i) + (1-\text{ed}_i)\log(1-\text{pd}_i)] \tag{6.4}$$

其中 pd 是测试数据集中预测类别标签的向量,ed 是表示预期类别标签的向量,N 是样本数。

5 实验、结果和结论

通常很难找到大规模的已标记数据集来进行 DGA 分析。尽管存在许多基于机器学习的 DGA 检测解决方案，但是在选择合适的机器学习算法方面仍然存在许多不明确的地方。这主要是因为实验结果都是来自各种各样的数据集，这些数据集来源不同且具有不同的数据分布，例如 Alexa[38]、OpenDNS[39]、360-DGA、开源威胁情报的实时 DGA 域名订阅[40]、DGArchive[41]和公开可用的 DGA 算法[42]。此外，由于隐私和安全方面的考虑，某些数据集及其相关系统尚未公开给其他研究者来研究。更重要的是，过去的 DGA 分析并未考虑对于识别零日漏洞很重要的时域信息。大多数安全公司都不想公开其安全漏洞，因此将其数据集设为私有。

我们使用两个数据集评估 DBD 性能：公开数据集和私有数据集。公开数据集（数据集 1）包括从公开 DGA 算法中收集的域名[42]、DGArchive[41]和开源威胁情报的实时 DGA 域名订阅[40]。数据集 1 的两个测试集之间的主要区别在于，测试集 1 中的 DGA 域名从公开的 DGA 算法和开源威胁情报的订阅中收集，而测试集 2 的 DGA 域名仅从开源威胁情报中收集。私有数据集（数据集 2）是从内部网络收集的。[23]私有数据集包含的 DGA 域名数量较少，并且高度不平衡。深度学习架构更容易受到不平衡数据的影响，因此在学习过程中需要利用数据挖掘领域的其他方法来更有效地处理不平衡数据。[47]将数据挖掘概念应用于处理不平衡数据可以被认为是未来工作的重要方向之一。使用这些不同的测试数据集可以检验在历史数据上训练的模型是否能够很好地检测出未来的 DGA 域名，以及该模型是否能够检测出不同来源的 DGA 域名。表 6.5 给出了数据集的详细统计信息。合法域名是从 Alexa[38]和 OpenDNS[39]中收集的。每个测试数据集都是不相交的。因为数据集 1 是可公开获取的，感兴趣的读者可以自己复现数据集 1 的实验结果。此外，数据集 2 中实时真实域名的特性使得模型更难被对手攻击。与在数据集 1 上训练的模型相比，为了不被数据集 2 上训练的模型检测出来，对手必须花费更多的时间来逆向工程训练好的模型。

表 6.5 数据集的详细统计信息

数 据 集	合法域名	DGA 域名	总 数	获取时间
数据集 1(训练)	155683	115056	270739	2017/5/1—2017/10/15
数据集 1(测试 1)	181837	37742	219579	2018/1/1—2018/3/25
数据集 1(测试 2)	867027	39946	906973	2018/4/3—2018/5/22
数据集 2(测试 1)	547165	27983	575148	2017/2/1—2018/11/15

为避免可能的偏差，可通过部署网络流量探针从内部网络获取实时 DNS 流量。文献[23]详细报告了流量探针的设置部署和从内部网络收集的 DNS 数据，包扩 DNS 查询消息和 DNS 响应消息。流量探针从网络中捕获网络流量，提取 DNS 数据包，然后转换

为可读的文本格式 DNS 日志,并被传递到一个 DNS 日志收集器。流量探针可以安装在 DNS 服务器上,也可以将 DNS 流量镜像到另外的部署了流量探针的服务器,由该服务器来解析 DNS 数据包,并将解析的 DNS 日志传递到分布式日志收集器。

本章实验中所有深度学习模型都是使用 TensorFlow[14] 和 Keras[43] 实现的。最初,所有模型都使用数据集 1(训练)进行训练,且在训练期间,数据集 1 的训练集被随机分为 80%用于训练和 20%用于验证。验证过程有助于监视不同轮次之间的训练准确性。所有深度学习模型经过 100 个轮次的训练,训练中的使用参数如下:学习速率 0.001,adam 优化程序,批大小为 128。对在数据集 1 上训练出来的模型,我们使用不同的测试数据集进行了测试,包括数据集 1 的测试集 1、数据集 1 的测试集 2 和数据集 2 的测试集 1。这些数据集收集自不同来源,因此它们互相是不相交的。与其他测试数据集相比,大多数模型在数据集 1 测试集 1 上表现的性能更好。

我们使用了准确度(Accuracy∈[0,1])、精度(Precision∈[0,1])、召回率(Recall∈[0,1])和 F1 值(F1 Score∈[0,1])几个指标来评估不同模型的性能,这几个指标是基于真阳度(true positive, TP)、真阴度(true negative, TN)、假阳度(false positive, FP)和假阴度(false negative, FN)四个指标来计算的。详细结果报告在表 6.6 中。TP 代表被正确识别出来的 DGA 域名样本的数量,TN 代表被正确识别为合法域名的数量,FP 代表合法域名被误分类为 DGA 域名的数量,FN 表示 DGA 域名被错误分类为合法域名的数量。准确度、精度、召回率和 F1 值定义如下:

$$\text{Accuracy} = \frac{\text{TP} + \text{TN}}{\text{TP} + \text{TN} + \text{FP} + \text{FN}} \tag{6.5}$$

$$\text{Precision} = \frac{\text{TP}}{\text{TP} + \text{FP}} \tag{6.6}$$

$$\text{Recall} = \frac{\text{TP}}{\text{TP} + \text{FN}} \tag{6.7}$$

$$\text{F1 Score} = 2 \times \frac{\text{Precision} \times \text{Recall}}{\text{Precision} + \text{Recall}} \tag{6.8}$$

对于二分类器,两种最常用的诊断工具是 ROC(receiver operating characteristic)曲线和精度-召回率(precision-recall)曲线。对于两个类别样本的数量比较平衡的情况,通常使用 ROC 曲线,否则使用精度-召回率曲线。

为了生成精度-召回率曲线,我们将阈值在[0,1]范围内变化,并观察精度和召回率在[0,1]之间变化的趋势。曲线下面积(area under the curve,AUC)是常用的比较 ROC 和精度-召回率曲线的指标。顾名思义,曲线下面积指的是位于 ROC 曲线下方区域的面积。为了在坐标轴上绘制 ROC 曲线,我们用真阳度比率(true positive rate,TPR)作为 Y 轴,用假阳度比率(false positive rate,FPR)作为 X 轴。TPR 和 FPR 的计算分别如下所示:

$$\mathrm{TPR}=\frac{\mathrm{TP}}{\mathrm{TP}+\mathrm{FN}} \tag{6.9}$$

$$\mathrm{FPR}=\frac{\mathrm{FP}}{\mathrm{FP}+\mathrm{TN}} \tag{6.10}$$

表 6.6 详细的测试结果

模型	准确度（Accuracy）	精度（Precision）	召回率（Recall）	F1 值（F1 Score）
数据集 1(测试集 1)				
Endgame[18]	99.0	96.3	97.9	97.1
NYU[36]	98.7	95.3	96.9	96.1
MIT[35]	98.5	94.8	96.4	95.6
CMU[33]	98.2	92.5	97.6	94.9
Invincea[32]	98.8	96.4	96.5	96.5
3-gram 和 5 层 DNN	96.5	89.9	89.9	89.9
DBD	97.8	91.5	95.9	93.7
数据集 1(测试集 2)				
Endgame[18]	98.8	79.8	96.1	87.2
NYU[36]	98.7	79.2	94.6	86.2
MIT[35]	98.6	77.2	95.5	85.4
CMU[33]	97.8	67.5	96.7	79.5
Invincea[32]	98.9	82.9	94.2	88.2
3-gram 和 5 层 DNN	96.6	57.0	90.7	70.0
DBD	97.6	65.9	93.9	77.5
数据集 2(测试集 1)				
Endgame[18]	98.6	81.1	93.3	86.8
NYU[36]	98.5	80.5	92.3	86.0
MIT[35]	98.4	78.3	93.1	85.1
CMU[33]	97.7	69.2	94.3	79.8
Invincea[32]	98.8	84.3	91.8	87.9
3-gram 和 5 层 DNN	96.4	58.8	88.6	70.7
DBD	97.5	67.8	92.1	78.1

我们没有刻意追求较低的 FPR,而是将 ROC 和精度-召回率曲线的阈值都设置为 0.5。低 FPR 指标是 DGA 检测中的一个重要方面,尤其是对网络中实时 DNS 流进行在线检测的场景。如果 FPR 高,则系统可能会阻止网络中被错误分类的合法流量。

各种模型的 ROC 和精度-召回率曲线如图 6.5、图 6.6 所示。较高的精度和召回率表示检测更加准确。我们将在不同测试数据集上的结果取平均值后在表 6.7 中给出。如表 6.7 所示,在所有 3 个测试数据集中,CMU 模型的 FPR 最低。我们还可以看出,对不同的测试数据集,检测模型的性能变化较为明显。在三个不同的测试数据集上,所有模型都可以检测出 DGA 域名,在数据集 1(测试集 1)上的 TPR 为 70～80,在数据集 1(测试集 2)和数据集 2(测试集 1)上的 TPR 为 90～98。但是,即使未对阈值参数进行太多的调优,我们提出的方法 DBD 在 ROC 曲线上也显示出优于其他模型的 AUC 性能指标(大于0.97)。同样,在图 6.6 所示的精度-召回率曲线上 DBD 也显示出较优的 AUC 指标。

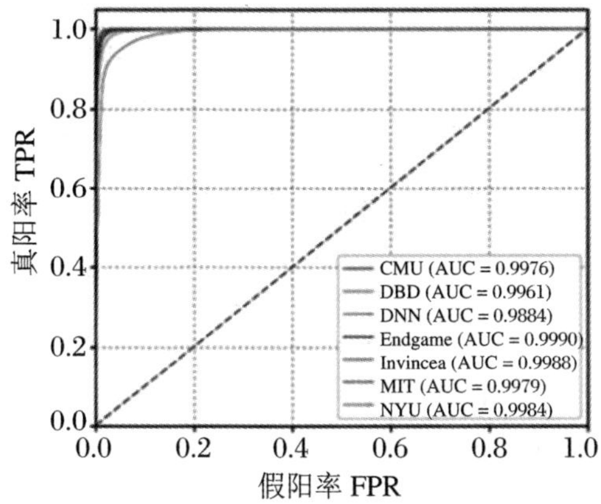

(a) 数据集1 (测试集1)

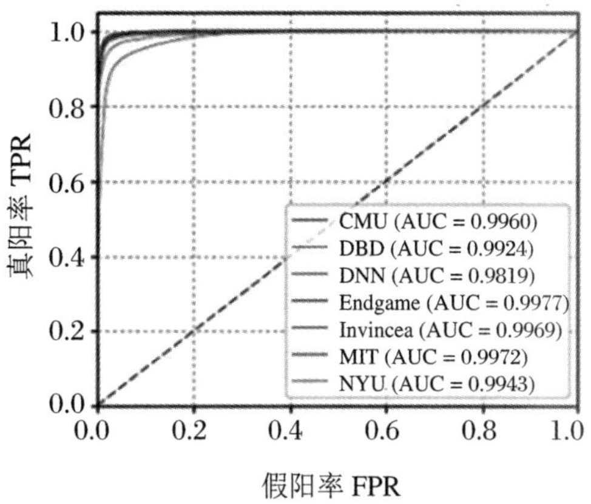

(b) 数据集1 (测试集2)

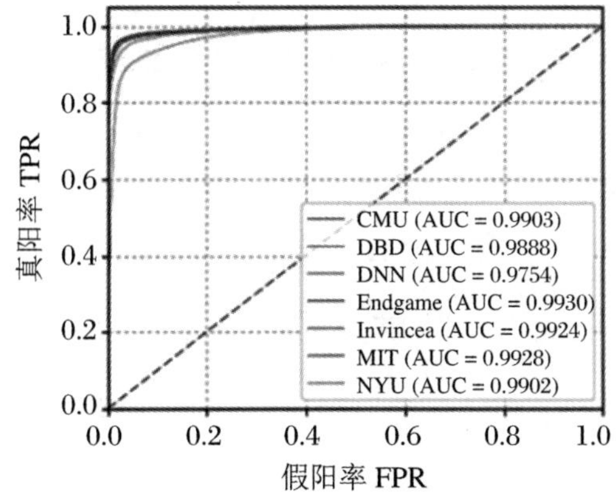

(c) 数据集2 (测试集1)

图 6.5 三个不同数据集的 ROC 曲线

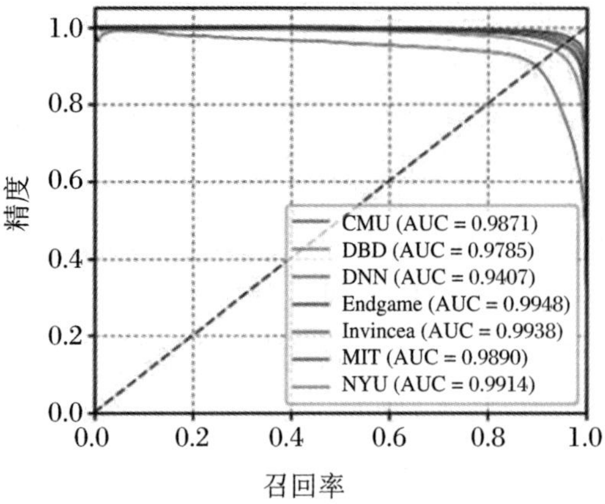

(a) 数据集1 (测试集1)

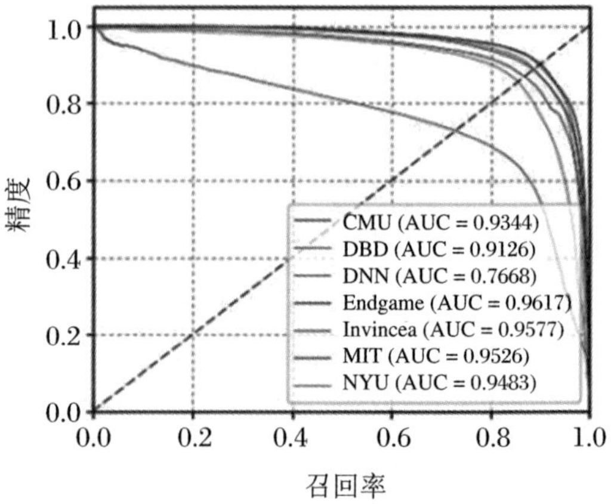

(b) 数据集1 (测试集2)

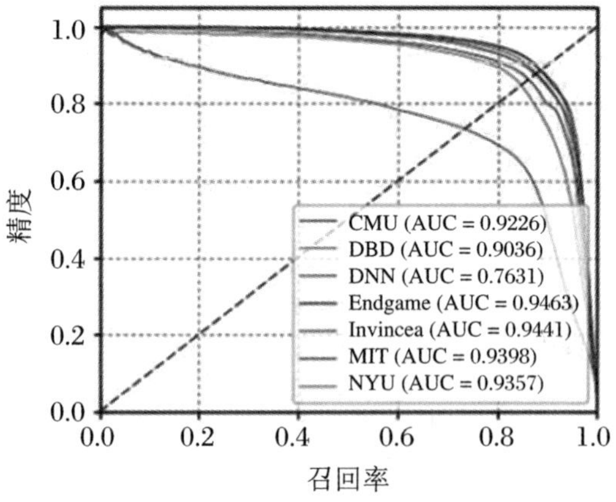

(c) 数据集2 (测试集1)

图 6.6 三个不同数据集的精度-召回率曲线

表 6.7 不同数据集上测试的结果(其中 TPR 和 FPR 对应于阈值设置为 0.5 的情况)

模　　型	TPR(%)	FPR	AUC(%)
数据集 1(测试集 1)			
Endgame[18]	72.046	0.246	99.76
NYU[36]	81.353	0.348	99.61
MIT[35]	83.404	0.339	98.84
CMU[33]	70	0.078	99.9
Invincea[32]	75.82	0.276	99.88
3-gram 和 5 层 DNN	84.849	0.209	99.79
DBD	86.871	0.383	99.84

续表

模　型	TPR(%)	FPR	AUC(%)
数据集 1(测试集 2)			
Endgame[18]	96.079	0.542	99.6
NYU[36]	96.842	0.568	99.24
MIT[35]	96.962	0.574	98.19
CMU[33]	93.597	0.346	99.77
Invincea[32]	96.374	0.543	99.69
3-gram 和 5 层 DNN	93.418	0.487	99.72
DBD	96.755	0.573	99.43
数据集 2(测试集 1)			
Endgame[18]	93.947	0.511	99.03
NYU[36]	95.910	0.555	98.88
MIT[35]	96.137	0.557	97.54
CMU[33]	90.732	0.311	99.30
Invincea[32]	94.723	0.519	99.24
3-gram 和 5 层 DNN	90.758	0.445	99.28
DBD	95.908	0.565	99.02

在所有三个测试数据集中,Endgame[18]模型均取得了比较好的性能。与其他两个测试数据集相比,所有模型在数据集 1(测试集 1)上获得的性能都更高。此外,与数据集 2(测试集 1)相比,所有模型在数据集 1(测试集 2)上的性能都更高。这主要是由于数据集的统计特性不同所导致。数据集 1(测试集 1)和数据集 1(测试集 2)均从可公开获得的资源中收集,数据集 2(测试集 1)则是从私有环境中收集的。因此数据集 2(测试集 1)中统计特性与其他数据集完全不同。

在准确性、ROC 曲线和精度-召回率曲线下面积 AUC 方面,所有模型获得的性能差别不大。与使用 3-gram 文本表示方法的 DNN 相比,使用 Keras 嵌入作为文本表示的模型的性能更好。这主要是因为 Keras 嵌入具有较好的学习域名中字符顺序表示的能力。

6 结论

黑客们经常使用各种域名生成算法来隐藏其 C & C 服务器以维持其僵尸网络的运

行。为此，我们提出了一种检测此类算法生成域名的方法 DBD。DBD 结合使用 Keras 嵌入和深度学习技术，可检测新 DGA 算法生成的域名和现有 DGA 算法生成域名的变体。所提出的方法不依赖额外的上下文信息，例如 NXDomain、域名信誉和人工的特征工程。该方法递归分析 DNS 数据，发现 C & C 服务器和已感染的主机。本章所提出的方法为 DNS 管理员提供了防御僵尸网络的能力，使管理员能够对快速增长的僵尸网络进行早期预警以减少其不利影响。我们的方法具有高度的可扩展性，并且具有较低的误报率。我们将 DBD 与多种知名的基于字符的短文本分类模型进行了对比，包括基于 3-gram 的 DNN 网络。我们发现本章测试的模型虽然在检测准确性方面都差异不大，但在训练速度和计算成本方面，DBD 比其他方法的效率更高。DBD 可以自动学习最有效的特征，因此非常高效。此外，我们的实验还表明黑客的恶意软件难以规避 DBD 的检测。

参考文献

[1] Broadhurst R, Grabosky P, Alazab M, et al. 2014. An analysis of the nature of groups engaged in cyber crime. Int. J. Cyber. Criminol., 8(1):1-20. Available at SSRN: https://ssrn.com/abstract=2461983.

[2] Alazab M, Venkatraman S, Watters P, et al. 2012. Cybercrime: the caseof obfuscated malware. Georgiadis C K, Jahankhani H, Pimenidis E, Bashroush R, Al-Nemrat A (eds). Global security, safety and sustainability and e-Democracy. e-Democracy, 2011, ICGS3 2011. Lecture notes of the institute for computer sciences, social informatics and telecommunications engineering, vol 99. Springer, Berlin/Heidelberg.

[3] Alazab M, Broadhurst R. 2016. Spam and criminal activity (2015). Trends and issues in crime and criminal justice, No. 526, Australian Institute of Criminology. https://aic.gov.au/publications/tandi/tandi526.

[4] Ahmad U, Song H, Bilal A, et al. 2018. Secure passive keyless entry and start system using machine learning. Wang G, Chen J, Yang L (eds) Security, privacy, and anonymity in computation, communication, and storage. SpaCCS 2018. Lecture notes in computer science, 11342. Springer, Cham.

[5] Vinayakumar R, Alazab M, Jolfaei A, et al. 2018. Ransomware triage using deep learning: twitter as a case study. International Conference on Cyber Security and Communication Systems. Springer, Melbourne.

[6] Alazab M. 2015. Profiling and classifying the behaviour of malicious codes. J. Syst. Softw.,

100:91-102. Elsevier.

[7] Antonakakis M, Perdisci R, Dagon D, et al. 2010. Building a dynamic reputation system for DNS. USENIX Security Symposium, 273-290.

[8] Ollmann G. 2009. Botnet communication topologies. Retrieved 30 Sept 2009. Available at http://www.technicalinfo.net/papers/PDF/WP_Botnet_Communications_Primer_(2009-06-04).pdf.

[9] Wang T S, Lin H T, Cheng W T, et al. 2017. DBod: clustering and detecting DGA-based botnets using DNS traffic analysis. Comput Secur, 64:1-15.

[10] Antonakakis M, Perdisci R, Nadji Y, et al. 2012. From throw-away traffic to bots: detecting the rise of DGA-based malware. USENIX Security Symposium, 12.

[11] Allamanis M, Barr E T, Devanbu P, et al. 2018. A survey of machine learning for big code and naturalness. ACM Comput. Surv., 51(4):81.

[12] Joyce J M. 2011. Kullback-Leibler divergence. Lovric M (ed) International encyclopedia of statistical science. Springer, Berlin/Heidelberg, 720-722.

[13] Tang M, Alazab M, Luo Y. 2017. Big data mining in cybersecurity. IEEE Transactions on Big Data. https://ieeexplore.ieee.org/document/7968482.

[14] Abadi M, et al. 2016. Tensorflow: a system for large-scale machine learning. OSDI, 16: 265-283.

[15] Silva S S, Silva R M, Pinto R C, et al. 2013. Botnets: a survey. Comput. Netw., 57(2):378-403.

[16] Jolfaei A, Vizandan A, Mirghadri A. 2012. Image encryption using HC-128 and HC-256 stream ciphers. Int. J. Electron. Secur. Digit. Forensics., 4(1):19-42.

[17] Ahluwalia A, Traore I, Ganame K, et al. 2017. Detecting broad length algorithmically generated domains. International Conference on Intelligent, Secure, and Dependable Systems in Distributed and Cloud Environments. Springer, Cham, 19-34.

[18] Woodbridge J, Anderson H S, Ahuja A, et al. 2016. Predicting domain generation algorithms with long short-term memory networks. arXiv preprint arXiv:1611.00791.

[19] Yu B, Gray D L, Pan J, et al. 2017. Inline DGA detection with deep networks. IEEE International Conference on Data Mining Workshops, 683-692.

[20] Lison P, Mavroeidis V. 2017. Automatic detection of malware-generated domains with recurrent neural models. arXiv preprint arXiv:1709.07102.

[21] Vinayakumar R, Soman K P, Poornachandran P, et al. 2018. Evaluating deep learning approaches to characterize and classify the DGAs at scale. J. Intell. Fuzzy. Syst., 34(3):1265-1276.

[22] Vinayakumar R, Soman K P, Poornachandran P. 2018. Detecting malicious domain names

using deep learning approaches at scale. J. Intell. Fuzzy. Syst., 34(3):1355-1367.

[23] Vinayakumar R, Poornachandran P, Soman K P. 2018. Scalable framework for cyber threat situational awareness based on domain name systems data analysis. Big data in engineering applications, 113-142.

[24] Mohan V S, Vinayakumar R, Soman K P, et al. 2018. Spoof Net: syntactic patterns for identification of ominous online factors. IEEE Security and Privacy Workshops, 258-263.

[25] Vinayakumar R, Soman K P, Poornachandran P, et al. 2019. ScaleNet: scalable and hybrid framework for cyber threat situational awareness based on DNS, URL, and Email data analysis. J. Cyber. Secur. Mobil., 8(2):189-240.

[26] Maaten L V D, Hinton G. 2008. Visualizing data using t-SNE. J. Mach. Learn. Res., 9: 2579-2605.

[27] Curtin R R, Gardner A B, Grzonkowski S, et al. 2018. Detecting DGA domains with recurrent neural networks and side information. arXivpreprintarXiv:1810.02023.

[28] Tran D, Mac H, Tong V, et al. 2018. A LSTM based framework for handling multiclass imbalance in DGA botnet detection. Neurocomputing, 275:2401-2413.

[29] Feng Z, Shuo C, Xiaochuan W. 2017. Classification for DGA-based malicious domain names with deep learning architectures. 2017 Second International Conference on Applied Mathematics and Information Technology, 5.

[30] Mac H, Tran D, Tong V, et al. 2017. DGA botnet detection using supervised learning methods. Proceedings of the Eighth ACM International Symposium on Information and Communication Technology, 211-218.

[31] Yu B, Pan J, Hu J, et al. 2018. Character level based detection of DGA domain names. IEEE World Congress on Computational Intelligence, 4168-4175.

[32] Saxe J, Berlin K. 2017. eXpose: a character-level convolutional neural network with embeddings for detecting malicious URLs, file paths and registry keys. arXiv preprint arXiv: 1702.08568.

[33] Dhingra B, Zhou Z, Fitzpatrick D, et al. 2016. Tweet2vec: character-based distributed representations for social media. arXiv preprint arXiv:1605.03481.

[34] Jolfaei A, Mirghadri A. 2011. Substitution-permutation based image cipher using chaotic henon and baker's maps. Int. Rev. Comput. Softw., 6(1):40-54.

[35] Vosoughi S, Vijayaraghavan P, Roy D. 2016. Tweet2vec: learning tweet embeddings using character-level CNN-LSTM encoder-decoder. Proceedings of the 39th International ACM SIGIR Conference on Research and Development in Information Retrieval, 1041-1044.

[36] Zhang X, Zhao J, LeCun Y. 2015. Character-level convolutional networks for text classification. Advances in neural information processing systems, 649-657.

[37] Antonakakis M, Perdisci R, Nadji Y, et al. 2012. From throw-away traffic to bots: detecting the rise of DGA-based malware. Proceedings of the 21st USENIX Conference on Security Symposium.

[38] Does Alexa have a list of its top-ranked websites? Available at Alexa: https://support.alexa.com. Accessed 09 May 2018.

[39] OpenDNS domain list. Available at OpenDNS: https://umbrella.cisco.com/blog. Accessed 09 May 2018.

[40] OSINT DGA feeds. Available at OSINT: https://osint.bambenekconsulting.com/. Accessed 09/05/2018.

[41] DGArchive. Available at DGArchive: https://dgarchive.caad.fkie.fraunhofer.de/. Accessed 15/06/2018.

[42] DGA Algorithms. Available at Github: https://github.com/baderj/domain generation algorithms. Accessed 01/05/2018.

[43] Gulli A, Pal S. 2017. Deep learning with Keras. Packt Publishing Ltd, Birmingham.

[44] Vinayakumar R, Alazab M, Soman K P, et al. 2019. Deep learning approach for intelligent intrusion detection system. IEEE Access.

[45] Vinayakumar R, Alazab M, Soman K P, et al. 2019. Robust intelligent malware detection using deep learning. IEEE Access.

[46] Venkatraman S, Alazab M. 2018. Use of data visualisation for zero-day malware detection. Security and Communication Networks 2018: 13. Article ID: 1728303. https://doi.org/10.1155/2018/1728303.

[47] Ebenuwa S, Sharif M S, Alazab M, et al. 2019. Variance ranking attributes selection techniques for binary classification problem in imbalance data. IEEE Access.

基于深度神经网络的增强算法生成域名检测

作　者　Amara Dinesh Kumar①, Harish Thodupunoori②, R. Vinayakumar③, K. P. Soman④, Prabaharan Poornachandran⑤, Mamoun Alazab⑥, Sitalakshmi Venkatraman⑦

---

① Amara Dinesh Kumar：印度哥印拜陀市 Amrita Vishwa Vidyapeetham 工程学院 2017 级硕士研究生，2014 年毕业于海得拉巴 TKR 工程学院电子与通信专业。研究领域包括网络安全、网络交通分析、车辆安全、对抗网络安全、网络物理系统安全、物联网安全、机器学习、深度学习和强化学习。参加过数次国际共享任务和黑客马拉松。他的研究简介可以在 https://sites.google.com/view/dineshkumar-amara/home/上找到。

② Harish Thodupunoori：印度哥印拜陀市 Amrita Vishwa Vidyapeetham 工程学院 2017 级硕士研究生，2011 年毕业于海得拉巴 Gokaraju Rangaraju 工程技术学院电子和通信专业，获工学学士学位。研究领域是网络安全、网络交通分析、车辆安全、机器学习和深度学习。

③ R. Vinayakumar：印度哥印拜陀市 Amrita Vishwa Vidyapeetham 工程学院博士研究生。研究重点是机器学习和深度学习在网络安全中的应用，自然语言处理、图像处理和大数据分析对网络安全的重要性。参与了多个国际共享任务，并组织了检测恶意域名的共享任务（DMD 2018），作为 SSCC 2018 和 ICACCI 2018 的一部分。详情可访问 https://vinayakumarr.github.io/。

④ K. P. Soman：在印度哥印拜陀市 Amrita School of Engineering 拥有 25 年的研究和教学经验。在国际期刊和会议上发表了大约 150 篇论文。为工业界和学术界组织了一系列基于小波的信号处理、模式分类核方法、深度学习和大数据分析的研讨会和暑期学校。多部著作由新德里的 Prentice Hall 和 Elsevier 出版。详情可访问 https://nlp.amrita.edu/somankp/。

⑤ Prabaharan Poornachandran：印度 Amrita Vishwa Vidyapeetham 教授。在计算机科学和安全领域拥有 20 多年的经验。兴趣领域是恶意软件、关键基础设施安全、软件二进制分析、人工智能和机器学习。

⑥ Mamoun Alazab：澳大利亚查尔斯・达尔文大学工程、信息技术与环境学院副教授。在澳大利亚联邦大学科学、信息技术与工程学院获得计算机科学博士学位，是一名具有行业和学术经验的网络安全研究者。Alazab 的研究是多学科的，重点是网络安全、计算机系统的数字取证、网络犯罪的检测和预防，包括网络恐怖主义和网络战争，发表有 100 多篇研究论文。仅在 2018 年，他就参加了 22 场受邀演讲和主题演讲活动。召集并主持了 50 多次会议和讲习班。在许多项目上与政府和业界密切合作，包括北领地信息和企业服务部、IBM、Trend Micro、澳大利亚联邦警察、澳大利亚通信和媒体管理局、Westpac、联合国毒品和犯罪问题办公室（UNODC）以及司法部。IEEE 的高级成员，IEEE 澳大利亚北领地分部的创始人和主席。

⑦ Sitalakshmi Venkatraman：1993 年在美国国家工业工程研究所获得计算机科学博士学位，她的博士论文题目为《模式识别的高效并行算法》。在此之前，她于 1985 年获得印度理工学院（马德拉斯）数学硕士学位，1987 年获该校计算机科学硕士学位。目前是墨尔本理工大学信息技术专业的学科带头人和高级讲师。她擅长于将高效计算模型和数据挖掘技术应用于各种行业问题，并通过与澳大利亚工业界和大学的合作，在电子健康、电子安全和电子商务领域进行了研究。她在国际知名期刊和会议上发表了超过 130 篇研究论文。

摘　要　近年来，僵尸网络采用域名生成算法(domain generation algorithm, DGA)来逃避使用逆向工程方法或将恶意域名列入黑名单的僵尸网络检测解决方案。DGA 可生成大量伪随机域名用于连接到命令控制服务器。使用 DGA 的僵尸网络可以更加高效和有弹性地应对黑名单机制和关闭攻击。实时检测 DGA 生成的恶意域名是一项具有挑战性的任务，研究者已经进行了大量研究，通过应用不同的机器学习算法来解决这一问题。本章所做的工作考虑了当前最先进的 DGA 恶意检测方法，并提出了一种用于检测 DGA 生成域名的深度学习架构。

本章介绍使用各种深度神经网络(DNN)进行二分类和多分类检测的大量实验，主要包含卷积神经网络(CNN)、递归神经网络(RNN)、长短期记忆网络(LSTM)、门控递归单元(GRU)、双向长短期记忆网络(BiLSTM)、双向递归神经网络(BiRNN)和 CNN-LSTM 层深度学习架构。本章使用两个不同的数据集对提出的 DGA 恶意检测方法的性能和效率进行研究。第一个数据集为公开数据集，第二个数据集来自闭源数据。我们通过分析超过三百万个域名来对 DGA 进行全面的测量研究。实验表明我们的 DGA 恶意检测方法能够有效识别不同 DGA 算法生成的域名，在两个数据集上可达到的准确率分别为 99.7%和 97.1%。

关键词　域名生成算法(DGA)，网络安全，恶意软件，僵尸网络，DNS，深度学习

1　引言

僵尸网络是 Internet 上极具破坏性的危害之一。[1-4] 僵尸网络是遭到恶意软件攻击的受感染计算机的集合，这些计算机根据由僵尸主控者控制的命令和控制(C & C)服务器发出的指令，执行发送大量垃圾邮件、进行 DDoS 攻击、安装其他恶意代码(例如伪造的防病毒软件)、窃取敏感信息(例如窃取用户的信用卡和银行账户信息用于出售[3])等恶意活动。最近的僵尸网络正在使用变换(flux)技术来避免检测，这对该领域的研究提出了新的挑战。[5] 传统的远程访问恶意软件使用固定的域名或 IP 地址来与 C & C 服务器通信，因此可以通过使用防火墙等安全设备阻止该域名或 IP 地址的通信来关闭僵尸网络。为了应对这种方法，黑客们开始采用域名生成算法(DGA)定期生成大量的域名，僵尸网络节点以固定的时间间隔切换到使用新的域名与 C&C 服务器通信。这种动态改变 C&C 服务器域名的方法也被称为“域名变换”(domain fluxing)或“快速变换”(fast fluxing)。

一个名为 Kraken 的 DGA 恶意软件家族出现在 2008 年，同年晚些时候，Conficker 蠕虫病毒使得 DGA 方法臭名昭著。现在 DGA 算法已在各种恶意软件家族中广泛采用，用于定期生成域名以与 C & C 服务器通信。名为 Crytolocker 的恶意软件使用基于

随机种子的 DGA 算法生成域名。使用词汇特征[5,6]和神经网络[7-10]可以将这种随机生成的域名与正常的域名区分开。后来,高级 DGA 开始出现在如 Suppobox[11]等恶意软件中,这种高级 DGA 使用字典通过串联单词来生成域名。[12,13]其他值得注意的基于 DGA 的僵尸网络(也被称为 DGA-bot)例子包括 Bobax、Kraken、Sinowal(也称为 Torpig)、Srizbi、Conficker[14]和 Murofet 等。

本章的重点是分析 DNS 流量,该流量仅占所有网络流量的一小部分,并且僵尸网络必须发出 DNS 域名解析消息来获取 C&C 服务器的 IP 地址。每个僵尸网络以不同的方式创建域名,并通过 DNS 服务器域名解析。僵尸网络真实注册使用的域名数量将很少,但是僵尸节点会生成大量的 DNS 流量。解决此问题的一些复杂性包括:

- 黑名单域名过滤的办法需要大量时间来对僵尸网络代码进行逆向工程。
- 即使对僵尸网络代码进行了逆向工程,攻击者仍可以更新 DGA 算法。
- 无论是何种类型的僵尸网络或者是恶意软件,我们都必须通过分析 DNS 查询来检测 DGA 域名。

在上述情况下,黑名单和过滤机制完全无法检测新型 DGA 生成域名或现有 DGA 生成域名的变体。[15]研究者试图采用机器学习方法来解决这一问题。[16,17]现有的大多数方法都依赖于需要广泛领域知识的特征工程[18,19],这是一项艰巨的任务。此外,在此过程中生成的数据量巨大。与依赖特征工程的方法相比,使用无特征模型具有优势,因为其性能与数据量成正比。最近,研究者提出了用于 DGA 分析的无特征方法[5],另一项研究表明使用长短期记忆网络(LSTM)具有更好的性能[20]。这些深度学习架构已广泛用于各种网络安全应用中。[38-40]之后,一些研究人员介绍了用于 DGA 分析的各种深度学习架构,并且研究了用于 DGA 恶意检测和分类的各种深度学习架构的性能。[8]文献[9,21]中给出了在局域网和 ISP 网络中使用深度学习架构进行 DGA 分析的建议。但是,目前尚缺乏对这些深度学习架构在 DGA 分析任务中的性能进行独立评估和基准测试的研究。为了填补这一空白,本章对各种深度学习架构的 DGA 分析性能进行了评估。本章使用的数据集是从公开数据和实时环境中收集的。在构建训练和测试数据集时,除了使用随机拆分法外,还使用了时间拆分法,因为它有助于实现零日恶意软件检测。总的来说,本章的主要目标是:

- 对各种深度学习架构在检测 DGA 生成域名方面的性能进行比较分析。
- 使用公开数据和私有数据两个独立数据集进行实验基准测试。
- 提出一种称为 DGA 恶意检测器(DGA malicious detector)的新架构实现 DGA 域名检测。

本章后续的安排如下:第 2 节综述了 DGA 域名检测相关的最新研究工作;第 3 节详细介绍了 DGA 恶意检测器的体系结构;数据集描述在第 4 节中给出;第 5 节给出了实验

和结果;最后是第 6 节给出结论和下一步的工作。

2 相关工作

网络犯罪分子使用各种技术来掩盖用于 C & C 通信的域名。一些僵尸网络使用变换方法(fluxing)来避免其域名和 IP 被发现,常用的方法包括快速变换(fast flux, FF)和域名变换(domain flux, DF)。这些方法在域名欺诈、网络钓鱼和恶意软件分发等场景中被广泛使用。

2.1 快速变换

快速变换是避免僵尸网络被识别的常用方法,通常是将一个域名映射到多个 IP 地址。采用快速变换 FF 方法的僵尸网络称为快速变换网络(FFN)。快速变换方法分为两大类:单变换和双变换。

在单变换方法中,一个域名被设定为在不同时间映射到不同的 IP 地址。我们用一个例子来说明用户如何在短时间内两次访问相同的域名。在第一种情况下,用户向 DNS 服务器查询域名对应的 IP 地址,DNS 服务器确定匹配的 IP 地址为 IP-1(例如 11.11.11.11)。使用 IP-1,僵尸节点可以访问变换代理(flux agent)FA-1,FA-1 将僵尸节点的请求切换到实际的服务器"母舰"(mothership)。该请求由母舰服务器处理后回复到 FA-1。最终,僵尸节点从 FA-1 获得响应。一段时间后,僵尸节点再次试图访问同一域名。由于 IP-1 的 TTL 较短,导致该域名与 IP-1 的映射已过期,因此僵尸节点需要重新向 DNS 系统查询该域名对应的 IP 地址。DNS 服务器将另一个 IP 地址 IP-2(例如 22.22.22.22)回复给僵尸节点。僵尸节点将使用更新的地址 IP-2 连接到更新的变换代理 FA-2,通过 FA-2 建立僵尸节点与"母舰"之间的联系。

双变换方法同时改变变换代理和负责将域名与 IP 地址进行映射的域名服务器。除了它们各自的变换代理之外,僵尸网络用于解析其域名的域名服务器也是变换过程的一部分。DNS 系统中反复注册和注销变换节点。

快速变换网络攻击(fast fluxing network attach,FFNA)是攻击者用上述快速变换技术来维护其僵尸网络的技术。在这种情况下,攻击者可以将几乎所有的僵尸节点都变成变换代理节点,以增强整个僵尸网络的鲁棒性。

2.2 域名变换

快速变换 FF 的单故障点是其使用的唯一的域名,僵尸网络可以通过域名变换解决此问题。文献[22]中的研究指出，一种较近出现的僵尸网络程序 Torpig 使用了域名变换技术。

文献[22]的作者用接管 Torpig 僵尸网络的行动作为例子解释了域名变换的过程。通过 DGA 域名生成算法生成域名是域名变换的基础。C＆C 服务器和僵尸节点遵循相同的算法，并以相同的初始值同步生成不断变化的域名。僵尸程序尝试使用域名列表与 C＆C 服务器以及受僵尸网络主服务器控制的服务器关联，直到一个 DNS 查询解析成功。如果当前域名被阻碍，僵尸节点将通过 DGA 计算其他域名并尝试进行域名解析。

域名变换 DF 要确保所有僵尸节点使用相同的算法生成域名。[22] Torpig 生成子域名的算法是使用当前的星期和年来计算一个本年本星期使用域名字符串，然后附加几个顶级域名（TLD），例如生成的域可以是“weekyear. com”或“weekyear. biz”等。僵尸节点使用这些自动生成的域名与 C＆C 服务器联系。如果出现故障，则僵尸节点使用当前日的信息来计算当日使用的域名，例如“day. com”或“day. net”。作为最后的备份手段，僵尸节点还可根据其配置文件指定的域名来联系 C＆C 服务器。

2.3 基于不存在域名消息（NX-Domain）的检测

基于不存在域名（NX-Domain）的检测方法假定 DGA 将导致大量 NX-Domain 消息，可以对其进行分析以寻找 NX-Domain 响应消息中的任何相似之处。Antonakakis[5] 提出了一种称为 Pleiadas 的检测技术，该技术同时使用分类和聚类方法来识别 DGA 生成的域名。当网络中的大量主机被同一个 DGA 僵尸程序控制时，此方法效果很好。

2.4 DNS 域名系统

DNS 域名系统将域名映射到 IP 地址，是构成 Internet 协议的重要组成部分。图7.1 显示了 DNS 中的层次结构级别。在任何浏览器的地址栏中键入网站地址后，DNS 服务器将搜索其数据库以查找与该域名匹配的 IP 地址，并验证该域名是否对应于该网站的 IP 地址。一旦成功建立域名与 IP 地址的对应，计算机就能够与该网站服务器通信。

DNS 服务器有两种类型：迭代服务器和递归服务器。迭代服务器（或非递归服务器）负责域内的查询，即使它们无法提供请求的 IP 地址，它们也不会查询其他 DNS 服务器。递归服务器负责查询所有类型的域名，而且可以向其他的域名服务器发送查询请求。[23] 下面以一个网页浏览的例子来说明 DNS 系统进行域名查询采取的步骤[24]：

(1) 在 Web 浏览器中键入网站名称时，如果 Web 浏览器在其自己的缓存中没有找到网站域名对应的 IP 地址，它将把查询发送到 DNS 层级中的下一个级别，称为“解析服务器”（resolver server）。

(2) 解析服务器一般属于 Internet 服务提供商（ISP），解析服务器收到 DNS 查询请

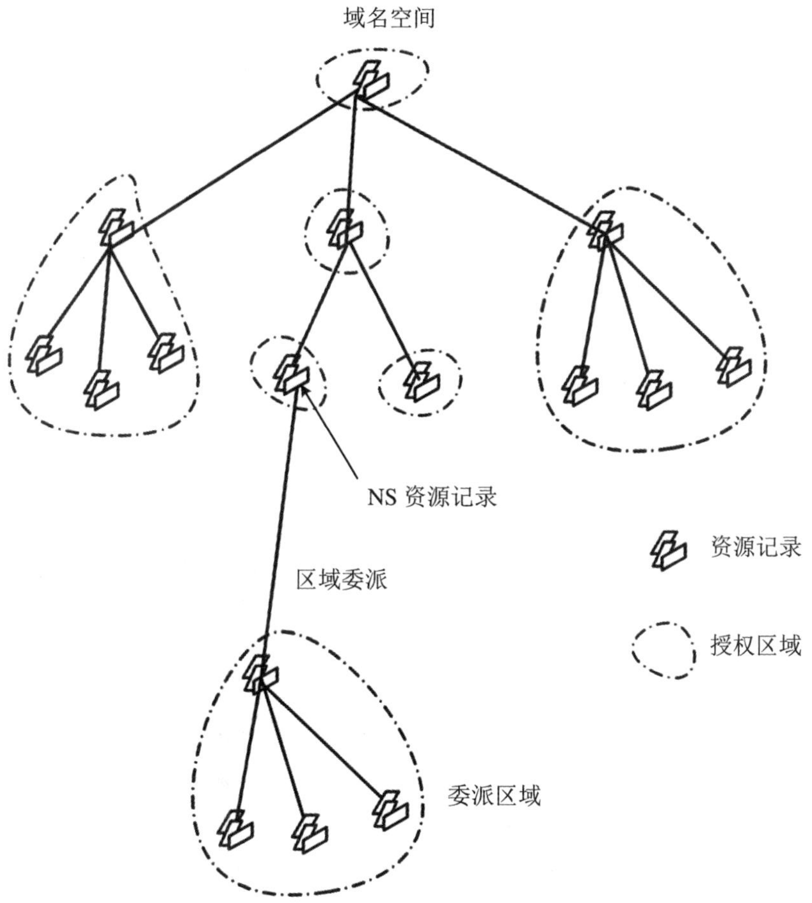

图 7.1　DNS 域名系统的层次化结构

求后将检查其缓存以查找 DNS 查询请求中域名对应的 IP 地址，如果找不到该 IP 地址，它将把查询发送到 DNS 层级中的下一级，即根服务器或 DNS 层级的根。

(3) 根服务器将解析服务器定向到顶级域(TLD)服务器以获取网站的 IP 地址。这些根服务器共有 13 套，分别部署在全世界的不同地域，并由 12 个不同的组织运营。这些根服务器都有其自己的唯一 IP 地址。TLD 存储顶级域名的地址信息，例如 .COM、.NET或 .ORG 等。

(4) 然后，TLD 将把解析服务器定向到下一个也是最后一个级别的服务器，称为权威服务器。解析服务器向权威服务器检查网站域名对应的 IP 地址。

(5) 权威服务器是最终的权威，负责维护该域的所有信息，包括 IP 地址。接收到解析服务器的查询消息后，权威服务器将它维护的与域名对应的 IP 地址回应给解析服务器，该地址将被存储在解析服务器的缓存中，因此解析服务器在一段时间之内无需针对同一网站再次重复上述步骤。

递归 DNS 服务器容易遭受分布式拒绝服务(DDOS)攻击。DDOS 是特定服务器或网络的一种网络攻击,旨在破坏目标服务器或者网络的正常运行。黑客可以通过持续不断的发送流量(例如欺诈性请求),使目标系统不堪重负,从而导致其中断或拒绝服务合法的请求。

3 DGA 检测方法

本节总结现有的有关 DGA 域名检测的相关工作。

3.1 基于机器学习的检测技术

有大量的研究文献直接使用机器学习技术来检测 DGA 生成的域名。Kullback-Leibler(KL)散度是其中的一种有监督学习方法。KL 散度是一种用于计算概率 P 和 Q 之间距离的方法。

文献[25]提出了一种使用支持向量机 SVM 算法对恶意域名进行二分类的技术。SVM 的原理是用一个超平面将数据分割为两个单独的类别,并使用内核函数(k)将低维非线性数据输入(x_i, y_i)映射到高维空间。SVM 算法使用核函数来避免学习算法学习非线性函数所需的显式映射。n 维空间中的数据可以被 $n-1$ 个超平面[25]划分,从而最大化数据点和超平面之间的距离。通常使用 SVM 来对 DGA 域名分类时,使用的特征包括域名长度、熵、连续辅音比率和域名中的数字比例。先前的工作结合了 2000 个良性 URL 和 2000 个恶意域名来形成数据集。[26]

通常,包括 SVM 算法在内的机器学习算法都存在一个缺点,就是需要手动提取特征。识别最佳特征和特征工程是一项繁琐且耗时的任务。深度学习可以自动提取特征,从而节省了时间和精力,并提高了域名检测的准确性。[27]

3.2 基于深度学习的检测技术

深度学习技术采用诸如卷积神经网络(CNN)和递归神经网络(RNN)架构的神经网络模型。这些模型在自然语言处理方面表现出卓越的性能。在本节中,我们将研究用于 DGA 恶意检测的流行 CNN、RNN 和混合架构。

1. 基于 RNN 的架构

文献[20]提出了一种专门为 DGA 域名检测而设计的长短期记忆网络(LSTM)。这一网络非常接近原始 LSTM 网络,包含一个嵌入层、一个 LSTM 层(具有默认 Tanh 激活的 128 个 LSTM 单元)和一个使用 Sigmoid 激活函数的单节点输出层。为了获得更好的收敛结果，采用了 Adam 在文献[28]中提出的方法作为优化算法，并采用了文献[20]中使用的 RMSProp 优化器。深度学习中最近采用了丢弃层(dropout layer)来解决神经网络中复杂的共适应(co-adaptions)问题以改善模型性能并克服过拟合。嵌入层学习如何用 128 维的数字矢量来表示域名中出现的每个字符，从而使得语义上相似的字符能被映射为距离相似的向量。

在其他流行的模型(例如 CMU 模型)中，双向递归神经网络(RNN)以两种方式处理输入字符串：在前向层中遵循从左到右的顺序进行处理，而在后向层中遵循从右到左的顺序。前向层和后向层的组合输出将传递到后续层。文献[29]提出了用于字符级文本处理的双向 LSTM。文献[30]提出了一个非常相似的双向门控循环单元(GRU)，并应用于推特分类的 Tweet2Vec 模型中来预测推特帖子的标签。

最近，文献[31]提出了一种衡量 DGA 家族复杂度的方法，称为 smashword 评分，来衡量 DGA 生成的域名与英语单词的相似程度。作者使用广义似然比检验(generalized likelihood ratio test，GLRT)建立了一个由递归神经网络(RNN)组成的机器学习模型，并使用了包括辅助信息的逻辑回归来增强该模型。这个组合的模型在检测具有高 smashword 得分的 DGA 域名上有较好的性能。

2. 基于 CNN 的架构

NYU 模型使用了卷积神经网络 CNN，该技术主要用于处理具有诸如图像之类的网格类型输入数据。文献[32]成功地将一维 CNN 应用于字符级别的文本分类，其提出的方法旨在有效地处理自然语言文本。他们提出的架构由 6 个堆叠的 CNN 层组成，其中每个后续层都使用前一层的输出作为输入。与自然语言相比，域名没有内部语法结构。因此，文献[32]的原始架构会导致模型与数据过度拟合。因此，我们将堆叠的 CNN 层的数量减少到两层，并减少了过滤器的尺寸和数量，以适应域名标识和分类问题。

Invincea 模型[33]提出了一种基于 CNN 的分类器，该分类器以一般的短字符串作为输入，学习可检测恶意行为的指标。这里的短字符串可以是注册表项、文件路径或 URL 等。Invincea 模型没有使用多层网络的堆叠，而是实现了并行的 CNN 层。并且将池化应用在整个域名上，而不是一个小的池化窗口。Invincea 模型仅检测域名中是否存在模式，并不保留有关这些模式在域名字符串中确切位置的信息。在 Invincea 模型中，嵌入层后面是一个卷积层，该卷积层具有 1024 个过滤器，以及针对大小 2、3、4、5 的各 256 个过滤器。每个过滤器都学习检测字符串中是否存在“有趣的”n-gram，其中 $n=2,3,4,5$。卷积层之后是两个密集的隐藏层，每个隐藏层有 1024 个节点。最后一层是使用 Sigmoid 激活函数的单节点输出层。我们比较的所有模型中，Invincea 模型的架构最为复杂。

3. 基于 CNN 和 RNN 的混合架构

NYU 模型使用堆叠的 CNN 层，其后是 LSTM 层。使用多个堆叠的 CNN 层容易使模型对数据过度拟合。为了解决这个问题，文献[34]提出了 MIT 模型，作为 NYU 模型的扩展。MIT 模型使用简化的混合体系结构，包括一个 CNN 层和一个 LSTM 层。

4 DGA 恶意域名检测器模型

我们提出的 DGA 恶意检测器模型（DGA macilious detector model）包括三个阶段：训练阶段、测试阶段和部署阶段。

4.1 训练阶段

训练阶段采用由 DNS 流量组成的数据集，这些 DNS 流量是使用端口镜像的方法从网络交换设备上捕获的。[21]我们首先对数据进行预处理以提取其中的域名。提取出来的域名通过人工进行标记后，保存为 CSV 文件作为训练数据集。利用训练数据集来训练各种深度学习架构，并使用两个不同的测试数据集对训练后的深度学习模型进行测试。然后使用适当的指标来衡量模型的二分类和多分类性能。训练阶段和测试阶段的大致流程如图 7.2 所示。

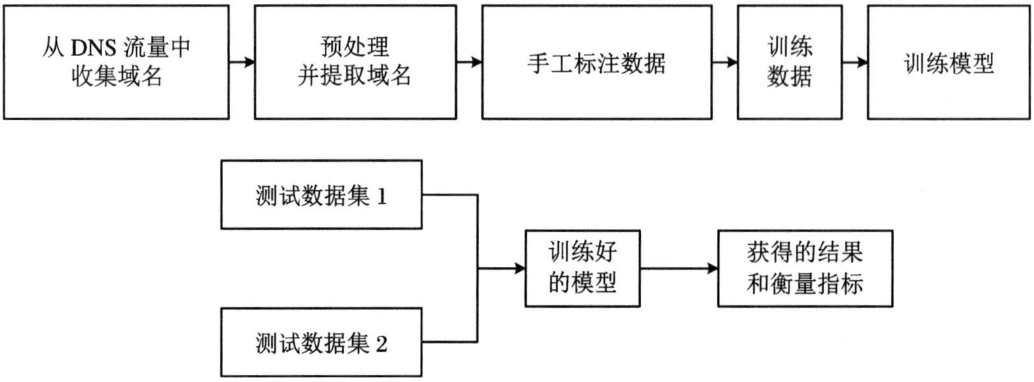

图 7.2　模型训练和测试阶段的流程图

4.3 测试阶段

测试阶段使用两个具有不同特征的数据集来测试各个深度学习架构的鲁棒性和可靠性。我们使用准确率（accuracy）、精度（precision）、召回率（recall）和 F1 得分（F1 Score）指标来评估训练好的深度学习模型在二分类和多分类 DGA 域名检测时的性能。

4.3 部署阶段

实验结束后，性能最佳模型将可以部署用于实时 DNS 流量分析。给定一个域名，模型将预测该域名是恶意的还是正常的。恶意的 DGA 域名将被列入黑名单并阻止通过 DNS 对其进行域名解析。部署阶段的框图如图 7.3 所示。

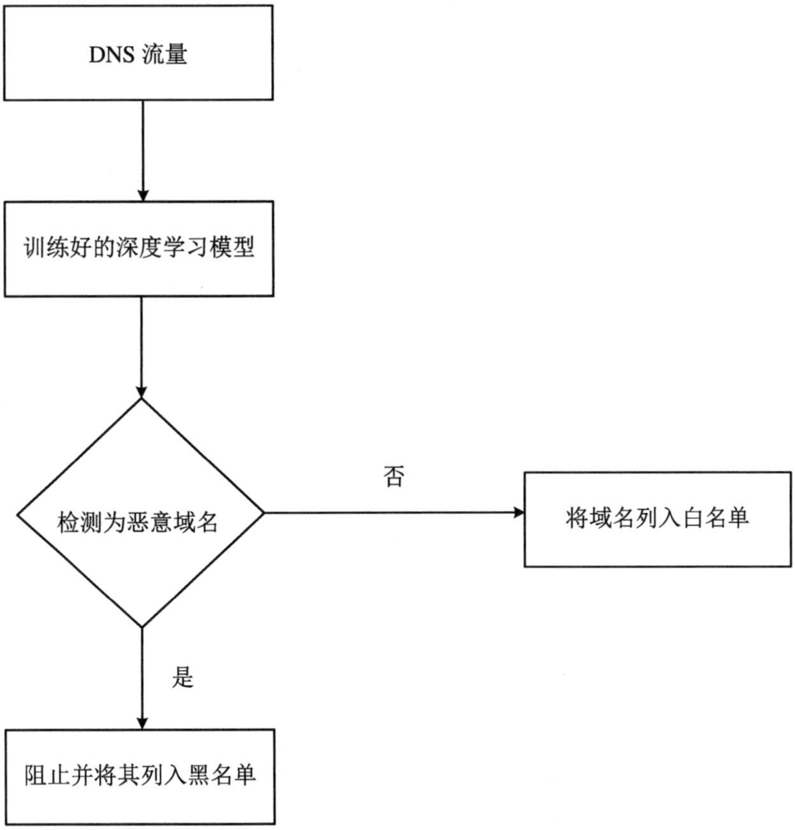

图 7.3 DGA 恶意域名检测器部署阶段流程

5 数据准备

本研究使用了 2 个不同的测试数据集，其详细统计信息如表 7.1 所示。第一个数据集是开源数据集，其中的恶意 DGA 域名由可公开获得的 DGA 算法[①]、订阅的开源威胁

① https://github.com/baderj/domain_generation_algorithms.

情报[①]和 360 公司的 Netlab 实验室[②]获得，正常的域名是从 Alexa[③] 和 openDNS 收集的。第二个数据集为使用端口镜像方法[④]在实验室内部收集 DNS 流量数据而得到。在本实验研究中，我们使用了 20 种 DGA 算法来生成 DGA 域名。

表 7.1 二分类数据集说明

数据集	正常域名	恶意域名	合 计
训练集	655,683	135,056	790,739
测试集 1	2,349,331	108,076	2,457,407
测试集 2	182	2740	2922

文献[8,9,21,35,36]中报告了从内部网络收集 DNS 流量数据集的详细实验设置。来自不同 DNS 服务器的 DNS 查询响应消息被流量探针收集，然后提取 DNS 数据包并将其转换为人类可读的格式。转换后的数据被发送到 DNS 日志收集器。流量探针可以安装在 DNS 服务器本身内部，也可以将 DNS 流量镜像到专用于捕获 DNS 流量的服务器。测试集 2 仅用于测试。此数据集作为“检测恶意域名”(DMD 2018)共享任务(shared task)的一部分进行了开源。有关的基准模型可从 Github 上找到[⑤]。文献[37]给出了 DMD 2018 基准模型的详细说明和其他提交到 DMD 2018 共享任务的模型详细信息。

6 实验结果分析

我们使用了各种深度神经网络，主要包括卷积神经网络(CNN)、递归神经网络(RNN)、长短期记忆(LSTM)、门控递归单元(GRU)、双向长短期记忆(BiLSTM)、双向递归神经网络(BiRNN)和 CNN-LSTM，用于对 DGA 生成域名的二分类和多分类检测。本节使用两个不同的测试集对所提出的 DGA 恶意检测器的性能和效率进行了广泛的研究。

6.1 嵌入层

最近的自然语言处理技术使用嵌入将单词或字符转换为矢量表示，例如 word2vec

① http://osint.bambenekconsulting.com/feeds/.
② https://data.netlab.360.com/dga/.
③ https://support.alexa.com.
④ https://umbrella.cisco.com/blog.
⑤ https://github.com/vinayakumarr/DMD2018.

和 GloVe 之类的嵌入库。[32]遵循类似的方法可以对域名进行字符级的编码。域名由字符组成，每个字符分配唯一的 ID 来形成字典，字典的大小为 39(译者注：一个 DNS 域名中能使用的字符包括 26 个字母，10 个数字和“-”“.”“_”3 个字符)。通过将域名中的每个字符转换为其在字典中的索引，将域名字符串转换为域名向量。为了使得所有域名向量的长度一致，我们定义域名向量长度为 100，长度小于 100 的域名向量用 0 进行填充，大于 100 的域名向量进行截断。这样得到的 100 维的域名向量作为输入传递给嵌入层进行 Keras 嵌入。Keras 嵌入具有 3 个参数：嵌入长度、字典大小和序列的最大长度。我们将嵌入长度设置为 128，字典大小设置为 39，最大长度设置为 100。嵌入层的初始权重按照高斯分布来设置，其输出传递给网络中后续的深度学习层，并在反向传播期间与其他深度学习层一起对嵌入层的权重参数进行调整。具体来说，嵌入层有助于学习域名中的上下文和语义。表 7.2 给出了多类别数据集的说明。

表 7.2 多分类数据集说明

域名类型	编号	训练集 (Training)	测试集 1 (Testing 1)	测试集 2 (Testing 2)
正常域名	0	100000	120000	40000
banjori	1	15000	25000	10000
corebot	2	15000	25000	10000
dircrypt	3	15000	25000	300
dnschanger	4	15000	25000	10000
fobber	5	15000	25000	800
murofet	6	15000	16667	5000
necurs	7	12777	20000	6200
newgoz	8	15000	20000	3000
padcrypt	9	15000	25000	3000
proslikefan	10	15000	25000	3000
pykspa	11	15000	25000	2000
qadars	12	15000	25000	2300
qakbot	13	15000	25000	1000
ramdo	14	15000	25000	800

续表

域名类型	编号	训练集（Training）	测试集 1（Testing 1）	测试集 2（Testing 2）
ranbyus	15	15000	25000	500
simda	16	15000	25000	3000
suppobox	17	15000	20000	1000
symmi	18	15000	25000	500
tempedreve	19	15000	25000	100
tinba	20	15000	25000	700

6.2 深度学习层的参数配置

为了训练基于长短期记忆（LSTM）、卷积神经网络（CNN）、递归神经网络（RNN）、门控递归单元（GRU）、双向长短期记忆（BiLSTM）、双向递归神经网络（BiRNN）和 CNN-LSTM 层的 DGA 恶意检测算法，需要对参数进行适当的调整。在我们的实验研究中，这些深度学习架构的存储单元数均设置为 128，而对于 CNN 模型，使用大小为 3 的 64 个滤波器。所有架构都随机添加了规则化参数为 0.1 的丢弃层，用来随机忽略的神经元并防止对训练数据的自适应。丢弃层还可以防止训练模型对数据的过拟合。

6.3 分类

全连接层接收来自丢弃层的输入并执行分类。在全连接层中，上一层的所有神经元都与下一层中的所有其他神经元相连。全连接层使用 Sigmoid 函数作为二分类的非线性激活函数，该函数将输入的加权和转换为神经元激活的类概率。最后一层采用 softmax 函数，该函数将未归一化的向量输入归一化为预测输出类别上的概率分布。二进制交叉熵损失函数用于二分类任务，而分类交叉熵则用于多分类任务。对于所有深度学习架构，二分类任务的期数（epoch）为 20，多分类的期数设为 50。

7 结果和评估

我们采用常用的指标来比较 DGA 恶意检测模型分类的正确性和准确性。我们使用以下指标来确定分类模型的质量：

- 真阳数（TP）——正确分类为肯定类别的数据项数量。

· 真阴数(TN)——正确分类为否定类别的数据项数量。

· 假阳数(FP)——错误分类为肯定类别的数据项数量。

· 假阴数(FN)——错误分类为否定类别的数据项数量。

使用这些数值,我们可以计算正确阳性率(TPR)和错误阳性率(FPR)。使用 TPR 值和 FPR 值作图可以获得 ROC 曲线,通过 ROC 曲线下面积 AUC 来测量精度。

· 准确率(Accuracy)——给出了模型所做的所有预测中正确预测的比例。当目标类别在数据中较为平衡时,准确率是一个能够很好地衡量模型预测性能的指标。

$$\text{Accuracy} = \frac{\text{TP} + \text{TN}}{\text{TP} + \text{FP} + \text{TN} + \text{FN}}$$

· 精度(Precision)——是模型做出正确肯定预测的能力。可以将其解释为模型将数据项预测为肯定时预测为正确的概率。

$$\text{Precision} = \frac{\text{TP}}{\text{TP} + \text{FP}}$$

· 召回率(Recall)——真阳数(TP)在真阳数(TP)和假阴数(FN)之和中占的比例。

$$\text{Recall} = \frac{\text{TP}}{\text{TP} + \text{FN}}$$

· F1 值(F1 Score)——精度和召回率之间的调和平均值。当目标类别在数据中分布不均匀时,F1 值是一个更好的度量。

$$\text{F1 Score} = \frac{2 \times \text{Precision} \times \text{Recall}}{\text{Precision} + \text{Recall}}$$

· 真阳性率(TPR)——是一种质量指标,反映了模型正确地把恶意域名检测出来的能力。TPR 是真阳数与真阳数和假阴数之和的比率。

$$\text{TPR} = \frac{\text{TP}}{\text{TP} + \text{FN}}$$

· 假阳性率(FPR)——是一种质量指标,反映了模型错误地将非恶意域名识别为恶意域名的概率。FPR 是假阳数与假阳数和真阴数之和的比率。

$$\text{FPR} = \frac{\text{FP}}{\text{FP} + \text{TN}}$$

表 7.3 中给出了针对二分类 DGA 检测的结果,表 7.4 中给出了针对多分类 DGA 检测的结果。从表 7.3 可以看出,CNN-LSTM 体系结构在测试集 1 上的二分类有最高的准确率、召回率、精度和 F1 值,而 RNN 架构在测试集 2 上对二分类有最高的准确率。LSTM 架构在测试集 1 上的多分类任务有最高的准确率,而 GRU 架构在测试集 2 上的多分类任务有最高的准确率。我们的实验配置是在集群计算服务器环境中使用 Keras

深度学习库①,后端为 TensorFlow 库②。

表 7.3 各种模型对二分类 DGA 恶意域名的检测性能

模型	准确率（Accuracy）	召回率（Recall）	精度（Precision）	F1 值（F1 Score）	线下面积（AUC）
测试集 1 上的二分类					
LSTM	0.987	0.787	0.955	0.863	0.9969
CNN	0.968	0.598	0.846	0.701	0.9965
RNN	0.978	0.689	0.93	0.792	0.9909
GRU	0.986	0.779	0.944	0.854	0.9965
BiLSTM	0.987	0.781	0.964	0.863	0.9977
BiRNN	0.98	0.712	0.925	0.804	0.9927
CNN-LSTM	0.988	0.807	0.96	0.877	0.9977
测试集 2 上的二分类					
LSTM	0.713	0.999	0.694	0.819	0.9545
CNN	0.67	0.998	0.649	0.787	0.9558
RNN	0.783	0.999	0.77	0.87	0.9694
GRU	0.715	0.999	0.696	0.821	0.9558
BiLSTM	0.728	0.998	0.711	0.831	0.9603
BiRNN	0.758	1.00	0.742	0.852	0.9718
CNN-LSTM	0.711	0.999	0.693	0.818	0.9619

表 7.4 各种模型对多分类 DGA 恶意域名的检测性能

模型	准确率（Accuracy）	召回率（Recall）	精度（Precision）	F1 值（F1 Score）
测试集 1 上的多分类				
LSTM	0.683	0.683	0.683	0.64
CNN	0.661	0.661	0.8	0.707

① Keras 是一个用 Python 语言编写的开源神经网络库。Keras 库可以使用 TensorFlow、微软 Cognitive Toolkit 或者 Theano 作为后端。Keras 被设计为可快速进行深度神经网络实验,并且具有易于使用、模块化、可扩展的特点。https://keras.io/。

② TensorFlow 是一个用于进行数据流编程的符号数学系统开源软件库,可用于实现多种数据处理任务,被广泛应用于各类机器学习算法(包括神经网络)的编程实现。https://www.tensorflow.org/。

续表

模型	准确率(Accuracy)	召回率(Recall)	精度(Precision)	F1 值(F1 Score)
RNN	0.661	0.661	0.771	0.697
GRU	0.677	0.677	0.822	0.725
BiLSTM	0.662	0.662	0.774	0.695
BiRNN	0.668	0.668	0.772	0.703
CNN-LSTM	0.666	0.666	0.82	0.715
测试集 2 上的多分类				
LSTM	0.67	0.67	0.678	0.622
CNN	0.671	0.671	0.876	0.717
RNN	0.654	0.654	0.844	0.691
GRU	0.672	0.672	0.896	0.713
BiLSTM	0.663	0.663	0.864	0.702
BiRNN	0.664	0.664	0.845	0.706
CNN-LSTM	0.67	0.67	0.884	0.711

表 7.5 和表 7.6 比较了我们提出的模型和其他提交到 DMD 2018 共享任务的模型。提交到 DMD 2018 共享任务中的各种模型的详细信息以及团队名称和提出的方法如后所述。文献[37]中详细讨论了这些模型和 DMD 2018 共享任务的基线模型。

表 7.5 DGA 恶意域名检测任务二分类性能比较[37]

团队名称	准确率(Accuracy)	召回率(Recall)	精度(Precision)	F1 值(F1 Score)
测试集 1 上的二分类				
UWT	0.99	0.828	0.966	0.89
DeepDragons CNN-LSTM(proposed)	0.988	0.807	0.96	0.877
CHNMLRG	0.988	0.819	0.944	0.88
BENHA	0.963	0.795	0.199	0.32
bharathiSSNCSE	0.615	0.037	0.311	0.07
UniPI	0.981	0.724	0.919	0.81
Josan	0.989	0.822	0.947	0.88
DeepDGANet	0.976	0.658	0.938	0.773

续表

团队名称	准确率（Accuracy）	召回率（Recall）	精度（Precision）	F1 值（F1 Score）
测试集 2 上的二分类				
UWT	0.766	0.999	0.751	0.86
DeepDragons CNN-LSTM(proposed)	0.783	0.999	0.77	0.87
CHNMLRG	0.787	0.999	0.774	0.87
BENHA	0.564	0.974	0.55	0.7
bharathiSSNCSE	0.562	0.956	0.559	0.71
UniPI	0.714	0.999	0.696	0.82
Josan	0.711	0.999	0.692	0.82
DeepDGANet	0.782	0.997	0.769	0.869

表 7.6　DGA 恶意域名检测任务多分类性能比较[37]

团队名称	准确率（Accuracy）	召回率（Recall）	精度（Precision）	F1 值（F1 Score）
测试集 1 上的多分类				
UWT	0.633	0.633	0.618	0.602
DeepDragons CNN-LSTM(proposed)	0.683	0.683	0.683	0.64
CHNMLRG	0.648	0.648	0.662	0.6
BENHA	0.272	0.272	0.194	0.168
bharathiSSNCSE	0.18	0.18	0.092	0.102
UniPI	0.655	0.655	0.647	0.615
Josan	0.697	0.697	0.689	0.658
DeepDGANet	0.601	0.601	0.938	0.576
测试集 2 上的多分类				
UWT	0.887	0.887	0.924	0.901

续表

团队名称	准确率（Accuracy）	召回率（Recall）	精度（Precision）	F1 值（F1 Score）
DeepDragons CNN-LSTM(proposed)	0.672	0.672	0.896	0.713
CHNMLRG	0.674	0.674	0.683	0.648
BENHA	0.429	0.429	0.34	0.272
bharathiSSNCSE	0.335	0.335	0.229	0.223
UniPI	0.671	0.671	0.641	0.619
Josan	0.679	0.679	0.694	0.636
DeepDGANet	0.531	0.531	0.653	0.541

UWT 使用 28 种词汇/语言特征以及不同的标准深度学习架构，对几种基于机器学习的方法进行了分析，包括基于随机森林分类器和深度学习的 Endgame（LSTM）、Invincea（CNN）、CMU（LSTM）、MIT（CNN + LSTM）和 NYU（CNN）架构。除了使用共享任务中提供的数据集外，他们还使用了来自 Farsight Security 的 DNS 数据、Alexa-Bambenek 数据集、DGArchive 数据集。

CHNMLRG 使用迁移学习的方法，将 CNN 与朴素贝叶斯分类器进行结合，将 CNN 最后一个完全连接层中学到的特征作为朴素贝叶斯分类器的输入。

BENHA 除了使用 URL 的长度，还使用特定字符（例如数字、字母、空格和点）的频率作为特征。其分类器有两个，分别基于支持向量机和基于多层感知器（multi-layer perceptron，MLP）。SVM 使用径向基函数（radial basis function，RBF）作为核函数，MLP 使用 Adam 优化算法和有限内存 BFGS 算法（limited-memory broyden-fletcher-goldfarb-shanno）。

bharathibSSNCSE 使用了 128 维数字矢量的 LSTM 和双向 LSTM 深度学习架构，以及用于表示域名中各个字符的嵌入层。

UniPI 使用了双向 LSTM 架构，其嵌入层由 32、64、128、256 个单元组成。

Josan 使用了两个模型，一个是单层双向 LSTM 网络，另一个是两层双向 LSTM 网络。在学习阶段使用随机初始化的字符嵌入。

DeepDGANet 使用 3-gram 表示来转换域名和特征的哈希，并应用了有 5 个隐藏层的深度神经网络（DNN）。训练中使用 0.0001 的丢弃率用于正则化，为了加快训练还使用了批归一化（batch normalisation）。

从表 7.5 我们可以看到，对于测试集 1 上的二分类任务，CNN-LSTM 架构表现较好，而在测试集 2 上，RNN 架构表现较好。从实验结果中我们可以看出序列模型表现了较好的性能，我们推断这是因为序列模型能够捕获域名字符之间的长期时间依赖性和关系。实验的代码、数据集以及详细的结果见 GitHub①。

所有深度学习架构都能在测试集 1 上的二分类任务中取得较好的结果，但是相对而言在测试集 2 上的分类性能不佳。测试集 1 由从公开来源收集的域名组成，而测试集 2 来源于从内部网络流量中收集的域名。对于零日 DGA 域名检测，在测试数据集 2 上表现良好非常重要。

ROC 曲线绘制了两个参数 TPR 和 FPR，这些参数显示了在所有分类阈值下分类模型的性能，可表示分类器区分类的能力。ROC 曲线下面积 AUC 可用于表示不同分类器的性能。对于测试集 1，BiLSTM 和 CNN-LSTM 的 AUC 最高，为0.9977；对于测试集 2，BiRNN 的 AUC 最高，为 0.9718。图 7.4 和图 7.5 显示了在测试集 1 和测试集 2 上不同分类模型进行恶意 DGA 域名检测二分类的 AUC 和 ROC 的比较。

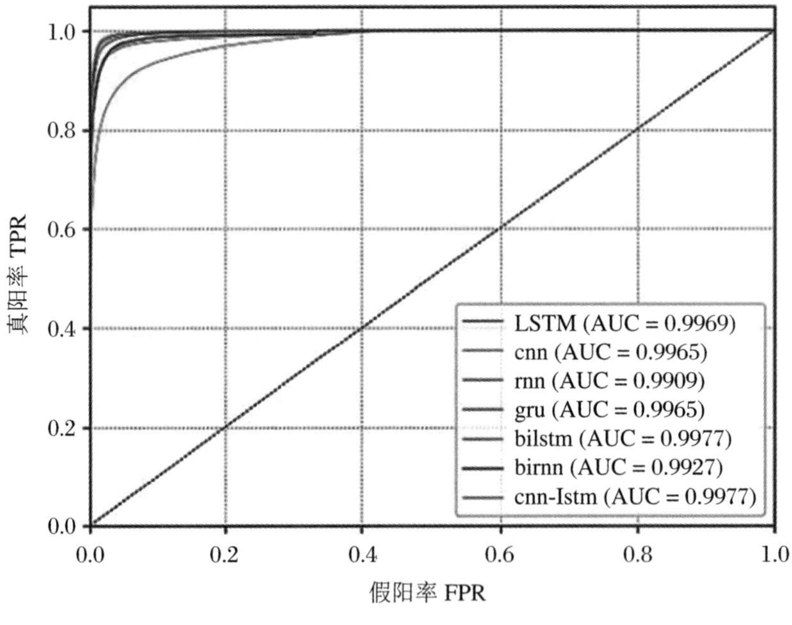

图 7.4　测试集 1 不同分类模型进行二分类的 ROC 曲线

① https://github.com/dineshresearch/Real-Time-Character-Level-Malicious-DomainName-Prediction-Using-Deep-Learning.

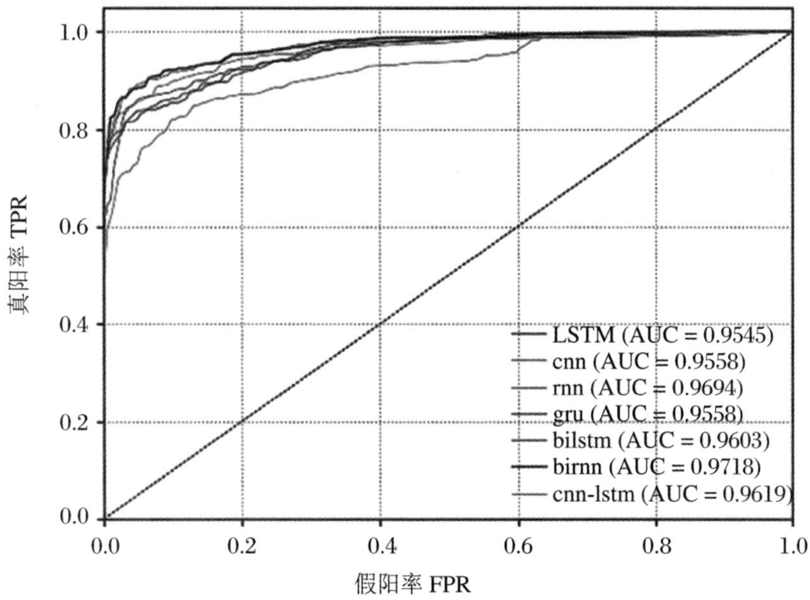

图 7.5　测试集 2 上不同分类模型进行二分类的 ROC 曲线

8　总结与未来的工作

检测恶意 DGA 域名是一个具有挑战性的任务，深度学习技术在该领域显示出较好的前景。本章所述的工作研究了如何利用各种深度学习架构进一步有效地检测使用 DGA 生成的恶意域名。我们对深度学习方法的概述提供了对准确检测恶意域名这个问题的见解，并使用常见的深度学习模型开发了一种实用的实时可扩展恶意域名检测框架。本章所提出的 DGA 恶意域名检测算法有较强的适应性，可适应恶意软件的行为改变。检测基于对 DNS 流量的分析，而不是分析恶意软件的内部结构。

本章所提出的框架已经证明在检测 DGA 恶意域名方面效率较好，可以将其进行实网部署以阻止僵尸节点和 C & C 服务器之间的通信。该框架已经开源，可以通过应用大数据框架和工具来进一步对这个框架进行扩展。未来可能的工作包括使用 Apache Spark 等大数据工具来存储和处理海量数据，以及开发一个前端用户界面以便于实现仪表盘式的数据可视化。

参考文献

[1] Broadhurst R, Grabosky P, Alazab M, et al. 2014. An analysis of the nature of groups engaged in cyber crime. Int. J. Cyber. Criminol., 8(1):1-20.

[2] Alazab M, Venkatraman S, Watters P, et al. 2012. Cybercrime: the case of obfuscated malware. Global security, safety and sustainability & e-democracy. Springer, New York, 204-211.

[3] Alazab M, Broadhurst R. 2016. Spam and criminal activity, Trends & issues in crime and criminal justice, No. 526. Australian Institute of Criminology, Canberra.

[4] Alazab M. 2015. Profiling and classifying the behaviour of malicious codes. J. Syst. Softw., Elsevier, 100:91-102.

[5] Antonakakis M, Perdisci R, Nadji Y, et al. 2012. From throw-away traffic to bots: detecting the rise of DGA-based malware. Proceedings of the 21st USENIX conference on security symposium (Security'12). USENIX Association, Berkeley, 24-24.

[6] Schiavoni S, Maggi F, Cavallaro L, et al. 2014. Phoenix: Dgabased botnet tracking and intelligence. International conference on detection of intrusions and malware, and vulnerability assessment. Springer, Cham, 192-211.

[7] Lison P, Mavroeidis V. 2017. Automatic detection of malware-generated domains with recurrent neural models. arXiv preprint arXiv:1709.07102.

[8] Vinayakumar R, Soman K P, Poornachandran P. 2018. Evaluating deep learning approaches to characterize and classify malicious urls. J. Intell. Fuzzy. Syst., 34(3):1333-1343.

[9] Vinayakumar R, Soman K P, Poornachandran P. 2018. Detecting malicious domain names using deep learning approaches at scale. J. Intell. Fuzzy. Syst., 34(3):1355-1367.

[10] Vinayakumar R, Soman K P, Poornachandran P, et al. 2019. ScaleNet: scalable and hybrid framework for cyber threat situational awareness based on DNS, URL, and email data analysis. J. Cyber. Secur. Mobil., 8(2):189-240.

[11] Geffner J. 2013. End-to-end analysis of a domain generating algorithm malware family. BlackHat USA.

[12] Plohmann D, Yakdan K, Klatt M, et al. A comprehensive measurement study of domain generating malware.

[13] Pereira M, Coleman S, Yu B, et al. 2018. Dictionary extraction and detection of algorithmically generated domain names in passive dns traffic. International symposium on research in attacks, intrusions, and defenses. Springer, 295-314.

[14] Baruch M, David G. 2018. Domain generation algorithm detection using machine learning methods. Springer, Cham, 133-161.

[15] Kuhrer M, Rossow C, Holz T. 2014. Paint it black: evaluating the effectiveness of malware blacklists. International workshop on recent advances in intrusion detection. Springer, 1-21.

[16] Zhauniarovich Y, Khalil I, Yu T, et al. 2018. A survey on malicious domains detection through dns data analysis. arXiv preprint arXiv:1805.08426.

[17] Azab A, Alazab M, Aiash M. 2016. Machine learning based botnet identification traffic. Trustcom/BigDataSE/I SPA, 2016 IEEE. IEEE, 1788-1794.

[18] Yadav S, Reddy A K K, Reddy A L, et al. 2010. Detecting algorithmically generated malicious domain names. Proceedings of the 10th ACM SIGCOMM conference on internet measurement. ACM, New York, 48-61.

[19] Yadav S, Reddy A K K, Narasimha R A L, et al. 2012. Detecting algorithmically generated domain-flux attacks with dns traffic analysis. IEEE/ACM Trans Networking, 20 (5): 1663-1677.

[20] Woodbridge J, Anderson H S, Ahuja A, et al. 2016. Predicting domain generation algorithms with long short-term memory networks. CoRR, abs/1611.00791.

[21] Vinayakumar R, Poornachandran P, Soman K P. 2018. Scalable framework for cyber threat situational awareness based on domain name systems data analysis. Roy S, Samui P, Deo R, Ntalampiras S (eds) Big data in engineering applications. Studies in big data, vol 44. Springer, Singapore, 113-142.

[22] Stone-Gross B, Cova M, Cavallaro L, et al. 2009. Your botnet is my botnet: analysis of a botnet takeover. Proceedings of the 16th ACM conference on Computer and Communications Security, CCS '09. ACM, New York, 635-647.

[23] Bilge L, Sen S, Balzarotti D, Kirda E, et al. 2014. Exposure: a passive DNS analysis service to detect and report malicious domains. ACM Trans. Inf. Syst. Secur., 16(4):1-28. https://doi.org/10.1145/2584679.

[24] Zhou Y, Li Q-s, Miao Q, et al. 2013. Dga-based botnet detection using dns traffic. J. Internet. Serv. Inf. Secur., 3(3/4):116-123.

[25] Chih-Wei Hsu, Chih-Chung Chang, Chih-Jen Lin, et al. 2003. A practical guide to support vector classification.

[26] Wang Z, Jia Z, Zhang B. 2018. A detection scheme for dga domain names based on svm. Proceedings of the 2018 international conference on Mathematics, Modelling, Simulation and Algorithms (MMSA 2018). Atlantis Press.

[27] Arel I, Rose D C, Karnowski T P, et al. 2010. Deep machine learning-a new frontier in artificial intelligence research. IEEE Comput. Intell. Mag., 5(4):13-18.

[28] Kingma D P, Adam J B. 2014. A method for stochastic optimization. CoRR, abs/1412.6980.

[29] Plank B, Søgaard A, Goldberg Y. 2016. Multilingual part-of-speech tagging with bidirectional long short-term memory models and auxiliary loss. CoRR, abs/1604.05529.

[30] Dhingra B, Zhou Z, Fitzpatrick D, et al. 2016. Tweet2vec: character-based distributed representations for social media. CoRR, abs/1605.03481.

[31] Curtin R R, Gardner A B, Grzonkowski S, et al. 2019. Detecting DGA domains with recurrent neural networks and side information. Proceedings of the 9th ACM conference on data and application security and privacy (in submission to CODASPY'19). ACM, New York.

[32] Zhang X, Zhao J Z, LeCun Y. 2015. Character-level convolutional networks for text classification. CoRR, abs/1509.01626.

[33] Saxe J and Berlin K. 2017. Expose: a character-level convolutional neural network with embeddings for detecting malicious urls, file paths and registry keys. CoRR, abs/1702.08568.

[34] Vosoughi S, Roy D. 2016. A semi-automatic method for efficient detection of stories on social media. Proceedings of the 10th International AAAI Conference on Weblogs and Social Media (ICWSM 2016). Cologne, Germany.

[35] Vinayakumar R, Soman K P, Poornachandran P, et al. A deep-dive on machine learning for cybersecurity use cases. Gupta B, Sheng M (eds) Machine learning for computer and cybersecurity: principle, algorithms, and practices. CRC Press, Boca Raton.

[36] Mohan V S, Vinayakumar R, Soman K P, et al. 2018. S.P.O.O.F net: syntactic patterns for identification of ominous online factors. IEEE symposium on security and privacy workshops. Conference Publishing Services, IEEE Computer Society, Los Alamitos, 258-263.

[37] Vinayakumar R, Soman K P, Poornachandran P, et al. AmritaDGA: a comprehensive data set for domain generation algorithms (DGAs). Big data recommender systems: recent trends and advances, Institution of Engineering and Technology (IET). (In Press).

[38] Vinayakumar R, Alazab M, Soman K P, et al. 2019. Deep learning approach for intelligent intrusion detection system. IEEE Access.

[39] Vinayakumar R, Alazab M, Soman K P, et al. 2019. Robust intelligent malware detection using deep learning. IEEE Access.

[40] Vinayakumar R, Alazab M, Jolfaei A, et al. 2018. Ransomware triage using deep learning: twitter as a case study. In the 9th IEEE International Conference on Cyber Security and Communication Systems At: Melbourne, Australia. Springer, 2018. (In Press).

基于 SDN 网络的入侵检测:深度循环神经网络方法

作　者　Tuan Anh Tang①, Des McLernon②, Lotfi Mhamdi③, Syed Ali Raza Zaidi④, Mounir Ghogho⑤

摘　要　软件定义网络(software defined networking, SDN)已经逐渐成为未来 Internet 的关键技术。SDN 提供了一个全局网络以及动态控制网络流量的功能。与传统网络相比,SDN 的主要优势之一在于通过集中控制可以提供更好的网络安全性。尽管如此,SDN 体系结构提供的灵活性也引发了一些新的网络安全问题,这些问题必须加以解决。在本文中,我们提出了一种基于门控循环单元的循环神经网络(gated recurrent

---

① Tuan Anh Tang:2013 年获得越南 Danang University of Science and Technology 电子与通信学士学位,目前在英国利兹大学攻读博士学位。研究兴趣包括软件定义网络 SDN、网络安全、入侵检测、机器学习和深度学习。

② Des McLernon:在北爱尔兰贝尔法斯特 Queen's University 获得电子与电气工程学士学位和电子学硕士学位。随后他在苏格兰爱丁堡的 Ferranti 公司从事雷达系统的研究和开发,之后进入伦敦大学帝国理工学院,并获信号处理博士学位。研究兴趣集中在无线通信的信号处理领域,在该领域已经发表了 320 多篇期刊和会议论文。指导过 45 名博士研究生,是 IET 期刊 *Signal Processing* 的副主编。目前的研究项目包括物理层安全、异构网络中的 M2M 通信/缓存、通信能量收集、机器人通信、SDN、分布式传感、随机几何、通信雷达的多包感知、无人机小细胞通信和认知无线电的频谱感知。

③ Lotfi Mhamdi:2002 年获香港科技大学计算机科学硕士学位,2007 年获荷兰代尔夫特理工大学(TU Delft)计算机工程博士学位,之后他在代尔夫特理工大学担任博士后研究员,研究高性能网络课题。自 2011 年 7 月起,一直担任英国利兹大学电子与电气工程学院讲师。担任多个会议的技术委员会成员,包括 IEEE ICC、IEEE GLOBECOM、IEEE HPSR 和 ACM/IEEE NOCS。研究工作涉及高性能网络领域,包括高性能交换机和互联网路由器的架构、设计、分析、调度和管理。

④ Syed Ali Raza Zaidi:毕业于英国利兹大学电子与电气工程学院,获博士学位。2011—2013 年,在 International University of Rabat 担任讲师。2013—2015 年,在美国陆军研究实验室 SPCOM 研究集团工作。目前是利兹大学无线通信和传感系统的助理教授。他在 IEEE 主要会议和期刊上发表了 90 多篇论文。EPSRC 同行评审学院的活跃成员,英国 EURASIP 协会本地联络员,IEEE 回程和前沿网络技术小组委员会秘书长。曾担任 *IEEE Communication Letters* 的编辑,目前是 *IEEE Communication Magazine* 的副技术编辑。

⑤ Mounir Ghogho:1997 年获得法国图卢兹国立理工学院(National Polytechnic Institute of Toulouse)博士学位。2001 年加入利兹大学,并于 2008 年晋升为正教授。在利兹大学任职期间,他于 2010 年加入 Université Internationale de Rabat,目前担任 TICLab (ICT 研究实验室)主任和总统的科学顾问。IEEE Transactions on Signal and Information Processing 指导委员会成员。2013 年 IBM 教员奖和 2000 年英国皇家学院工程研究奖学金的获得者。他主持了许多会议和讲习班。曾担任 *IEEE Transactions on Signal Processing* 和 *IEEE Signal Processing Letters* 的副编辑。目前是 *IEEE Signal Processing Magazine* 的副主编。

unit recurrent neural network，GRU-RNN）的 SDN 入侵检测系统。我们使用 NSL-KDD 和 CICIDS2017 两个数据集对所提出的方法进行了测试。基于可在 SDN 控制器上提取的低维特征，我们提出的方法分别实现了 89%和 99%的检测准确率。我们还评估了采用所提出方法的网络在吞吐量和延迟两个指标上的性能。测试结果表明，我们提出的 GRU-RNN 模型不会降低网络性能。在大量的实验评估中，我们提出的方法在 SDN 环境中展现了强大的入侵检测潜力。

关键词 SDN，软件定义网络，网络安全，网络入侵检测，机器学习，深度学习

1 引言

1.1 动机

当前的 Internet 体系结构发展了近三十年，已经变得越来越复杂。现有 Internet 架构在很大程度上是分散自治的，由大量的路由器、交换机和众多类型的中间网络设备构成（例如防火墙、负载均衡等），并在每个设备上实现了多种复杂的协议。这些网络设备传统上是由多家制造商开发的，每个制造商都有自己的设计、固件和其他软件，并以专有和非合作的方式运行在自己的硬件上。因此，当前的 Internet 体系结构缺乏相应的敏捷性来响应不断变化的需求和现代应用的动态特性。软件定义网络（SDN）[21] 作为一种有前途的体系结构，在网络服务的配置和部署中实现了可伸缩性和前所未有的灵活性。其控制平面和数据平面的分离为业务流提供了更大的灵活性和更好的控制能力。然而，正如文献[13]中强调的那样，SDN 体系结构还引入了与控制平面、控制平面－数据平面接口和控制平面－应用程序接口有关的各种安全性问题。如最近的文献[14，26]中所述，SDN 安全已成为一个严重的问题，引起了广泛的关注。

入侵检测系统（intrusion detection system，IDS）是极为重要的网络安全工具之一。IDS 大致可分为两类：基于特征指纹的 IDS 和基于异常的 IDS。基于特征指纹的 IDS 使用先前攻击的特征指纹数据库来检测新攻击。该类系统的误报率较低，但无法检测到零日（zero-day）攻击。基于特征指纹 IDS 的效率与数据库中可用的指纹信息的完整性和新鲜度密切相关。维护这样的数据库需要巨大的运维开销，并且实时操作很困难，甚至是不太可能。基于异常的 IDS 尝试识别偏离基线模型的观察结果，因此，与基于特征指纹的 IDS 相比，该类系统可以更好地检测零日攻击。目前已经提出了各种用于入侵检测的方法，例如人工神经网络（artificial neural network，ANN）、支持向量机（support vector machine，SVM）和贝叶斯方法。但是如文献[28]中所述，这些技术具有很高的误报率且

计算成本开销较大。最近,深度学习作为一种新方法,在计算机视觉和自然语言处理领域取得了巨大的成功。深度学习能够处理原始数据并能自行学习高级别特征,因此深度学习比传统的机器学习技术具有更高的准确性。SDN 基于流的性质使得可以通过 OpenFlow[16] 协议实时获取网络信息。因此,基于流的入侵检测系统最近在 SDN 中引起了极大的关注。

1.2 贡献

遵循当前的研究路径,我们相信在 SDN 环境下,深度递归神经网络是一种更好的 IDS 解决方案。递归神经网络(recurrent neural network, RNN)已经在语言建模、文本生成和语音识别方面的应用中获得了巨大的成功。我们认为,RNN 是一种强大的技术,可以表示当前事件和先前事件之间的关系,有助于提高异常检测率。在本章中,我们提出了门控循环单元循环神经网络(GRU-RNN)来检测网络中的异常流量痕迹。

本章的主要贡献如下:

· 将使用 GRU-RNN 的 IDS 引入到 SDN 环境中。据我们所知,这是在 SDN 环境中首次使用 GRU-RNN 进行入侵检测的尝试。

· 与其他最新提出的方法相比,基于 GRU-RNN 方法在 NSL-KDD 数据集中的检测率为 89%,并使用了最小数量的特征。这说明我们的方法具有实时检测的巨大潜力。在检测 CICIDS2017 数据集中的 DDoS 攻击时,GRU-DNN 的检测率达到了惊人的 99%。

· 我们还评估了在 SDN 环境中我们所提出方法的网络性能。结果表明,我们的方法不会显著降低 SDN 控制器的性能。

本章后续内容安排如下:第 2 节为文献综述,第 3 节给出了系统描述,第 4 节介绍了入侵检测性能和网络性能分析,最后的第 5 节对本章进行总结并介绍了下一步的工作。

2 文献综述

2.1 什么是软件定义网络

可编程网络的想法是作为促进常规网络发展的一种新方式而被提出的。几年以前研究者就提出了可编程网络和解耦网络控制逻辑的想法。一般来说,SDN 是根据以下四个原则构建的:

· 分离控制平面和数据平面。这两个平面必须在逻辑上分离并通过接口连接。将控制平面从转发设备中分离并将其委派给另外的外部实体。

- 网络可编程性。提供开放的 API 是 SDN 架构的核心特征。通过软件和脚本应该能够轻松地访问、配置和修改网络要素。

- 网络抽象。网络视图对于更高层的任何元素来说都是虚拟的。服务和应用程序可以知道整个网络的状态,但是网络的物理属性和网络的资源与对网络的配置和计算无关。

- 逻辑集中控制。域中的所有转发设备与控制实体连接,并受控制实体制定的策略约束。

SDN 由开放网络基金会(open networking foundation, ONF)定义,该基金会由 Microsoft、Google、Facebook、Yahoo、Verizon 和 Deutsche Telekom 于 2011 年成立。截至 2015 年,该组织拥有 150 多个行业成员,并得到了多家网络设备供应商的认可,例如 Cisco、Dell、Brocade 和 HP。SDN 体系结构将网络控制和转发两个功能进行解耦,使网络控制可以直接被编程。控制平面与数据平面的分离为 SDN 架构奠定了基础。网络交换机成为简单的转发设备,网络的控制逻辑在物理或逻辑上集中式的控制器中实现。控制器决定了网络的行为,这提供了许多好处。首先,我们可以从单一位置通过软件修改网络策略而无需重新配置单个设备,这样做更简单且不易出错。其次,控制程序可以自动响应网络的动态变化,从而始终在网络中维持预先定义的高级策略。再次,集中的控制器可以具有整个网络的全局知识,包括网络拓扑和网络资源的状态,从而提供了更高的灵活性并便于开发复杂的网络功能。例如,控制器可以动态调整流表以避免拥塞,或者将不同的路由算法应用于不同类型的流量。

SDN 体系结构分为三层:基础设施层、控制层和应用程序层。

- 基础设施层(第 1 层):该层由硬件转发设备(例如交换机、路由器)组成。

- 控制层(第 2 层):网络智能地建立在基于软件的逻辑集中式 SDN 控制器中,控制层控制和管理数据转发设备。控制层位于网络设备端和应用程序端中间。控制器是 SDN 网络的核心,负责为网络中的每条流在交换机设备上建立流表。

- 应用程序层(第 3 层):应用程序和服务充分利用了控制层和基础设施层的优点。从概念上讲,应用程序层位于控制层之上,使得开发网络应用程序变得很轻松。这些应用程序执行所有网络管理任务。SDN 应用程序的一些示例包括负载均衡、网络监视器和 IDS。

2.2 SDN 的安全性

SDN 概念的提出相比传统网络而言具有显著的优势。尽管为网络安全带来了明显的进步,但 SDN 也引入了新的攻击面,成为新的潜在攻击目标。引发担忧的主要原因实际上恰恰在于 SDN 的主要优势:网络可编程性和控制逻辑集中化。这些功能实际上引入了新的故障和攻击面,这为以前不存在或难以利用的新威胁打开了大门。据 Kreutz 等人[14]的研究,SDN 中存在 7 个主要的潜在威胁向量(threat vector),表 8.1 对此进行了总结。

表 8.1 SDN 环境中的威胁向量

编号	威胁向量
1	伪造的数据流
2	攻击交换机的脆弱性
3	攻击控制面的通信
4	攻击控制器的脆弱性
5	缺乏确保控制器和管理应用程序之间信任的机制
6	攻击管理服务器的脆弱性
7	缺乏可信任的取证和补救资源

这 7 个威胁向量中,3、4 和 5 在传统网络中不存在,它们是 SDN 的特定威胁,来自 SDN 中控制平面和数据平面的分离以及控制器的逻辑集中,其他威胁向量已经在传统网络中出现。威胁向量 5 对 SDN 体系结构的影响最大,因为它可能影响整个 SDN 网络。控制器是一个潜在的单一攻击点,攻击者可以利用控制器的漏洞,运行一些危险的脚本。如果没有用于保护控制器的安全配置,它将受到攻击者的控制。控制器为 SDN 应用程序提供了一个接口来管理网络,但是由于控制器和 SDN 应用程序之间缺乏信任,这也为恶意 SDN 应用程序提供了接管网络的机会。恶意主机还会严重破坏 SDN 架构,比如恶意主机可能对控制器和其他主机执行拒绝服务攻击或网络拓扑毒化。拒绝服务攻击是 SDN 中最危险的攻击之一,攻击者可以通过泛洪方式向网络大量伪造数据包来实施攻击。这些数据包将触发交换机向控制器发送大量请求,以获取新的流规则。如此,控制通道带宽和控制器 CPU 资源将被大量消耗,结果控制器对合法请求的响应将会变缓。而且数据包可能很快耗尽交换机用于流表存储的内存,因此交换机也将遭受流量拥塞的困扰。被攻击者控制的交换机不仅具有与恶意主机相同的功能,而且还能够执行更动态、更严重的攻击。首先,它们可以用于流量监听,通过被攻击者控制的交换机的数据流和控制流都可以复制并发送给攻击者,以进行进一步处理。此外,攻击者可能会干扰通过被控制交换机的控制流量,以执行中间人攻击。这样攻击者甚至可以充当某些目标交换机的控制器。

2.3 相关工作

研究者已经广泛在入侵检测中采用经典的机器学习方法，例如支持向量机 SVM、K-近邻、人工神经网络、随机森林等。这些提出的方法取得了不同程度的成功，但是也表现出一些固有的局限性。Parwez 等人[22]采用 K 均值和层次聚类来检测移动无线网络数据呼叫详细记录中的异常。文献[19]使用贝叶斯网络在云计算网络中进行入侵检测，发现拒绝服务攻击等异常。Bang 等人在文献[2]中使用隐半马尔可夫模型来检测 LTE 信令攻击。文献[10]结合主成分分析(PCA)和 SVM 进行检测入侵，PCA 用于减少网络数据的维数，而 SVM 用于检测数据中的入侵线索。这些工作仅针对传统网络，其中使用的大量特征无法直接用于 SDN 环境。

Braga 等人[3]提出了一种使用自组织映射(self organizing map, SOM)的轻量级方法来检测 SDN 网络环境中的分布式拒绝服务(DDoS)攻击，这种方法基于流的六个特征且具有很高的检测准确度。在文献[17]中，作者在 SDN 环境中使用了四种流量异常检测算法(使用基于信用的速率限制、速率限制、最大熵和 NETAD 的阈值随机行走)，实验表明，这些算法在 SOHO(小型办公室/家庭办公室)网络中的性能比 ISP(Internet 服务提供商)网络中的性能更好，其可以线速工作，并且不会给家庭网络带来任何新的性能开销。

由于 DDoS 攻击可能产生的严重后果，在文献中 DDoS 攻击是 SDN 环境下最受关注的攻击形式。控制器是 SDN 架构中的单点故障，如果攻击者能在控制器上触发 DDoS 攻击并对其进行控制，攻击者就可以控制整个网络。SVM 由于具有较高的检测精度，是一种非常流行的算法。在文献[12,24]中，SVM 被用于有效地检测 DDoS 攻击。Winter 等人[31]利用带有恶意数据集训练来单分类 SVM，以降低误报率。AlEroud 等人[1]结合使用 K-近邻和图论，将 SDN 环境中的网络流量分类为良性流量和 DDoS 攻击流量。Mousavi 等人[18]根据流的目标 IP 地址熵的变化，提出了一种针对 SDN 控制器的早期 DDoS 攻击预警方法。他们假定良性流中目的 IP 地址是均匀分布的，而恶意流则集中发给少量目的主机。因此，当发生任何攻击时，流中目的 IP 地址的熵会急剧下降。在文献[20]中，作者提出了一种基于堆叠自编码器(stacked autoencoder, SAE)的深度学习方法来检测 SDN 网络环境中的 DDoS 攻击，他们在自己的数据集上实现了很高的准确率和较低的误报率。

2016 年，我们应用深度神经网络(DNN)技术在 SDN 环境下训练和测试了 NSL-KDD 数据集。[29]仅通过 6 个基本特征，我们就获得了 75.75%的准确率。在本文中，我们通过使用基于门控循环单元的循环神经网络 GRU-RNN 来提高检测精度并降低系统的误报率。

3 研究方法及系统描述

本节首先简要回顾循环神经网络 RNN 和门控循环单元 GRU,然后详细描述基于 SDN 的 IDS 的体系结构。

3.1 循环神经网络

RNN 是常规前馈神经网络的扩展。一般来说,其网络架构如图 8.1 所示。

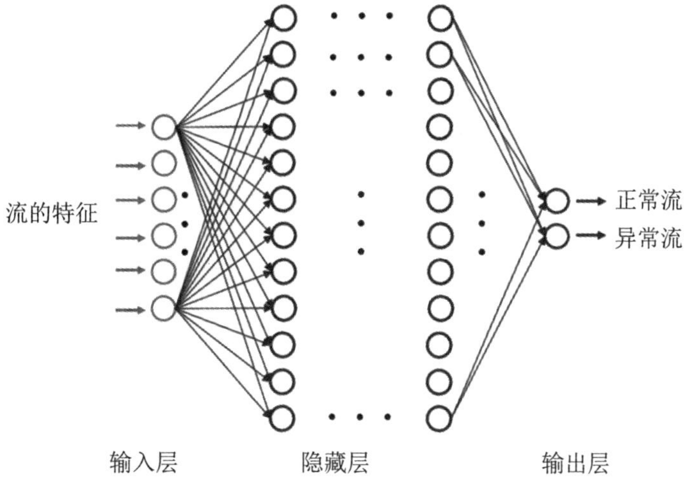

图 8.1 深度神经网络架构图

RNN 之所以称为“循环”,是因为它对序列的每个元素执行相同的操作,其输出取决于先前的计算。在数学上,RNN 的隐藏状态计算为

$$\boldsymbol{h}_t = \sigma(\boldsymbol{W}\boldsymbol{x}_t + \boldsymbol{U}\boldsymbol{h}_{t-1} + \boldsymbol{b}_h),\quad t = 1,2,\cdots,T \tag{8.1}$$

其中,$\sigma(\cdot)$是一个非线性函数,$\boldsymbol{x}_t$ 是时间 t 的输入向量,$\boldsymbol{h}_t$ 是时间 t 的隐藏状态向量,$\boldsymbol{W}$ 是输入的隐藏权重矩阵,$\boldsymbol{U}$ 是隐藏层的隐藏权重矩阵,$\boldsymbol{b}_h$ 是偏差矢量项。

时间反向传播(backpropagation through time, BPTT)算法可被用于训练 RNN。然而,由于广为人知的梯度消失/爆炸的问题,使用 BPTT 来训练 RNN 通常很困难。[9]长短期记忆(long short term memory, LSTM)网络[8]和门控循环单元(gated recurrent unit, GRU)算法[5]被提出来解决这个问题,它们都是深度学习中广泛使用的模型。

在此我们选择使用 GRU 来训练 RNN。与 LSTM 相比,GRU 更简单并且训练的速度更快。[7]

与式(8.1)中所列的计算方式不同，对于 GRU，其激活函数 $\boldsymbol{h}_t$ 的计算方式如下所示：

$$\boldsymbol{h}_t = (\boldsymbol{1} - \boldsymbol{z}_t)\boldsymbol{h}_{t-1} + \boldsymbol{z}_t\widetilde{\boldsymbol{h}}_t, \quad t = 1,2,\cdots,T \tag{8.2}$$

其中更新门函数 $\boldsymbol{z}_t$ 定义要保留多少之前的记忆，而 $\widetilde{\boldsymbol{h}}_t$ 是候选激活函数。更新门函数由下式计算：

$$\boldsymbol{z}_t = \sigma(\boldsymbol{W}_z\boldsymbol{x}_t + \boldsymbol{U}_z\boldsymbol{h}_{t-1}) \tag{8.3}$$

候选激活函数 $\widetilde{\boldsymbol{h}}_t$ 由下式计算：

$$\widetilde{\boldsymbol{h}}_t = \tanh(\boldsymbol{W}_h\boldsymbol{x}_t + \boldsymbol{U}_h(\boldsymbol{h}_{t-1}\odot\boldsymbol{r}_t)) \tag{8.4}$$

复位门 $\boldsymbol{r}_t$ 决定如何将新输入与先前的激活向量相结合，$\odot$ 是逐元素(element-wise)向量乘法。复位门由下式计算：

$$\boldsymbol{r}_t = \sigma(\boldsymbol{W}_r\boldsymbol{x}_t + \boldsymbol{U}_r\boldsymbol{h}_{t-1}) \tag{8.5}$$

其中 $\sigma(\cdot)$ 是式(8.3)和式(8.5)中的非线性函数。最后，所有 $\boldsymbol{W}$ 和 $\boldsymbol{U}$ 都是通过训练学到的权重矩阵。

3.2 系统架构

如前所述，SDN 将网络设备中的控制平面和数据平面分离。数据平面(SDN 环境中称为交换机)只是简单的数据包转发设备。控制平面可以是一台单独的计算机，也可以是一组逻辑上集中的分布式计算机。这两种实体互相通信以交换网络信息并管理整个网络。大体上来说，在一个 SDN 网络中，来自 Internet 的数据包在 SDN 控制器的控制下经由 SDN 交换机进行转发。交换机上有控制网络中数据包如何流动的流表规则，流表规则包含匹配字段、计数器、操作行为(action)等。如果到达的流与 SDN 交换机中的任何规则都不匹配，则该交换机将向控制器发送带有到达流头部信息的 packet-in 消息，控制器将如何处理相应的流的指令通过 packet-out 或 flow-mod 消息发送到交换机。运行在控制器之上的应用程序可以通过为数据平面编程来实现不同的目的，例如防火墙、负载均衡、入侵检测等。本文着重讨论使用 SDN 范式作为一种网络基础设施来实现入侵检测。

入侵检测 IDS 被实现为 SDN 控制器上的应用程序。图 8.2 描述了基于 SDN 的 IDS 体系结构。它具有三个主要组件：流收集器、异常检测器和异常缓解器。

· 流收集器：当有 packet-in 消息到达时，将触发此模块。它将提取所有的流统计信息，例如协议、源/目标 IP 以及源/目标端口。该模块还可由计时器功能触发，以周期性向交换机发送 ofp_flow_stats_request 消息来请求所有流的统计信息。接收到请求后，交换机将包含所有流条目的聚合统计信息的 ofp_flow_stats_reply 消息发送回控制器。

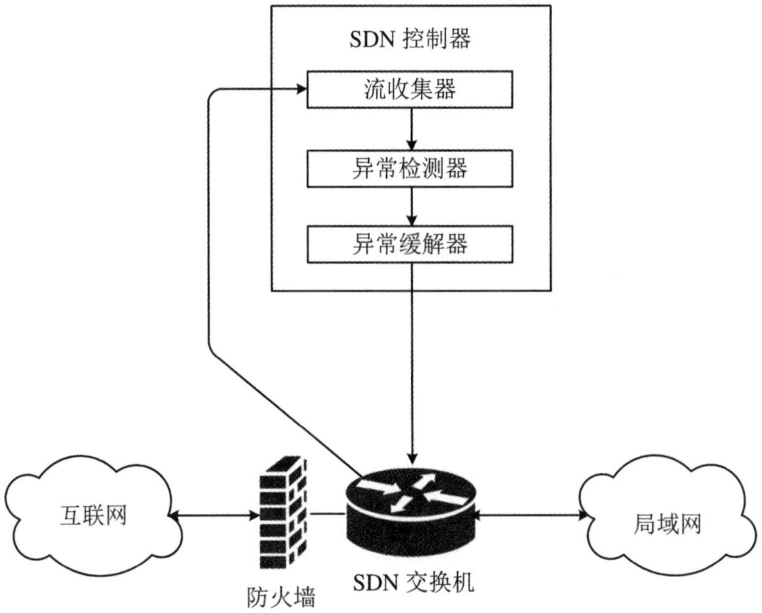

图 8.2 基于 SDN 的 IDS 体系架构

所有异常检测所需的特征都来自这些统计信息,并且创建的特征被发送到“异常检测器”模块。

- 异常检测器:我们选择 GRU-DNN 算法作为异常检测器模块的核心算法。异常检测器模块加载经过训练的模型,接收网络统计信息,并判断流是否为异常。
- 异常缓解器:对于异常检测器的检测结果,异常缓解器模块可以决定如何处理流。例如,可以立即停止该流以防止可能的进一步攻击,或者将其镜像到深度数据包检查器以进一步分析。

4 性能分析

在本节中,我们首先描述实验中使用的所有数据集,然后解释用于评估模型性能的所有指标,接着描述进行实验的所有设置。本节还将给出利用我们所提出的方法进行异常检测的结果,并与其他研究工作进行比较。最后还对 GRU-RNN 的网络性能进行了评估和分析。

4.1 数据集

当前,只有少数公开数据集适用于对 IDS 进行评估(如 KDD Cup 99、NSL-KDD、

DAPRA和ISCX 2012)，并且这些公开数据集并不是专门针对SDN环境的数据集。KDD Cup 99[11]和NSL-KDD数据集是文献中最常见的用于评估NIDS性能的数据集。如文献[15]中所述，KDD Cup 99数据集有一些内在的问题，这些问题使得分类器无法达到更好的准确率。为解决KDD Cup 99数据集中的这些问题，Tavallaee等人引入了NSL-KDD数据集。[30]但是，以上数据集都已过时，其中的流量缺乏多样性和某些特征集。最近，人们发布了CICIDS2017数据集[27]以处理这些问题。SDN体系结构仍在开发中，因此用于SDN环境的网络入侵检测NIDS的公开发布数据集仍然很少。一些研究人员仍然使用常规数据集来评估他们的方法。在本文中，我们选择NSL-KDD和CICIDS2017数据集来评估我们提出的方法。

1. NSL-KDD数据集

NSL-KDD数据集的训练集和测试集分别包含125973和22544条记录。此数据集中的每个网络流都具有41个特征，这些特征分为三种类型：基础特征、内容特征和流量特征。该数据集中的攻击可以分为四类。我们用KDDTrain+数据集来训练IDS中的分类器，并用KDDTest+数据集来测试训练的IDS分类器。此外，除了KDDTrain+数据集中的22种类型的攻击外，KDDTest+数据集还包含18种不同类型的攻击。表8.2中描述了每种攻击类别的详细信息。因此，KDDTest+数据集也可用于评估分类器在零日攻击下的性能。

表8.2 NSL-KDD数据集中的攻击类别

类别	训 练 集	测 试 集
DoS	back，land，neptune，pod，smurf，teardrop	back，land，neptune，pod，smurf，teardrop，mailbomb，processtable，udpstorm，apache2，worm
R2L	fpt-write，guess-passwd，imap，multihop，phf，spy，warezclient，warezmaster	fpt-write，guess-passwd，imap，multihop，phf，spy，warezmaster，xlock，xsnoop，snmpguess，snmpgetattack，httptunnel，sendmail，named
U2R	buffer-overflow，loadmodule，perl，rootkit	buffer-overflow，loadmodule，perl，rootkit，sqlattack，xterm，ps
Probe	ipsweep，nmap，portsweep，satan	ipsweep，nmap，portsweep，satan，mscan，saint

在SDN环境中，我们无法在当前的OpenFlow协议中直接访问数据包内容。OpenFlow协议不允许我们获取NSL-KDD数据集中的所有41个特征。因此，我们只关注NSL-KDD数据集的基础特征和流量特征。这两类特征的一部分可以很容易地从

SDN 交换机中获取到。我们从 NSL-KDD 数据集的 41 个候选特征中选择了包含 6 个特征的子集,其中有基础特征也有流量特征。所选特征为 duration、protocol_type、src_bytes、dst_bytes、srv_count 和 dst_host_same_src_port_rate 这些与 SDN 相关的特征。表 8.3 列出了这些特征的详细信息。这 6 个特征的选择没有经过任何特征选择或优化算法,而仅仅是根据它们与 SDN 环境的相关性。

表 8.3 NSL-KDD 特征描述

特征名称	描　　述
duration	流持续的时间
protocol_type	流的协议类型,TCP、UDP 等
src_bytes	从源端发送到目的端的字节数
dst_bytes	从目的端发送到源端的字节数
srv_count	两秒内连接到与当前流相同的目的服务的流的数量
dst_host_same_src_port_rate	使用相同源端口的流的数量

NSL-KDD 数据集同时包含数值特征和符号特征,在此我们将把符号特征转换为数值特征。转换后,通过如下所示的 Min-Max 缩放将所有数值特征归一化到 0～1 范围。

$$x' = \frac{x - \min(x)}{\max(x) - \min(x)}, \quad x > 0 \tag{8.6}$$

其中 x'是归一化的特征值,x 为原始特征值。

2. CICIDS2017 数据集

CICIDS2017 数据集涵盖了 7 种常见的攻击类别,即暴力破解攻击、Heartbleed 心脏滴血攻击、僵尸网络、DoS 攻击、DDoS 攻击、Web 攻击和渗透攻击。我们选择其中的 Wednesday 数据集,重点关注 DoS、Heartblead、Slowloris、Slowhttptest、Hulk 和 GoldenEye 攻击。实际网络中这些类型的攻击数量正在上升,并且是对 SDN 体系结构的主要威胁。

在该数据集中,我们分别使用 622265 和 69141 条记录进行训练和测试。我们从该数据集的 80 个特征中选取了 9 个特征的子集用于我们的研究。这些特征具有与 SDN 相关的性质,并且可以轻松地从 SDN 控制器提取。这些特征的详细信息可以在表 8.4 中看到。与 NSL-KDD 数据集一样,该数据集中的特征也通过 Min-Max 缩放归一化到 0～1 范围。

表 8.4　CICIDS2017 特征描述

特征名称	描　　述
Source port	流的源端口
Destination port	流的目的端口
Protocol	流使用的协议
Flow duration	流的持续时间(以微秒为单位)
Fwd packet length mean	从源端发送到目的端的数据包的平均长度
Flow bytes/s	每秒发送的字节数
Flow packet/s	每秒发送的数据包个数
Flow IAT mean	数据包到达间隔时间的平均值
Fwd packet/s	每秒从源端发送到目的端的数据包个数

4.2　评价指标

为了评估我们提出的方法,使用了精度(P)、召回率(R)、F1 值(F1 score)和准确率(ACC)指标。这些指标是通过使用以下四种不同的测试值来计算的:真阳性(TP)、真阴性(TN)、假阳性(FP)和假阴性(FN)。定义如下:

- TP:正确分类的异常记录数。
- TN:正确分类的正常记录数。
- FP:错误分类的正常记录数。
- FN:错误分类的异常记录数。

准确率(ACC)是指在总流量记录中正确检测所占的百分比,计算公式如下:

$$\mathrm{ACC} = \frac{\mathrm{TP} + \mathrm{TN}}{\mathrm{TP} + \mathrm{TN} + \mathrm{FP} + \mathrm{FN}} \times 100\% \tag{8.7}$$

精度(P)是指预测的异常实例中实际确为异常实例的百分比,计算公式如下:

$$P = \frac{\mathrm{TP}}{\mathrm{TP} + \mathrm{FP}} \times 100\% \tag{8.8}$$

召回率(R)是指正确预测的异常实例与所有实际异常实例的百分比,计算公式如下:

$$R = \frac{\mathrm{TP}}{\mathrm{TP} + \mathrm{FN}} \times 100\% \tag{8.9}$$

F1 值是指精确率和召回率指标的调和平均,用于表示模型性能,计算公式如下:

$$F1 = \frac{2}{\frac{1}{P} + \frac{1}{R}} \times 100\% \tag{8.10}$$

4.3 实验设置

根据我们的实验,有三个隐藏层的 DNN 在所有实验场景下都能提供最佳结果。因此,我们使用一个具有三个隐藏层的 GRU-RNN。在训练阶段,batch 大小和 epoch 分别为 100 和 1000。我们使用 Nadam 优化器和均方误差(mean squared error,MSE)函数。此外,我们在模型中添加了 L1 正则化,以防止在训练阶段过拟合。实验中我们还使用了一个与提出的 GRU-RNN 结构相同的 DNN 作为对比对象。我们使用 Keras[6]来实现我们提出的 GRU-RNN、DNN 和 VanilaRNN 模型。Scikit-learn 库[23]用于实现 SVM 算法并测量所有评价指标。

4.4 实验结果

首先,我们从 NSL-KDD 数据集上的精度、召回率、F1 值和准确率几个指标分析我们所提出模型的异常检测性能。表 8.5 中给出的详细结果表明,我们提出的 GRU-RNN 模型在所有评价指标上均有出色表现。GRU-RNN 模型可以很好地检测到合法和异常流,合法和异常流的召回率分别为 89% 和 90%。其中 90% 的异常检测召回率表明,GRU-RNN 能够很好地检测零日攻击。

表 8.5 NSL-KDD 数据集上的评价指标

类别	精度	召回率	F1 值
正常	87%	89%	88%
异常	91%	90%	90%

我们还使用六个相同的子特征集将我们提出的模型与其他流行算法(VanilaRNN、SVM 和 DNN)的性能进行了比较。如图 8.3 所示,在所有评价指标中,GRU-RNN 的性能均优于其他算法。对于合法和异常的流量,GRU-RNN 都能产生良好的结果,而其他算法仅在其中某类中性能表现较好。

表 8.6 中的结果表明,我们所提出的方法在准确率方面优于其他算法。DNN 位居第二,显示了深度学习方法在异常检测中的潜力。与同类的 GRU-RNN 相比,VanilaRNN 给出的结果最差。

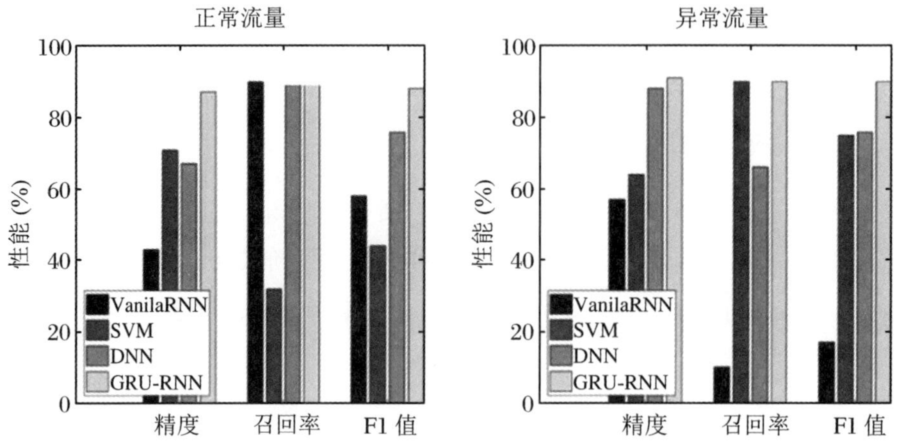

图 8.3 算法性能比较

表 8.6 不同算法准确率比较

算　　法	准确率
VanilaRNN	44.39%
SVM	65.67%
DNN	75.9%
GRU-RNN	89%

接下来我们使用接受者操作特征(ROC)曲线来评估我们提出的方法。ROC 曲线是通过假阳性率与真阳性率来绘制的,ROC 曲线下的区域(AUC)被用于确定某个分类器的预测效果,AUC 越高,则分类器越好。图 8.4 显示,在所有测试算法中,所提出的 GRU-RNN 达到了最高的 AUC,其真阳性率为 90%,误报率为 10%。VanilaRNN 给出了最差的结果。正如我们所看到的,GRU-RNN 具有最低的假阳性率,这对 IDS 来说是较为重要的性能因素。

精度与召回率曲线显示了针对不同阈值的精度和召回率之间的权衡。曲线下的区域大代表较高的召回率和精度,理想系统返回的所有结果均为正确标记。如图 8.5 所示,GRU-RNN 在所有算法中为我们提供了最佳结果。随着召回率阈值的增加,所有算法的精度都会显著降低,但 GRU-RNN 除外,其精度仍然可提高到 89%。

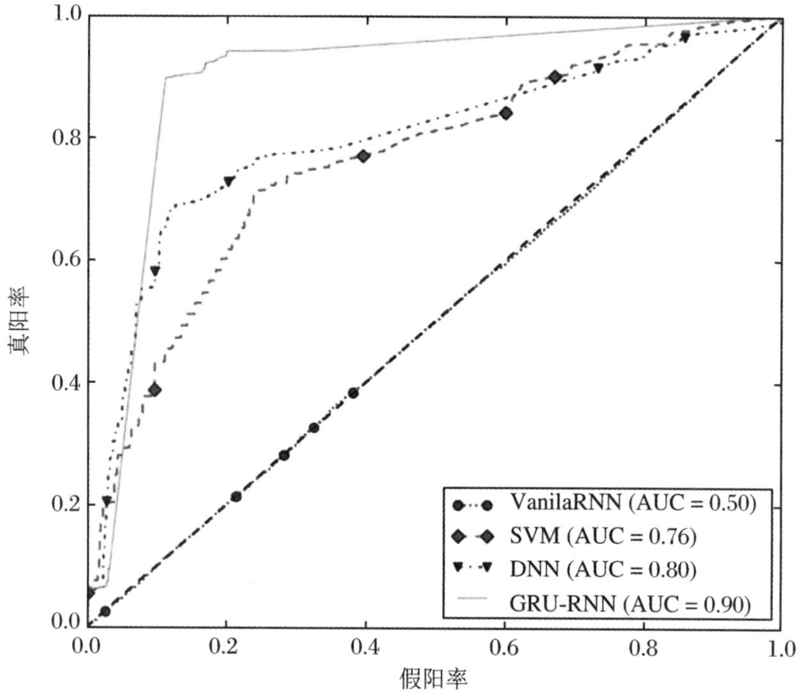

图 8.4 不同算法的 ROC 曲线

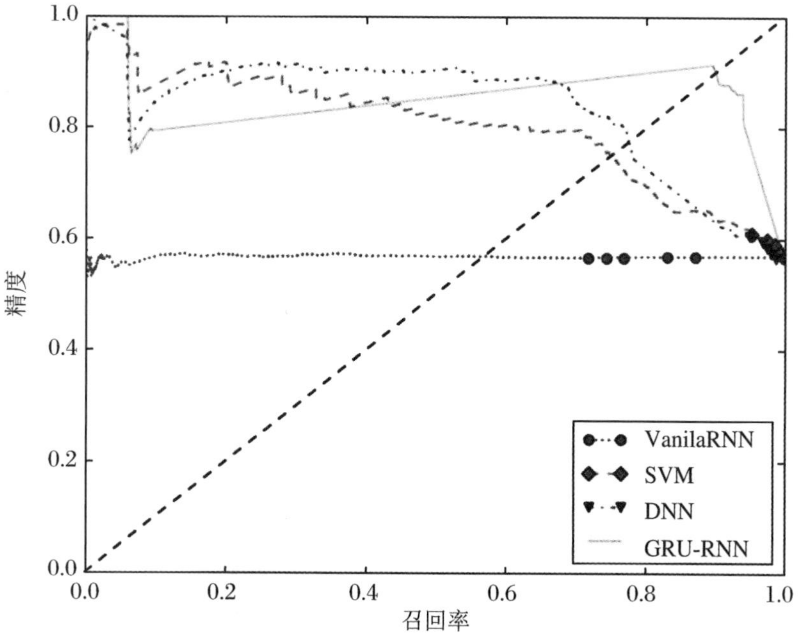

图 8.5 精度与召回率对比曲线

此外，我们还将所提出模型的性能与其他文献中提出的模型进行了比较，即将GRU-RNN与SVM、DNN、NB Tree等最新算法进行了比较。NB Tree算法在文献[30]中获得了之前最好的结果。表8.7中的结果表明，我们提出的模型优于所有以前的方法。在训练和测试中使用全部41种特征，我们的GRU-RNN性能优于SVM和NB Tree算法。GRU-RNN的实验结果还显示，与我们之前的研究工作提出的basic DNN相比，准确率得到了显著提高。

表8.7　与其他研究工作的准确率对比

方　法	准确率
SVM[30]	69.52%
DNN[29]	75.75%
NB Tree[30]	82.02%
GRU-RNN	89%

为了进一步的分析研究，我们评估了GRU-DNN在CICIDS2017数据集中检测DDoS攻击方面的性能。我们将提出的GRU-DNN与DNN、ID3算法进行了比较。文献[27]表明ID3算法在CICIDS2017数据集中获得了之前最佳的结果。表8.8给出了我们评估的细节，从中可以看出，与文献[27]中的最佳结果相比，我们提出的GRU-DNN在所有评估指标中都有更好的结果，而DNN的性能略低于ID3。所提出的GRU-DNN可以很好地处理各种复杂的流量，并能检测出CICIDS2017数据集中几乎所有类型的DDoS攻击。

表8.8　CICIDS2017数据集评价指标性能比较

方　法	精度	召回率	F1值
DNN	97%	97%	97%
ID3[27]	98%	98%	98%
GRU-RNN	99%	99%	99%

根据以上结果，GRU-DNN展现了其在处理低维和原始流量方面的强大潜力。因此，它是SDN范式中入侵检测极具潜力的解决方案。

4.5　网络性能评价

本节评估在SDN环境中，我们提出的GRU-RNN对POX控制器性能的影响。

1. 实验设置

在POX[25]控制器中，用Python语言将GRU-RNN实现为控制器上的一个应用程序。Cbench[4]是用于评估 SDN 控制器性能的标准工具。Cbench 以两种模式运行:吞吐量模式和延迟模式。

- 吞吐量模式:在指定的时间段内,将 packet-in 信息流发送到控制器,以计算控制器处理的最大包数。
- 延迟模式:将 packet-in 信息发送到控制器,然后等待答复以计算控制器处理单个流所需的时间。

我们在 3 核 Intel Core i5-4460 3.2 GHz 处理器和 8 GB RAM 的虚拟机上进行了实验。操作系统是 Ubuntu 14.04 LTS-64bit。控制器的性能通过 Cbench 模拟具有不同数量的虚拟 OpenFlow 交换机进行测试。以独立运行(stand-alone)的 POX 控制器的性能作为我们评估的基准。我们还将提出的 GRU-RNN 算法与我们之前工作中提出的 DNN 算法[29]进行了比较。

2. 实验结果

吞吐量评估测试在大流量条件下控制器的性能。图 8.6 描述了三种测试方案下控制器的平均响应速率。如图所示,DNN 和 GRU-RNN 都会对控制器造成一定的开销。DNN 算法比 GRU-RNN 简单,因此它的网络性能比 GRU-RNN 略好。但是,GRU-

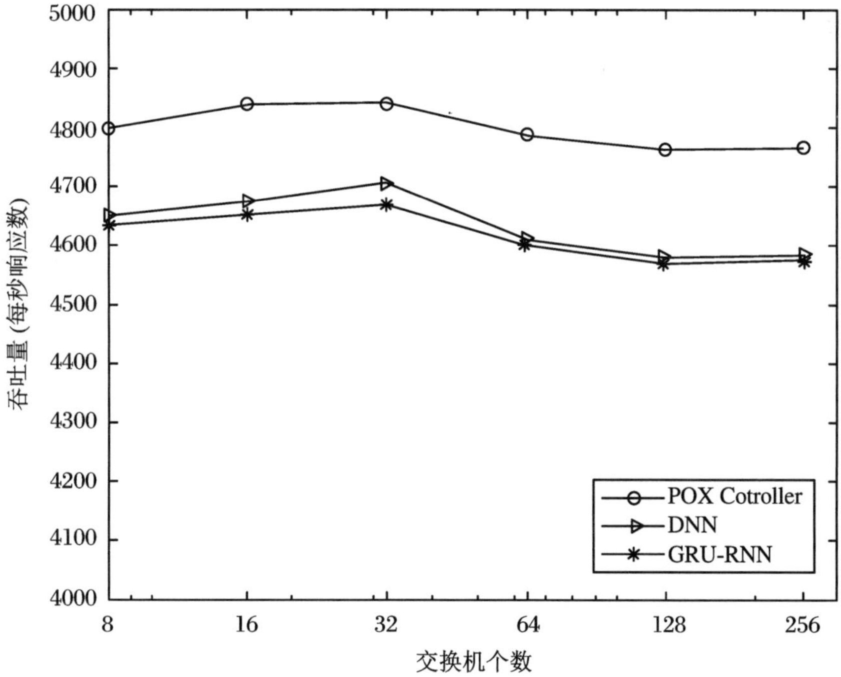

图 8.6　吞吐量评估

RNN 的检测精度优于 DNN。GRU-RNN 对控制器性能的影响是符合预期的，当网络规模从 32 台交换机增加到 64 台交换机时，网络吞吐量会略有下降。当网络规模小于 32 台交换机时，网络性能下降约 3.5%。当我们将规模增加到超过 64 台交换机时，吞吐量下降了大约 4%。GRU-RNN 模块在控制器上的开销不可避免，因为 GRU-RNN 模块必须在处理包入（packet-in）消息时发送多个 ofp_flow_stats_request 消息并处理收到的 ofp_flow_stats_reply 消息。但是，实验结果表明 SDN 控制及吞吐量的降低非常有限，并且还有改善的空间。

延迟评估显示了控制器处理单个数据包所耗费的时间。如图 8.7 所示，网络等待时间随着网络规模的增加而增加。当我们增加网络规模时，控制器上的负载也会增加，进而导致性能上的开销。在所有方案中，GRU-RNN 的开销仍然最高。GRU-RNN 需要花费时间来处理 ofp_flow_stats_reply 消息、packet-in 消息和检测异常流，因此额外的开销是不可避免的。在所有情况下，总的网络延迟增加约为 7%。这种程度的网络延迟性能开销基本可以接受，而且有改善的空间。

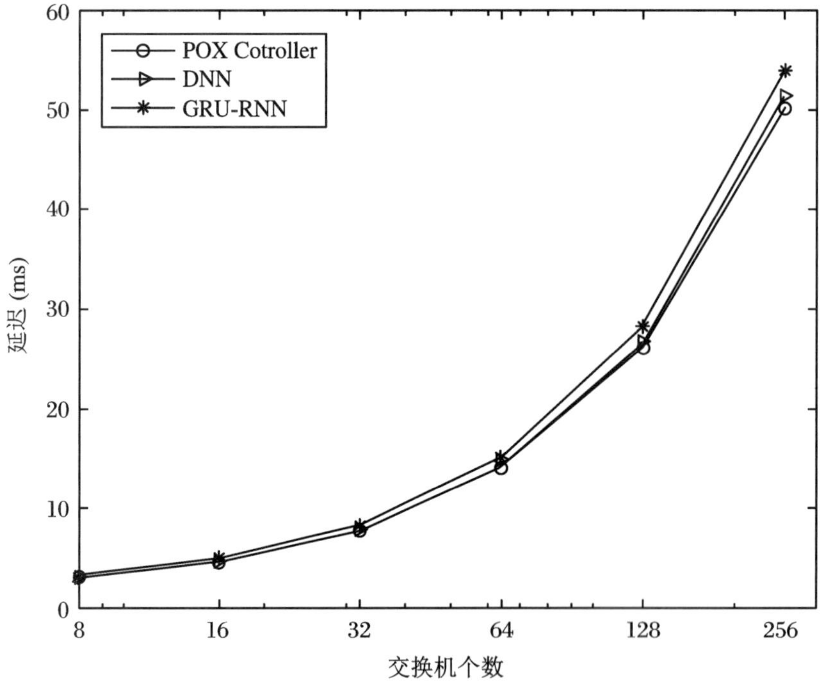

图 8.7 延时评估

总之，SDN 控制器上由 GRU-RNN 引入的开销较低，因此我们提出的方法在 SDN 范式中具有实现实时入侵检测的潜力。虽然在性能和安全性之间进行权衡有时是必须的，未来我们仍然可以在提高网络性能方面进行更多的研究。

5 总结

本章简要介绍了 SDN 体系结构及其安全性问题。深度学习技术具有成为 SDN 入侵检测关键技术的巨大潜力。尽管最近深度学习在计算机视觉和自然语言处理领域取得了成功,但在解决 SDN 安全问题方面还缺乏应用。本章给出了一个在 SDN 环境中基于异常检测的 IDS 系统,该系统使用了 GRU-RNN 算法。实验结果表明,在 NSL-KDD 和 CICIDS2017 数据集上我们提出的方法分别达到了 89%和 99%的准确率,这一结果优于最新提出的其他算法。而且与其他方法相比,我们使用的特征数量最少,因此可以显著降低计算成本。此外,网络性能评估表明,我们提出的方法不会显著影响 SDN 控制器的性能,因此本章所提方案可以实现实时检测。下一步的研究工作可以继续优化模型并使用其他特征来提高准确率、减少控制器的开销,还可以尝试扩展到无监督的入侵检测方法。

参考文献

[1] AlEroud A, Alsmadi I. 2017. Identifying cyber-attacks on software defined networks: an inference-based intrusion detection approach. J. Netw. Comput. Appl., 80:152-164.

[2] Bang J H, Cho Y J, Kang K. 2017. Anomaly detection of network-initiated LTE signaling traffic in wireless sensor and actuator networks based on a hidden semi-markov model. Comput. Secur., 65:108-120.

[3] Braga R, Mota E, Passito A. 2010. Lightweight DDoS flooding attack detection using NOX/openflow. Local Computer Networks (LCN), 2010 IEEE 35th Conference on, IEEE, 408-415.

[4] Cbench. 2009. https://github.com/mininet/oflops/tree/master/cbench. Accessed 04 Jul 2018.

[5] Cho K, Van Merriënboer B, Gulcehre C, et al. 2014. Learning phrase representations using RNN encoder-decoder for statistical machine translation. arXiv preprint arXiv:14061078.

[6] Chollet F. 2015. Keras. https://github.com/fchollet/keras. Accessed 04 Jul 2018.

[7] Chung J, Gulcehre C, Cho K, et al. 2014. Empirical evaluation of gated recurrent neural networks on sequence modeling. arXiv preprint arXiv:14123555.

[8] Hochreiter S, Schmidhuber J. 1997. Long short-term memory. Neural. Comput., 9(8): 1735-1780.

[9] Hochreiter S, Bengio Y, Frasconi P, et al. 2001. Gradient flow in recurrent nets: the

difficulty of learning long-term dependencies. Kremer S C, Kolen J F, eds. A field guide to dynamical recurrent neural networks. IEEE Press, New York.

[10] Ikram S T, Cherukuri A K. 2016. Improving accuracy of intrusion detection model using PCA and optimized SVM. J. Comput. Inf. Technol., 24(2):133-148.

[11] KDDCup99. 1999. http://kdd.ics.uci.edu/databases/kddcup99/. Accessed 04 Jul 2018.

[12] Kokila R, Selvi S T, Govindarajan K. 2014. DDoS detection and analysis in SDN-based environment using support vector machine classifier. Advanced Computing (ICoAC), 2014 Sixth International Conference on. IEEE, 205-210.

[13] Kreutz D, Ramos F, Verissimo P. 2013. Towards secure and dependable software-defined networks. Proceedings of the Second ACM SIGCOMM Workshop on Hot Topics in Software Defined Networking, ACM, 55-60.

[14] Kreutz D, Ramos F M, Verissimo P E, et al. 2015. Software-defined networking: a comprehensive survey. Proc IEEE 103,(1):14-76.

[15] McHugh J. 2000. Testing intrusion detection systems: a critique of the 1998 and 1999 darpa intrusion detection system evaluations as performed by Lincoln laboratory. ACM Trans. Inf. Syst. Secur., 3(4):262-294. https://doi.org/10.1145/382912.382923.

[16] McKeown N, Anderson T, Balakrishnan H, et al. 2008. Openflow: enabling innovation in campus networks. ACM SIGCOMM Comput. Commun. Rev., 38(2):69-74.

[17] Mehdi S A, Khalid J, Khayam S A. 2011. Revisiting traffic anomaly detection using software defined networking. International Workshop on Recent Advances in Intrusion Detection, Springer, 161-180.

[18] Mousavi S M, St-Hilaire M. 2015. Early detection of DDoS attacks against SDN controllers. Computing, Networking and Communications (ICNC), 2015 International Conference on. IEEE, 77-81.

[19] Nie L, Jiang D, Lv Z. 2017. Modeling network traffic for traffic matrix estimation and anomaly detection based on Bayesian network in cloud computing networks. Ann Telecommun, 72(5-6): 297-305.

[20] Niyaz Q, Sun W, Javaid A Y. 2016. A deep learning based DDOS detection system in software-defined networking (SDN). arXiv preprint arXiv:161107400.

[21] ONF (n. d) Software-defined networking (SDN) definition. https://www.opennetworking.org/sdn-definition/. Accessed 12 Feb 2018.

[22] Parwez M S, Rawat D, Garuba M. 2017. Big data analytics for user activity analysis and user anomaly detection in mobile wireless network. IEEE Trans. Ind. Inf., 13:2058-2065.

[23] Pedregosa F, Varoquaux G, Gramfort A, et al. 2011. Scikit-learn: machine learning in Python. J. Mach. Learn. Res., 12:2825-2830.

[24] Phan T V, Van Toan T, Van Tuyen D, et al. Openflowsia: an optimized protection scheme for software-defined networks from flooding attacks. Communications and Electronics (ICCE), 2016 IEEE Sixth International Conference on. IEEE, 13-18.

[25] POX (2009) https://github.com/noxrepo/pox. Accessed 04 Jul 2018.

[26] Scott-Hayward S, Natarajan S, Sezer S. 2016. A survey of security in software defined networks. IEEE Commun. Surv. Tutorials, 18(1):623-654.

[27] Sharafaldin I, Lashkari A H, Ghorbani A A. 2018. Toward generating a new intrusion detection dataset and intrusion traffic characterization. Proceedings of Fourth International Conference on Information Systems Security and Privacy, ICISSP.

[28] Sommer R, Paxson V. 2010. Outside the closed world: on using machine learning for network intrusion detection. 2010 IEEE Symposium on Security and Privacy, IEEE, 305-316.

[29] Tang T, Mhamdi L, McLernon D, et al. 2016. Deep learning approach for network intrusion detection in software defined networking. 2016 International Conference on Wireless Networks and Mobile Communications (WINCOM) (WINCOM'16), Fez.

[30] Tavallaee M, Bagheri E, Lu W, et al. 2009. A detailed analysis of the KDD CUP 99 data set. Proceedings of the Second IEEE Symposium on Computational Intelligence for Security and Defence Applications.

[31] Winter P, Hermann E, Zeilinger M. 2011. Inductive intrusion detection in flow-based network data using one-class support vector machines. New Technologies, Mobility and Security (NTMS), 2011 4th IFIP International Conference on. IEEE, 1-5.

SeqDroid：基于堆叠卷积和循环神经网络的抗混淆安卓恶意软件检测

作　者　William Younghoo Lee①，Joshua Saxe②，Richard Harang③

摘　要　为了逃避检测，攻击者通常会混淆恶意的安卓应用程序。这些恶意应用程序通常具有随机生成的应用程序 ID 或程序包名称，并且通常还使用随机创建的证书进行签名。用于检测此类恶意软件的传统机器学习模型鲁棒性不足，无法扩展到应对每天产生的海量安卓应用程序。循环神经网络（RNN）和卷积神经网络（CNN）已用于通过学习序列数据中的模式来识别恶意软件。我们提出了一种新的恶意安卓应用程序分类方法，基于堆叠 RNN 和 CNN，我们的模型能够从安卓应用程序的包名称和证书所有者名称中了解混淆后的字符串模式之间的相关性。该模型使用嵌入和门控循环单元（GRU）提取机器学习特征，额外增加的 CNN 单元进一步优化了特征提取过程。实验结果表明，我们的方法性能优于基于 Ngram 的模型，我们的特征提取方法对于代码混淆具有鲁棒性，且对于安卓设备而言足够轻量级。

关键词　安卓，恶意软件分类，卷积神经网络，循环神经网络

1. 引言

本章介绍用于检测恶意安卓应用程序的机器学习方法。安卓应用程序（APP）以

---

① William Younghoo Lee：Sophos 公司数据科学家。在加入 Sophos 之前，他在赛门铁克和三星电子开发恶意软件分类系统和移动平台。曾在多个安全会议上就移动恶意软件主题发表演讲。研究兴趣包括用于恶意软件分类和网页内容分类的深度学习模型。

② Joshua Saxe：安全供应商 Sophos 公司首席数据科学家。他领导着一个安全数据科学研究团队，专注于发明、评估和部署深度学习检测模型，以支持下一代终端安全解决方案。他也是 Sophos 基于神经网络的恶意软件检测器的主要发明者，该检测器保护了数千万 Sophos 客户免受恶意软件感染。在加入 Sophos 之前，他花了 5 年时间为美国政府领导 DARPA 资助的安全数据研究项目。

③ Richard Harang：Sophos 公司首席数据科学家，在计算机安全、机器学习和隐私保护等交叉学科领域拥有超过 7 年的研究经验。加入 Sophos 之前，曾担任美国陆军研究实验室的科学家，在那里他领导研究机器学习和统计分析在网络安全问题中的应用。获得加州大学圣巴巴拉分校（University of California，Santa Barbara）统计学博士学位。研究兴趣包括机器学习中的随机方法、抗性机器学习以及使用机器学习支持人类分析的方法。白天，他利用数学来抓坏人。晚上，他教机器人保护他的花园不受松鼠伤害。

APK 文件的形式分发,一个 APK 文件由各种组件组成,包括清单(manifest)、证书、Java 代码、原生(native)代码和资源文件。研究人员提出了针对 APK 文件的各种机器学习特征。[1,2]但是手工提取特征需要专业的领域知识,且复杂的特征会增加训练和推理阶段的计算成本。例如,从 DEX 文件中提取 API 序列或操作码(opcode)序列需要大量的计算资源。[3]如果恶意软件使用了混淆或加密,我们更是无法提取之前研究工作中用到的特征。[3]

另一方面,收集应用程序的元信息,例如包名称、证书数据等,无需对 APK 文件进行高成本的计算分析,而且可以轻松获取应用程序的功能(capability)信息,例如请求的权限和意图动作。这些元数据包含了应用程序的关键特征。[4]。安卓的清单文件提供了应用程序的包名称、权限和意图动作,而 APK 的证书文件则包含了开发者的信息。[5]即使 APK 文件进行了加密或混淆,这些信息也始终可以从元数据中获取。

使用包和证书字符串作为输入特征的另一个优点是它们可提供较好的可解释性。虽然深度学习模型的性能优于简单的线性模型,但众所周知,由于它们的复杂性,深度学习模型很难解释。[6]短字符串数据本身可以表示某应用程序看起来是良性的还是恶意的。这种输入数据既直观又简单,我们还为直接使用原始输入字符串进行特征表示提供了高效且自动化的方法。与基于 Ngram 的模型相比,我们针对这些字符串的特征提取方法不仅较为轻量,还可提高分类的性能。

在以下各节中,我们将讨论安卓恶意软件的特征和相关研究工作。然后,基于来自安卓元数据的多个短字符串,我们提出了一种新颖的恶意软件分类模型。最后通过实验对该模型进行了分析。

2 安卓恶意软件

每年都有数以百万计的新安卓应用程序在应用商店中发布,威胁情报研究人员经常在应用商店中发现恶意应用程序。[7,8]作为一种安全措施,安卓平台上的每个应用程序都必须具有唯一的 ID、程序包名称和带有开发者证书的签名。[9]这种机制可确保只有同一作者的应用程序才能在安卓设备上升级更新,安卓设备也无法安装未签名的 APK。恶意软件编写者一般使用随机程序包名称和随机证书生成大量恶意软件变种来规避该安全策略。

对于安卓平台来说,软件包名称和证书所有者名称合在一起构成了唯一的应用程序 ID。应用程序的不同版本的应用程序 ID 是不变的,并且使用相同的权限和意图动作(intent action)。[10]同一个家族的恶意软件变种具有相同的特征[31],它们的恶意代码经常被混淆，但不变的组成部分是应用程序的功能信息和应用程序 ID 中的字符串模式。

用户通过应用程序名称和图标识别应用程序，而安卓平台是通过程序包（package）名称和证书信息来识别应用程序的。例如，Facebook 应用的名称为 Facebook，但其程序包名称和证书数据包含其他额外信息。应用程序的名称可以重复，但程序包名称在安卓中应保持唯一。表 9.1 列出了一些来自不同应用程序的软件包和证书所有者信息的例子。

表 9.1　应用程序的包名称和证书信息

应用名称	包名称（package）	证书所有者信息（certificate owner）
Facebook	com.facebook.katana	C = US, ST = CA, L = Palo Alto, O = Facebook Mobile, OU = Facebook, CN = Facebook Corporation
Instagram	com.instagram.android	C = US, ST = California, L = San Francisco, O = Instagram Inc., CN = Kevin Systrom
malware1	awdawdad.qweqweqwe.awdawdad.werwefwf	C = DE, ST = esttttttttttt, L = htfffffffffffffff, O = drrrrrrrrrrrrrrrrrrrr, OU = htttttttttttttttttt, CN = egggggggggggggh
malware2	com.kbvivk.eavkxrip	C = ha, CN = dwpovc, L = ap, O = dkteeu, ST = mq, OU = wzfhlq

从表 9.1 可以看出，合法应用（例如 Facebook 和 Instagram）都为程序包和证书所有者提供了适当的名称。与此相比，恶意应用的软件包和证书所有者名称中包含了无意义的字符串。

程序包名称遵循反向域名（reverse domain）格式，以表示唯一的 ID。例如 com.facebook.katana 是 Facebook 应用程序的软件包名称。Facebook 应用程序的证书所有者名称包含正确的信息，包括地理位置和公司的名称。表 9.1 中第三行和第四行所示的证书所有者信息中包含可疑的字符串，因为它们是恶意应用，并且如果这些恶意应用的作者制作了很多类似恶意应用的话，很可能这些应用中包含相似字符串模式。

表 9.2 列出了一些经过混淆的恶意软件变种的软件包和证书信息。可以看出恶意应用使用的字符串都不完全相同，但是这些应用在运行时请求相同的权限和意图动作以执行相同的恶意活动。软件包名称和证书完全是随机的，但它们通常在随机字符串中表现出相同的模式。

表 9.2 恶意软件包名称和证书数据

包名称(package)	证书所有者信息(certificate owner)
com. hefcfn. vzdorreb	CN = mtrnuk, OU = sxjkvv, O = iohbaa, L = oe, ST = wo, C = yk
com. ayhvsx. dlnlawpk	CN = zmonlx, OU = bfqpmh, O = sbzknd, L = zh, ST = uv, C = gs
com. uzhwbs. nltzmnun	CN = lgkjju, OU = qoqbyu, O = yqwair, L = gi, ST = cy, C = sk
com. kbvivk. eavkxrip	OU = wzfhlq, O = dkteeu, L = ap, ST = mq, C = ha

这些恶意应用变种都在清单中声明同样的权限和意图动作,以拦截来自受害者设备的短信数据,许多恶意样本也进行类似的操作。[11]因此,从权限和意图动作中提取的功能是检测恶意软件的有效指标。

权限:

- android. permission. SEND_ SMS
- android. permission. READ_ SMS
- android. permission. WRITE_ SMS
- android. permission. GET_ TASKS
- android. permission. SY STEM_ ALERT_ _WINDOW

意图:

- android. provider. Telephony. SMS_ RECEIVED
- android. intent. action. SIM STATE CHANGED
- android. intent. action. SCREEN_ ON
- android. intent. action. USER PRESENT
- android. intent. action. BOOT_ COMPLETED

将序列数据转换成可供机器学习算法使用的特征并不是一件容易的事。一种常见的方法是对字符串数据应用 Ngram 操作。通过计算 Ngram 的哈希,从字符串数据中提取特征的时候不需要维护所有的 Ngram,从而可显著降低特征维数。字符串数据也经常被通过嵌入(embedding)转化为单个向量,然后使用递归神经网络(RNN)识别序列数据中的模式。

我们使用软件包和证书数据作为输入的动机有两个,一是它们很简单,二是它们易于解释和验证。从随机字符串模式中学习潜在特征使得分类模型检测相似的变种时更鲁棒。如果有效地组合了安卓应用中其他的功能信息(例如权限、意图动作等),则可以进一步提高模型的分类性能。安卓权限和意图动作能在不监视应用程序运行时活动的情况下揭露应用程序的行为,因此它们是恶意软件检测最明显的特征之一。由于存在平台标准差异和自定义的权限及意图动作，可能的权限和意图动作总条目数量未知。词袋模型（bag-of-words）是一种将字符串转换为固定大小向量的简单方法，但是只有在确定了完整的数据集之后才能确定向量的维数。对于随机字符串，词袋模型的维数通常很大。我们通过对权限和意图动作字符串进行哈希计算来降维。

3 相关工作

本节对在恶意软件分类中使用的机器学习方法做一概述。

3.1 恶意软件分类

研究者已经提出了几种机器学习方法来检测恶意安卓应用程序。这些方法在特征提取方面分为两大类。第一类静态分析方法[4,10,12]从应用程序的代码或元数据中提取权限、API 等特征。文献[13]使用 API 的统计信息作为恶意软件特征。这些特征中的某些部分（尤其是应用于代码时）通常对代码混淆的变种不具有鲁棒性。第二类动态分析方法在运行时收集行为事件，并将其转换为特征。动态分析方法[14,15]使用 API、系统调用、文件和网络访问信息作为输入特征。这些分析应用运行时行为的方法对代码混淆更具有弹性，但是动态方法的可扩展性较差，难于应对数量快速增长的应用程序。动态分析方法的另一个缺点是试图在有限的时间内收集应用运行时的恶意活动，但是恶意应用可以检测其是否正在被进行动态分析，从而决定是否展现出恶意的行为。[16,17]

过去，研究人员在传统机器学习模型上使用静态或动态特征。文献[18,19]采用朴素贝叶斯和随机森林模型对 API 和元数据特征进行分类。最近，研究人员已经证明深度学习模型优于传统的机器学习模型。[6]传统机器学习模型需要领域专家进行手工的特征提取，而深度学习可以从大型数据集中自动发现和提取特征。[20]

3.2 卷积神经网络

基于卷积神经网络（CNN）的模型在图像识别问题中展现了很好的性能。CNN 的主要好处是通过对原始图像进行卷积和合并操作，可以自动进行特征提取，从而不必进行手工特征工程来提取特征。此外，CNN 还被应用于恶意软件分类。[3,6]在静态分析中，应用程序文件的部分子集通过嵌入后输入给 CNN。通常的动态分析会捕获运行时事件（例如 API 调用），并将序列数据输入到 CNN 中。

文献[3]使用调用的 API 序列作为 CNN 其中一层的输入。该模型从汇编代码中的原始方法调用（raw method calls）自动提取和学习恶意的模式。尽管该模型可以部署在从工作站到 IoT 设备的各种设备上，其特征提取成本仍然比我们提出的轻量级方法要大。文献[6]使用深度自编码器和 CNN 层提高了分类精度，但是该方法需要一个预训练步骤来使用自编码器提取特征。除了安卓恶意软件问题外，文献[20]提出了一种基于 CNN 的模型 eXpose 来检测恶意 URL。该模型将原始 URL 作为输入，学习提取特征并将其分类。受 eXpose 的启发，我们的模型也从应用程序元数据的原始短字符串中提取特征。与以前仅对单个输入字符串进行操作的方法不同，我们提出了一种新颖的方法来利用多个输入字符串并综合使用 CNN 和 RNN 来提取数据源中的潜在模式。

3.3 循环神经网络

循环神经网络（RNN）使用隐藏单元维护序列信息，来学习对字符串数据（例如字符序列）进行分类。RNN 功能强大，但是有梯度消失和计算成本大的问题。文献[21]引入长短期记忆（LSTM）网络来解决 RNN 的问题，门控循环单元（GRU）[22]进一步降低了训练成本。嵌入旨在将文本数据的语义关系表示为密集向量。字符级嵌入将短字符串转换为密集的向量，从而使各个字符的向量表示与其语义关系更加相关。[20]

Rhodea 等人[16]在软件执行文件运行的最初几秒内收集其行为数据，并使用 RNN 对恶意软件进行分类，准确率达到了 0.96。他们的假设是，一旦恶意文件开始执行，其恶意操作就会迅速开始。但是，恶意应用程序通常等待某些系统事件发生之后才执行隐藏的恶意操作。文献[23]提出对安卓权限序列使用 LSTM，获得了 0.897 的分类准确率。

与先前的研究工作不同，我们的模型直接处理多个原始字符串，并学习字符串模式和输入之间的关系。

4 方法论

机器学习模型一般涉及两个部分，即特征提取和分类。我们在一个训练步骤中同时进行特征提取和模型训练。本节介绍了我们的特征提取方法，以及用于特征提取和分类的神经网络架构。

我们尝试了两种特征提取方法，用来比较分类结果。基准模型使用来自程序包和证书所有者字符串的 Ngram 特征，而在我们提出的模型中，特征是由 RNN 特征抽取层自动生成的。

4.1 Ngram 特征

字符级 Ngram 特征提取是一种对短文本数据较为实用的方法。软件包名称和证书所有者名称都是短字符串，字符串的平均长度约为 20 个字符。Ngram 特征较弱地保留了字符串中的序列顺序，因此与无序的词袋方法相比，Ngram 特征能更好地捕捉序列模式。我们从每个输入的字符串数据中提取字符级的(1,5)-gram 特征，然后使用哈希生成固定大小的特征向量。

我们选择哈希值的大小为 128，以匹配 RNN 的特征维度。我们通过增加哈希值的大小来处理哈希冲突，还使用了特征哈希来从权限和意图动作中提取字符串功能。

4.2 RNN 特征

我们的方法使用嵌入和 RNN 特征提取单元提取 RNN 特征。提取器从输入字符串生成一个 128 维向量，并将该向量发送到后续的分类层。由于 RNN 接受时间序列或顺序输入，因此有必要将输入字符串转换为序列向量。嵌入旨在将输入字符串嵌入固定长度的密集向量中。原始字符串是字符序列，嵌入单元将它们嵌入到形状为(S,D)的实数值矩阵。每个字符都映射到其向量，然后将这些向量拼接到一个矩阵中，作为下一个 RNN 层的输入。嵌入层在训练阶段与其他模型的参数一起进行了优化，从而使语义相似字符的嵌入彼此更靠近。[20]

我们使用了一种改进的 eXpose 方法，其中字符串长度 S 设置为 40，嵌入深度 D 设为 32，如文献[20]所述。对于程序包和证书所有者信息，我们只使用 87 个可打印字符作为有效输入字符，并将所有其他字符替换为保留符号。字符串的最大长度设置为 40(可覆盖 95%的样本)，如果输入的字符串小于 40，则添加填充字符；如果大于 40，将截取字符串的前 40 个字符。

图 9.1 概述了我们的特征提取组件。RNN 单元从嵌入单元接收序列数据，并输出 128 维向量，向量被送至下一分类步骤。RNN 单元使用门控循环单元(GRU)[22]，以提高训练速度而又不影响 RNN 的分类性能。

卷积神经网络以提取图像识别特征而闻名，一维 CNN 可以从字符串数据中学习顺序模式。在 RNN 单元之前添加一维 CNN 单元可以降低向量的维数，从而减少了下一个 RNN 单元的训练时间。CNN 的最大池化将向量的维数压缩为一半，从(40,32)压缩到(20,32)，而不会丢失任何潜在信息

4.3 分类

我们的分类组件从特征提取组件中获取固定大小的向量。如果存在多个输入，这些输入将被拼接到一个向量中，作为下一个分类组件的输入。该组件由三个密集层组成，如图 9.2 所示。每个密集层都使用批归一化[24]和丢弃单元[25]，以提高分类性能并防止过拟合。

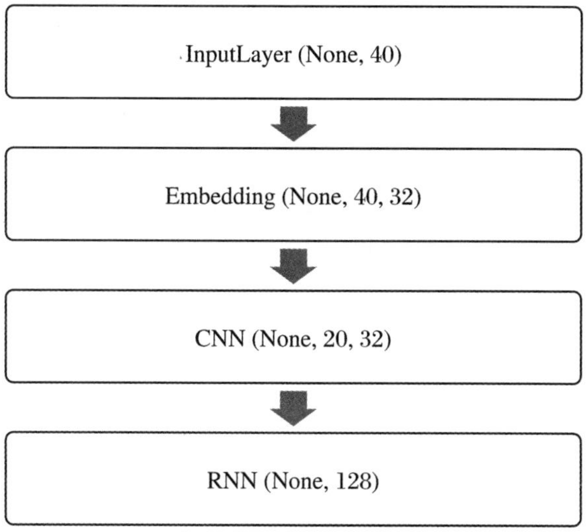

图 9.1 特征提取组件

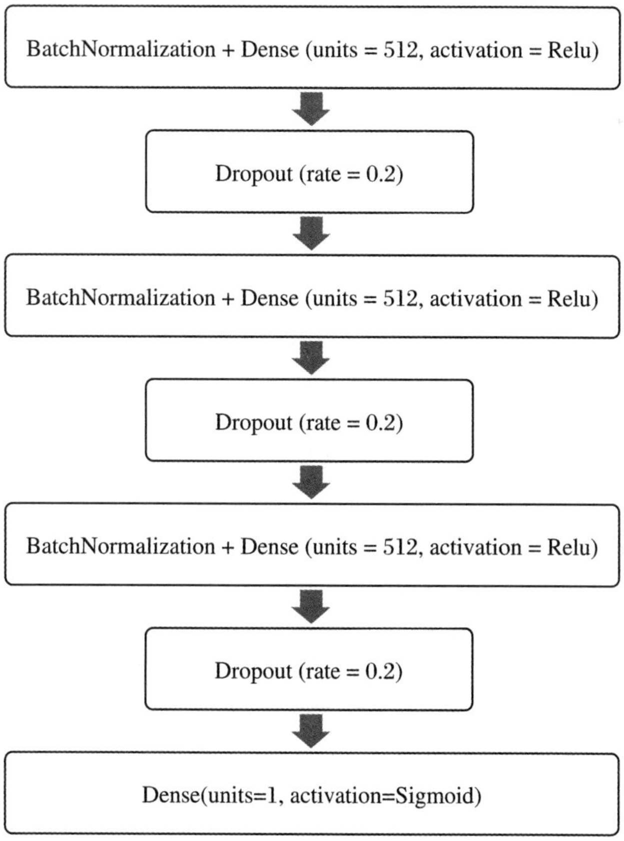

图 9.2 分类组件

我们使用 Keras 库[26]实现了所提出的模型,并在一台有 Nvidia Telsa GPU 的计算机上进行了测试。在所有模型中,使用学习率(learning rate)为 0.001 的 Adam 优化器[27]来优化以下二进制交叉熵损失函数:

$$-(y\log(p)+(1-y)\log(1-p))$$

其中 p 是预测的观察概率,y 是标注数据的二进制标签。

5 实验和结果

我们从 VirusTotal[28]上收集了 200 万个 APK 样本,样本首次被发现的日期从 2017 年 1 月至 2017 年 12 月。我们随机选择了 20%的样本作为测试集,如表 9.3 所示。我们的标签策略是使用来自 VirusTotal 的共识投票信息。没有被任何扫描器告警的样本被标记为正常样本,而有 5 个或更多扫描器告警的样本被标记为恶意样本。

表 9.3 实验使用的样本集统计

	正常样本数量	恶意样本数量
训练集	888620	1057091
测试集	264130	222298

我们进行了 5 个实验,模型训练的期数(epoch)均为 100,每个实验使用的特征如表 9.4 所示。

表 9.4 5 个实验使用的输入

实 验	输入和特征的维度
Ngram	Package (128)Certificate (128)
RNN	Package (128)Certificate (128)
Ngram-PA	Package (128)Certificate (128)Permissions + intent actions (256)
RNN-PA	Package (128)Certificate (128)Permissions + intent actions (256)
CNN-RNN-PA	Package (128)Certificate (128)Permissions + intent actions (256)

多个输入特征向量被拼接成一个向量,该向量被馈送到下一个分类组件中。第一个基于 Ngram 的基准模型从数据包和证书所有者字符串中接收两个 128 维向量,然后将它们拼接为 256 维向量进行分类。第二个 RNN 模型使用从原始包名称和证书输入中提取的 RNN 特征。Ngram-PA 和 RNN-PA 模型添加了从权限和意图动作中获取的其他特

征,从而产生了512维向量。最后一个CNN-RNN-PA在RNN-PA模型的基础上添加了一个额外的CNN单元。图9.3给出了CNN-RNN-PA模型的网络架构,注意为了表达简洁起见,图中没有画出该模型的批归一化和激活单元。左侧和中间输入是软件包和证书特征,右侧输入是权限和意图特征。

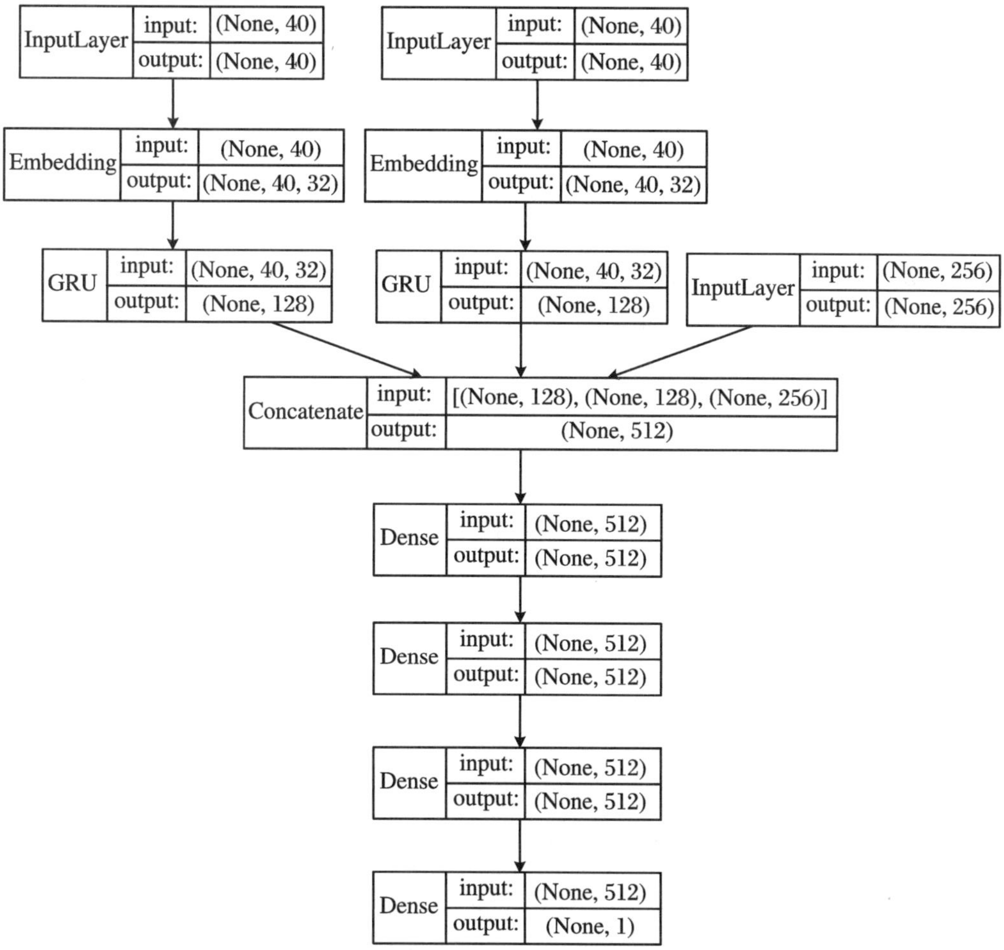

图9.3 CNN-RNN模型架构

图9.4给出了接收者操作特征(ROC)曲线结果,每个模型的真阳性率(TPR)和假阳性率(FPR)如表9.5所示。我们比较了FPR为0.001时该模型的性能。在0.001的FPR下,Ngram模型的TPR为0.805,RNN模型的TPR则为0.869,增加了8%。Ngram-PA的TPR降至0.717,这表明仅添加额外的输入特征并不能保证带来收益。但是,RNN-PA和CNN-RNN-PA的TPR分别提高到0.929和0.936,相对于Ngram模型增加了16%。

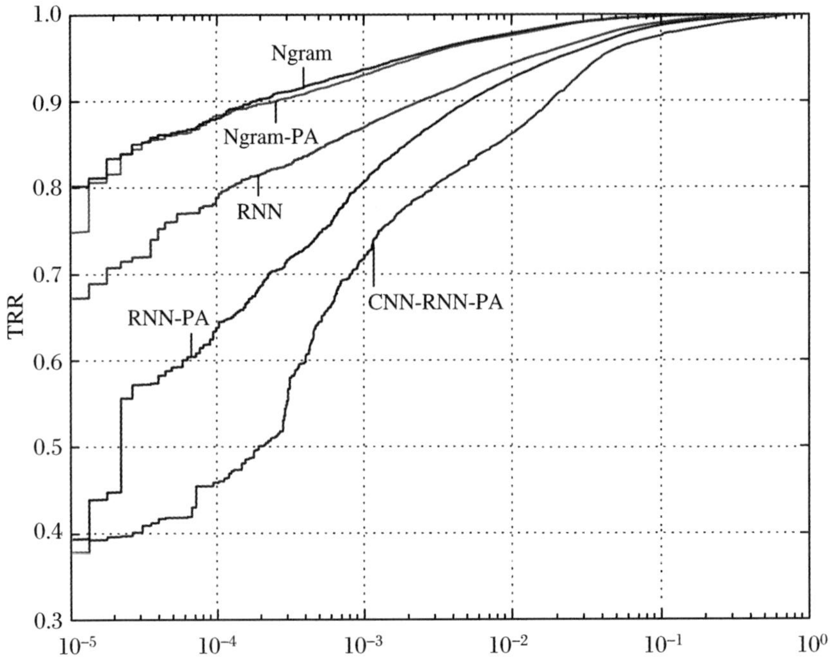

图 9.4　ROC 曲线

表 9.5　TPR 和 FPR 结果

	AUC	TPR		
		FPR(0.0001)	FPR(0.001)	FPR(0.01)
Ngram	0.9939	0.637	0.805	0.925
RNN	0.9955	0.788	0.869	0.942
Ngram-PA	0.9882	0.458	0.717	0.862
RNN-PA	0.9985	0.883	0.929	0.975
CNN-RNN-PA	0.9986	0.880	0.936	0.977

尽管我们没有对恶意软件样本进行详尽的分析，但表 9.2 中的被混淆的恶意样本是由 CNN-RNN-PA 模型检测到的，且具有很强的预测得分：0.999。被混淆的恶意软件的数量一直在增加，至少占所有恶意软件的 50%。CNN-RNN-PA 模型的曲线下面积(AUC)为0.9986，表明该模型可以较低的 FPR 来检测混淆和非混淆恶意应用。

我们还通过衡量训练参数大小和训练成本分析了不同模型的复杂性，结果如表 9.6 所示。随着模型的复杂性增加，训练时间也会增加。例如，与 Ngram 模型相比，RNN-PA 模型的复杂度在参数大小上增加了 40%，在训练时间上增加了 11 倍。另一方面，结合了 CNN 和 RNN 的最佳性能模型将其训练时间减少了 55%，并且还获得了 0.9986 的最佳 AUC 和 0.936 的 TPR。CNN 层通过使用最大池化单元将特征表示有效地压缩了 50%,但压缩后的向量仍保留了原始输入字符串中的潜在模式。

表 9.6 模型复杂度对比

	参数个数	每个期数训练时长(s)
Ngram	663,533	69
RNN	793,793	790
Ngram-PA	794,625	71
RNN-PA	925,889	808
CNN-RNN-PA	932,097	446

为了评估模型的鲁棒性,我们在 2018 年 1 月到 6 月新出现的样本中选取了大约 100 万个新样本,然后对这一时间段内每周出现的新样本使用 Ngram 模型和 RNN-CNN-PA 模型进行分类,并比较两个模型对每周出现的新样本进行分类的 AUC 值。图 9.5 显示了两个模型的 AUC 值随时间变化的结果。机器学习模型的分类能力一般会随着时间的推移而有所降低,尽管在 3 月和 5 月的 AUC 值下降较多,但 RNN-CNN-PA 模型依然优于 Ngram 模型,且 6 月份 AUC 有所增加。这一实验表明我们的模型能通过学习有效地

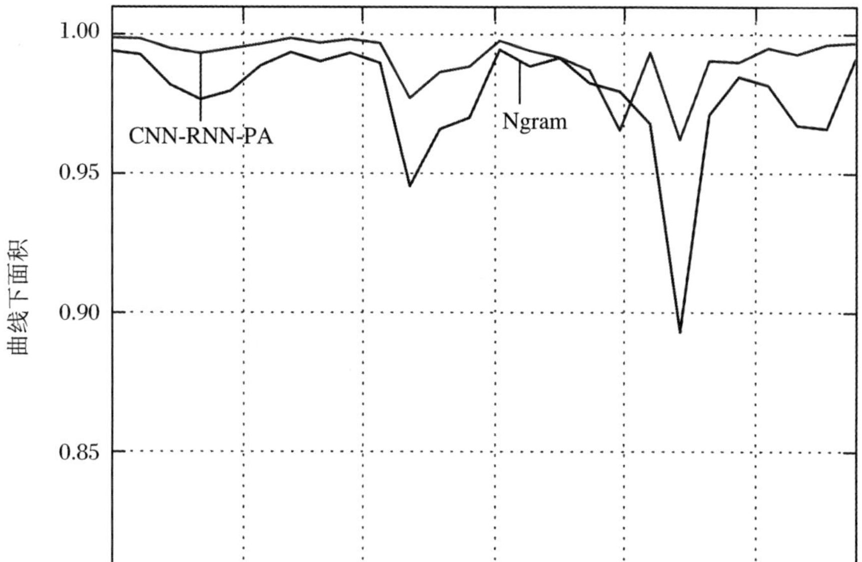

图 9.5 Ngram 模型和 CNN-RNN-PA 模型 AUC 值随时间的变化

检测未见过的恶意软件。

我们在一台 Nexus-5 移动设备上测试了 RNN-CNN-PA 模型的运行速度。测试中将 Keras 模型的权重转换为 TensorFlow 格式，并使用了 TensorFlow 移动版。该模型的权重文件大小约为 3.8 MB，一个 APK 文件的平均检测时间约为 40 毫秒，这表明我们的方法是一个较为轻量级和高效的解决方案。

6 总结

本章讨论了安卓恶意软件的特点，以及使用不同特征检测安卓恶意软件的机器学习模型。被混淆的恶意软件的数量迅速增长，使得难以开发可扩展且鲁棒的机器学习模型。

我们的模型同时从多个短字符串中提取特征来识别恶意安卓应用。该模型通过堆叠的 CNN 和 RNN 单元提取出的特征表示改善了模型的分类能力，可以识别代码混淆后的恶意软件。我们还介绍了如何有效地组合安卓应用程序元数据中的特征向量，例如程序包名称、开发人员名称和功能信息，以优化学习效果。我们的 CNN-RNN 方法在不降低分类性能的前提下，相比基于 Ngram 特征的分类性能提高了 16%，且相比 RNN 模型的训练时间减少了 50%。此外，我们的模型较为轻量级，可以部署在安卓移动设备上。

虽然我们已经探索通过拼接的方法来融合多个特征，未来的工作可以考虑不同特征融合方法的潜在影响。例如，乘法融合（multiplicative fusion）方法可用于组合来自多个来源的特征[29]。

参考文献

[1] Arp D, Spreitzenbarth M, Hubner M, et al. 2014. Drebin: effective and explainable detection of Android malware in your pocket. Network and distributed system security symposium.

[2] Zhou Y, Jiang X. 2016. Dissecting android malware: characterization and evolution. Proceedings of the 2012 IEEE symposium on security and privacy.

[3] Billah Karbab E, Debbabi M, Derhab A, et al. Android malware detection using deep learning on API method sequences. arXiv preprint, arXiv:1712.08996.

[4] Peiravian N, Zhu X. 2013. Machine learning for android malware detection using permission and API calls. Int. Conf. Tools. Artif. Intell., 300-305.

[5] Chen W, Aspinall D, Gordon A, et al. 2016. More semantics more robust: improving android malware classifiers. Proceedings of the 9th ACM conference on security & privacy in wireless and mobile networks, 18-20.

[6] WangEmail W, Wang Z. 2018. Effective android malware detection with a hybrid model based on deep autoencoder and convolutional neural network. J. Ambient. Intell. Humaniz. Comput., 1-19.

[7] Android malware. https://nakedsecurity.sophos.com/2017/11/07/2018-malware-forecast-the-onward-march-of-android-malware/.

[8] Andriod PHA. https://source.android.com/security/reports/Google_Android_Security_PHA_classifications.pdf.

[9] Android certificate. https://developer.android.com/studio/publish/app-signing.

[10] Suarez-Tangil G, Kumar Dash S, Ahmadi M, et al. 2017. DroidSieve: fast and accurate classification of obfuscated android malware. Proceedings of the seventh ACM on conference on data and application security and privacy. ACM, New York, 309-320.

[11] Android permissions. https://www.researchgate.net/publication/296704790_Permission_Analysis_for_Android_Malware_Detection.

[12] Aafer Y, Du W, Yin H. 2013. Droidapiminer: mining api-level features for robust malware detection in android. International conference on security and privacy in communication Ssystems, 86-103.

[13] Huda S, Abawajy J, Alazab M, et al. 2016. Hybrids ofnsupport vector machine wrapper and filter based framework for malware detection. Futur. Gener. Comput. Syst., 55:376-390.

[14] Kumar Dash S, Suarez-Tangil G, Khan S. 2016. DroidScribe: classifying android malware based on runtime behavior. IEEE security and privacy workshops. Conference Publishing Services, IEEE Computer Society, Los Alamitos, 252-261.

[15] Chaba S, Kumar R, Pant R, et al. Malware detection approach for android systems using system call logs. arXiv preprint, arXiv:1709.08805.

[16] Rhodea M, Burnapa P, Jonesb K. Early-stage malware prediction using recurrent neural ne works. arXiv preprint, arXiv:1708.03513.

[17] Malik S, Khatter K. 2016. System call analysis of android malware families. Indian J. Sci. Technol., 9.

[18] Ahmed F, Hameed H, Shafiq M Z, et al. 2009. Using spatio-temporal information in API calls with machine learning algorithms for malware detection. Proceedings of the 2nd ACM workshop on security and artificial intelligence. ACM, New York, 55-62.

[19] Tian R, Islam R, Batten L, et al. 2010. Differentiating malware from cleanware using behavioural analysis. International conference on malicious and unwanted software.

[20] Saxe J, Berlin K, eXpose: a character-level convolutional neural network with embeddings for detecting malicious URLs, file paths and registry keys. arXiv preprint, arXiv:1702.08568.

[21] Hochreiter S, Schmidhuber J. 1997. Long short-term memory. Neural Comput., 9 (8): 1735-1780.

[22] Cho K, Merrienboer Bv, Gulcehre C, et al. Learning phrase representations using RNN encoder-decoder for statistical machine translation. arXiv preprint, arXiv:1406.1078.

[23] Vinayakumar R, Soman KP, Poornachandran P. 2017. Deep android malware detection and classification. International conference on advances in computing, communications and informatics.

[24] Ioffe S, Szegedy C. Batch normalization: accelerating deep network training by reducing internal covariate shift. arXiv preprint, arXiv:1502.03167.

[25] Srivastava N, Hinton G, Krizhevsky A, et al. 2014. Dropout: a simple way to prevent neural networks from overfitting. J. Mach. Learn. Res., 15(1):1929-1958.

[26] Keras. https://keras.io/.

[27] Kingma D P, Ba J, Adam: a method for stochastic optimization. arXiv preprint, arXiv:1412.6980.

[28] Virustotal. https://www.virustotal.com/.

[29] Liu K, Li Y, Xu N. Learn to combine modalities in multimodal deep learning. arXiv preprint, arXiv:1805.11730.

[30] Rieck K, Trinius P, Willems C, et al. 2011. Automatic analysis of malware behavior using machine learning. J. Comp. Secur., 19:639-668.

[31] Alazab M. 2015. Profiling and classifying the behaviour of malicious codes. J. Syst. Softw., Elsevier, 100:91-102.

基于深度学习方法的儿童剥削内容检测

作 者 Mofakharul Islam①, Abdun Nur Mahmood②, Paul Watters③, Mamoun Alazab④

摘 要 成功进行自动儿童剥削内容识别的先决条件是能够自动判别色情内容中是否涉及儿童。识别色情内容已经是一个有较好解决方案的问题,但是判别其中是否涉及儿童仍然具有一定挑战性。在已标记为色情内容的图像中识别是否存在儿童的脸是一个可行的解决方案。对儿童面部的检测在互联网环境中有重要作用,它可以帮助执法机构跟踪在线儿童虐待、欺凌、性侵犯等违法行为,也可以用于检测以儿童为目标的网络

---

① Mofakharul Islam:毕业于 Federation University of Australia,获信息技术与工程学院计算机科学博士学位。澳大利亚墨尔本 La Trobe University 计算机科学与信息技术系网络安全讲师。从事深度学习、机器学习、计算机视觉、数字取证、法医成像和图像处理的研究,特别关注网络犯罪(如网络欺凌/网络骚扰、诈骗、金融欺诈、僵尸网络、DDoS 攻击、恶意软件、网络钓鱼、身份盗窃、儿童色情、虐待儿童、在线虐待、XSS、MITM 等)以及包括医学/工业成像在内的生物和物理现象的分析/建模/仿真。他在这些领域发表了大量著作。

② Abdun Nur Mahmood:2008 年获得澳大利亚墨尔本大学博士学位,1999 年、1997 年分别获得孟加拉国达卡大学计算机科学硕士学位、应用物理学和电子学学士学位。目前就职于孟加拉国 University of Dhaka 工程与数学科学学院计算机科学系。此前曾在新南威尔士大学、RMIT、墨尔本大学和达卡大学工作。2011 年加入新南威尔士大学,担任计算机科学讲师。2017 年加入墨尔本 La Trobe University,担任网络安全高级讲师。研究兴趣包括可伸缩网络流量分析的数据挖掘技术、异常检测和工业 SCADA 安全。

③ Paul Watters:网络安全领域的权威专家,墨尔本 La Trobe University 的网络安全教授。2002 年,他加入了 CSIRO 的网络应用和技术(NAT)组,领导了一个安全分布式存储项目,开始了他在安全方面的第一个研发职位。是一名特许 IT 专业人员和网络安全研究员,拥有 16 年的网络研发经验。他的著作被引用 3196 次(h-index = 26, i10-index = 73)。获得多个研究合作伙伴的资助,包括西太平洋银行、IBM、澳大利亚联邦警察、总检察长部门、美国电影协会、结束儿童卖淫和贩运以及大洋洲网络安全中心。英国计算机学会会员,IEEE 高级成员,澳大利亚心理学会成员。目前正在主持一项 ARC 发现基金资助的减少儿童剥削项目,一项 OCSC 基金资助的调查恶意广告项目。

④ Mamoun Alazab:澳大利亚・查尔斯达尔文大学工程、信息技术与环境学院副教授。在澳大利亚联邦大学科学、信息技术与工程学院获得计算机科学博士学位,是一名具有行业和学术经验的网络安全研究者。Alazab 的研究是多学科的,重点是网络安全、计算机系统的数字取证、网络犯罪的检测和预防,包括网络恐怖主义和网络战争,发表有 100 多篇研究论文。仅在 2018 年,他就参加了 22 场受邀演讲和主题演讲活动。召集并主持了 50 多次会议和讲习班。在许多项目上与政府和业界密切合作,包括北领地信息和企业服务部、IBM、Trend Micro、澳大利亚联邦警察、澳大利亚通信和媒体管理局、Westpac、联合国毒品和犯罪问题办公室(UNODC)以及司法部。是 IEEE 的高级成员,IEEE 澳大利亚北领地分部的创始人和主席。

犯罪分子。以前的工作已经研究了这个问题，其方法是从基本的低级和高级特征（例如颜色、纹理、肤色、形状、面部结构等）中提取信息，用于区分儿童和成人的脸部。此种方法是一种基于机器学习的方法，使用基于从训练图像中提取特征的分类算法，分类算法对给定的一组儿童和成人面部图像进行分类，将儿童面部和成人面部区分开。在此我们提出了一种深度学习的方法，无需先验知识就可以直接从训练图像中学习特征，而用于识别儿童脸部。与最近几次工作中发表的结果相比，我们提出的方法有最高的准确性和召回率，以及识别的整体准确性。

关键字 儿童剥削，儿童色情，数字取证，情报分析，深度学习，网络犯罪

1 引言

由于目前尚不具备有关人类视觉系统的完整知识，利用机器算法来估计年龄给计算机视觉社区带来了很大的挑战。研究表明许多因素，例如个体的生活方式、健康状况、种族、职业、文化背景等，对人类衰老过程具有重要影响。这些外在因素对人类面孔的影响比基因的影响更大。在过去的三十年中，成人脸部检测引起了人们的极大兴趣，但对儿童脸部检测却无太多实质性的进展。我们至少需要有一些类似于人类视觉系统工作原理的知识线索，才能设计一种准确且高效的方法，以与人类直觉相符的方式量化儿童的面部特征，从而做出判断。定义这些知识线索无疑将使这项研究面临相当大的挑战。我们目前尚不清楚如何使用肤色或其他人类裸眼可见的面部特征来对年龄进行估计。

深度学习是机器学习的一种。深度学习技术开创了一个新时代，机器可以学习具有感知和描绘能力的多层神经网络，从而将文本、音频和图像等数据中对象检测问题的处理提升到一个新的水平。神经网络中的每一层都从上一层获取数据，对其进行转换，然后传递到下一层。神经网络会逐层增加所学内容的复杂性和细节，并且神经网络可以直接从数据中学习，无需人类的影响就可从数据中学习其主要的特征。深度学习是一种数据驱动的方案，需要大量数据才能产生准确的结果，而传统机器学习技术的准确性几乎处于平稳状态或没有显著变化的状态（译者注：对于作者对传统机器学习技术的这一论断，译者持保留意见）。

2 相关工作

Kwon 和 Lobo 在文献[1]中首次对高清的脸部图像进行了自动分类，其分类类别为

三个:老年、青年和儿童。虽然作者声称所提出的方法达到了100%的准确率,但是因为其仅在较小的数据集上进行了实验,文献[1]中提出方法的鲁棒性仍需进一步验证。在后续的一项工作中,Kwon和Lobo提出了另外一种利用颅面变化理论和皱纹分析的分类技术。[2]但是同样因为仅在较小的数据集上进行了验证,其在现实世界的大数据集中分类的性能可能并不好。Hayashi等人在文献[3]中再次使用了基于皱纹分析的技术,并结合了面部结构的几何关系信息进行年龄的分类估计。文献[3]提出的方法主要是一种对年龄以5年为区间进行分类的方法(age-group wise classification),并不是一种对年龄类别(categorical age estimation)进行分类的方法(译者注:译者认为,对年龄的区间分类同样可以实现对年龄类别的分类)。

Lanitis等在文献[4]中采用主动外观模型(active appearance models,AAM)[5]进行年龄类别分类。该模型结合形状和纹理参数,使用三个分类器进行年龄的估计,采用了简单二次拟合、最短距离和神经网络分类器,并比较了这些分类器的年龄估计精度。Yan等人提出了一种基于年龄标签不确定性的算法[6]对年龄段进行分类。Khoa等人提出了一种将年龄类别AAM与支持向量机回归相结合的方法[7]用于分类年龄估计。该方法先使用AAM的参数执行年龄分类(二分类为成人和儿童),然后使用基于支持向量机回归进行年龄估算。实际上,AAM的基于参数的分类并不是年龄分类的理想方法,因为这些外观数据没有可产生准确分类结果所需的足够线索。文献[7]的作者建议进一步扩展年龄类别分类部分,特别是将其发展为可靠的年龄类别估计方法。

Geng等人在文献[8]中提出了一种方法,该方法为面部图像数据集中的每个人按照衰老模式生成代表这个人在不同年龄的面部图像,并将每个人的样本(就是不同衰老模型生成的此人在不同年龄阶段的面部图像集合)投影到低维空间,低维空间中的每个点代表一种衰老模式。对于一张新的脸部图像,通过最小化重建误差的形式将其投影到低维空间,从而确定适合此面部图像的衰老模式,此面部图像在其衰老模式上的位置表明了其年龄。文献[8]的作者认为使用如衰老模式之类独特衰老特征的方法要比标准分类技术表现更好。

Fu和Huang在文献[9]中提出了使用流形学习的老化模式。他们采用了基于流形准则的判别子空间学习来表示低维老化流形。作者提出当对老化的流形模式应用回归时,年龄估计准确度会显著提高。基于这一发现,Guo等人在文献[10]中应用支持向量机回归(support vector machine regressor,SVR)来学习年龄和面部的表示编码之间的关系。这项工作的关键点是应用经过训练的本地SVR,该本地SVR仅在初始估算年龄附近的小间隔内进行训练,初始估算年龄也是使用一个更为精细的本地SVR进行年龄估算。

Wang等人在文献[11]中使用纠错输出编码(error-correcting output codes,

ECOC)对人脸图像中的 Gabor 和 LBP 特征进行处理,将目标人脸分类为儿童、青少年、成人、老人四个类别。作者发现通过结合使用 ECOC 和 AdaBoost 或者 SVM 分类器的算法可以解决年龄的多类别分类问题。在 FG-NET 和 Morph 数据集上的实验表明,在作者所提出的算法中联合使用 Gabor 和 LBP 特征可以有较好的效果,其性能要优于仅仅使用 Gabor 或者 LBP 特征。我们的文献综述表明,目前仍然缺乏一种可靠的分类年龄估计方法,尤其是区分成人和儿童,本章所述的研究试图填补这一空白。

3 模型实现与训练

可以想象仅仅使用低级或高级特征(例如颜色、纹理或其他手工制作的描述符)来捕获儿童脸部和成人脸部的所有细微差别会遇到多少挑战。本章提出了一种新颖的儿童面部检测方法,与基本的低级和/或高级特征(颜色、纹理、形状、边缘等)以及其他手工特征相比,该方法可以检测到更加具有区分性的特征。我们的方法利用深度卷积神经网络 CNN 来直接从数据中获取可用的判别模式。使用深度卷积神经网络有一些前置的条件,例如需要大量适当的训练数据。人们使用低级和高级特征以及其他手工特征的经验已经证明,基于深度学习方法更准确。

人们经常说"一图胜千言",这对于人类来说可能是正确的,但是机器对于图像内容的理解却要复杂得多。人类的视网膜中有感光细胞来吸收光的波长,但是人类却无法准确表达他所吸收的光的波长,光波的波长信息似乎并没有传播到人类的意识中。与此类似,相机仅捕获像素,挑战在于如何从这些像素中获得人类水平的感知。

我们提出了一种新的方法,该方法能够利用深度学习的概念,且在没有足够的数据的前提下训练可有效进行儿童面部检测的模型。实际上,如颜色、纹理、形状等基本特征,以及其他手工获取的特征都是根据一组线索建立的描述符,这些线索用于表征图像中特定区域的特征。另一方面,深度学习范式使用包含具有一定结构的多层卷积神经网络 CNN,神经网络中每一层都充当特征提取器,从而可产生非常通用的适应分类任务的分类器。

卷积神经网络 CNN 的一大优点是,对任何图像数据的局部理解足以在该数据上生成包含较少参数的表达式,从而极大地提高了数据学习效率并减少了所需的训练数据量。另一方面,完全连接层从每个像素获取权重,从而产生大量参数。CNN 一次查看图像的一块以学习权重,而不是查看完全连接层中的每个像素。实际上,CNN 是一种可减少参数数量的明智方法,其通过多次重用相同参数而不是处理完全连接层来达到减少参数数量的目的。在 CNN 模型中,参数的数量与原始图像的大小无关。

我们提出的 CNN 模型将学习如何将图像分类为两个候选类别之一。所提出的方法从输入图像开始，让它们经受一系列卷积，合并和局部响应归一化操作，这些操作与在其他文献中所叙述的方法类似。

我们提出的网络由三个卷积层组成，每个卷积层均具有整流线性单元（ReLU）层，三个最大池化层，一个完全连接层和一个最终分类模块。

我们使用的神经网络首先是接收输入图像，然后通过一系列卷积、池化和局部响应规范化操作对其进行转换，类似文献[12]中所述的许多其他卷积神经网络模型。我们的主要目的是先观察较大的对象结构，然后逐步查看较小的对象。训练图像输入到与整流线性单元（ReLU）层结合的卷积层中，我们首先对其应用 7×7 内核滤镜来捕获较大的结构面部特征，例如鼻子、嘴唇、嘴巴、耳朵、眼睛、眼眉、下巴等，之后是一个最大池化层。使用 ReLU 的目的是借助非饱和激活函数来维持网络的非线性，这样可以增加决策函数和整个网络的非线性特性，而不会影响卷积层的接收场。卷积层的输出被输入到一个最大池化层来执行缩放或子采样功能，这样有助于减少最终的参数数量，且有助于避免对数据的过度拟合。这种最大池化技术背后的主要思想是在图像上使用一个滑动窗口并拾取具有最大值的像素。根据窗口的步幅长度，生成的图像仅是原始图像尺寸的一小部分。在我们提出的方案中步幅长度设置为 2。在第一个卷积层的输出（特征图）上应用了另一个 7×7 核过滤器，以捕获更大面部结构的更多细节。

我们使用的每个卷积层都有一个 5×5 内核过滤器、一个 3×3 内核过滤器以及内部的 ReLU 层、一个最大池化层，以便对较大和较小面部对象都可获得较为精细的细节，每个卷积层的输出再输入到一个卷积运算中，该卷积使用的内核过滤器的大小与其对应的卷积层使用的内核过滤器的大小一致。经过几个卷积和最大池化层之后，神经网络中的高层推理通过完全连接的层完成。如常规的神经网络中，完全连接层中的神经元与上一层中的所有激活单元都具有连接。最后，我们使用一个 softmax 分类层将完全连接的层输出转换为概率，softmax 分类层使用一个 softmax 函数，该函数以最终产生的特征向量为输入，将其转换为范围为(0,1)的实数向量。现在，我们的深度神经网络模型已经完成训练，可以用于将人脸图像分类为不同的年龄类别。

为了解决过拟合的问题，我们使用 0.5 次幂的多项式和 0.01 的权重衰减作为偏差项，以确保平滑的反向传播。在卷积层中引入了偏差项和激活函数 ReLU 以保持其非线性，从而提高了网络的表达能力。在训练 CNN 模型时，我们选择丢弃率为 35%，学习率为 0.0005 以及最大 200 个训练轮次（epoch）。此外，我们在成本函数中采用正则化项来应对过拟合。在所有层上都应用了丢弃函数，以最大程度地减少过拟合的情况。在训练神经网络时，丢弃函数在每层中随机选择一定数量的特征进行丢弃，以使网络具有一定冗余性，从而能够较为鲁棒地推断输出。

4 实验设置、结果和讨论

本章所提方法的主要目的是开发一种鲁棒的年龄类别估计工具，该工具可以自动检测成人和儿童的脸部。我们首先在可免费获得的各种面部图像数据集上实验了本章所提出的方法，以检查其在实际场景中的性能和鲁棒性。然后我们深入测试了评估分类的准确性，并与极少的现有分类技术进行了详尽的性能比较。衡量方法有效性的标准是其准确性和找到正确的类别。我们采用标准化的指标和程序来判断检测/分类的准确性。

在研究和实现这种敏感的检测系统时，最重大的挑战之一是无法获得有关儿童的适当且经过认证的面部数据集，这被认为是该特定研究领域的主要制约因素之一。为了进行实验验证，我们需要包含成人和儿童的面部图像的数据，而且这些图像需要几乎没有或者有很少的面部表情。可免费获得的数据集较为有限，从不同的研究社区中可获得一些经过认证的付费数据库。在本文中，我们利用免费提供的数据库进行实验评估、验证和性能比较。

此外，缺乏具有很少量面部表情的任务图像数据集是另一个瓶颈，因为大多数图像数据集主要用于基于面部表情的分类，而不用区分成人还是儿童。

通常，这些免费数据集中的人脸图像无法立即使用，需要进行诸如裁剪、缩放、调整大小和增强之类的预处理。由于原始图像分辨率差或者存在其他缺陷，免费数据集中的绝大多数并不适合使用。除此之外，我们还需要从多人照片中裁剪出仅仅包含单张人脸的照片，以满足实验的要求。为了进行实验，我们考虑了儿童、青少年和老年人三种年龄类别。因此，我们从上述免费图像数据集中选择了所需数量的图像，同时保持了我们的实际要求。尽管数量很少，我们还是从中把没有表情或者只有少量表情的面部图像挑选了出来。此外，我们将数据集中的婴儿照片都排除了，因为根据各种文献、文章和在线调查报告的结论，对于儿童的剥削事件中鲜有涉及婴儿的。

接下来我们首先概述实验中使用的数据集和算法，然后介绍进行分析的方法和结果。

用于训练和测试的面部图像来自文献[13-15]。NCMEC 数据集是一个美国组织维护的公开数据库，该组织致力于研究失踪和被剥削的儿童。FG-NET 数据集包含从新生儿到老年人的面部图像。LAG 面部数据库包含 3828 张图像，图像的范围从儿童/年轻人到成人/老人。我们从这些数据库中选择了 2000 张图像进行实验，并将我们的结果与最近发表的几篇论文的结果进行比较。表 10.1 总结了从不同数据集中获取的面部图像数量。

表 10.1　从不同数据库中获取的人脸图像数量

数据库	成人图像数量	儿童图像数量	总数
FG-NET	300	100	400
NCMEC	0	200	200
LAG	700	700	1400

数据集中图像的损坏值是主要问题之一，因为各种成像伪影（例如低强度、强度不均匀和阴影）而引入了噪声。相机电子设备及其镜头特性也在图像中引入了更多的噪声。噪声越大意味着不确定性越大。我们用一个低通滤波器来过滤图像中的噪声，以最小化由成像伪像引入噪声的影响。除了这些难题之外，数据集中还存在例如强度不均匀、不同片段的边缘不清晰或对象阴影、图像数据集中的阴影和高光效果等所造成的问题。我们使用自适应直方图均衡的方法来消除这些图像质量方面的问题。

在上述三个数据集中，我们从每个类别（成人或儿童）中选择了 1000 张图像。另外，为了生成新的训练和测试图像，我们通过水平或垂直翻转、放大或缩小等图像变换来扩大实验所使用的图像数据集，将原始数据集的大小增大了 4 倍。

在测试阶段，我们用二进制分类器替换了我们在训练 CNN 模型时使用的 softmax 分类层，因为我们的主要目的是将图像分为成人和儿童两类。我们使用 LIBSVM 库中的带有 RBF 内核[16]的非线性支持向量机（SVM）对图像进行分类，SVM 的参数通过对训练集执行网格搜索来估计。

我们将大小为 256×256 的测试图像首先输入经过训练的 CNN 模型中进行分类，此模型依次通过一系列 CNN 层以提取输入图像的特征，CNN 模型提取到的特征通过一个全连接层累计为一个特征向量，最终将特征向量输入 SVM 分类器中进行分类。

我们的文献综述表明，几十年来，不同的作者已经贡献了大量的面部检测技术，然而研究人员在分类年龄估计方面没有倾注太多的注意力。对于如何进行定量的性能比较，我们仅能依赖少数几篇文献[7,17]，因为目前尚无其他年龄类别估计的方法。我们使用基于真实阳性（TP）、错误阳性（FP）和错误阴性（FN）的一种常用的性能量化方法，称为“精确度和召回率”（式(10.1)和式(10.2)）。我们将实验结果和文献[7]的结果进行对比，以评估本章所述方法的分类性能。除了“精确度和召回率”指标外，我们还将我们的方法的“准确度”（式(10.3)）与文献[7,17]中的结果进行了比较。

$$\text{Precision} = \frac{\text{TP}}{\text{TP} + \text{FP}} \tag{10.1}$$

$$\text{Recall} = \frac{\text{TP}}{\text{TP} + \text{FN}} \tag{10.2}$$

$$\text{Accuracy} = \frac{\text{TP} + \text{TN}}{T + N} \tag{10.3}$$

在我们使用的包含 8000 张面部图像的数据集中，我们将 8000 张面部图像按照 70：30 的比例分为训练集和测试集。在训练集和测试集中包含了数量相同的儿童和成人的脸部图像。训练集用于训练我们的 CNN 模型，训练好的模型用于对包含 2400 张图像的测试集进行分类测试，测试集包含 1200 张儿童面部图像和 1200 张成人面部图像，实验的结果如表 10.2、表 10.3 所示，可以看出本章所提出的方法在精确度、召回率和准确度三个指标上均优于其他方法。

表 10.2 本章所提方法和其他方法的性能对比

方　法	TP	FP	FN	TN
Khoa et al 方法	937	466	263	734
ICSIPA 方法	1119	88	76	1117
本章所提方法	1163	36	37	1164

表 10.3 本章所提方法和其他方法的精确度、召回率、准确度对比

方　法	精度(Precision)	召回率(Recall)	准确度(Accuracy)
Khoa et al 方法	67%	78%	70%
ICSIPA 方法	93%	94%	93%
本章所提方法	97%	97%	97%

5 结论

本章提出了一种新颖的基于深度学习的儿童面部检测模型，该模型结合使用了低级特征与一些高级特征，并且这些高级特征是由一个经过训练的 CNN 模型在面部图像上自动提取的。该模型可以准确地区分儿童和成人图像。据我们所知，这是第一种基于深度学习的对儿童和成人面部图像进行准确分类的方法。有鉴于此，本章提出的方法为该特定领域的研究奠定了一定基础。除了年龄检测之外，该方法还可使用上下文约束来识别真实内容，并应用于视频监控、人体部位识别、皮肤病学等领域。甚至市场营销等领域也可以应用本章所提出的方法，例如根据路过购物者的年龄在商店橱窗中为其播放量身定制的广告。本章所述工作的成果为计算机视觉领域的研究提供了更多应用的思路。这项成果的其他用途也为网络犯罪和计算机视觉领域的其他研究提供了思路。这项工作还可以应用于对互联网上剥削儿童内容的大规模筛查[18],筛查的结果可用于帮助制定减少对这种内容需求的战略和方法。[19]

参考文献

[1] Kwon Y H, da Lobo Vitoria N. 1993. Locating facial features for age classification. Proceedings of SPIE-the International Society for Optical Engineering, vol 2055. SPIE-The International Society for Optical Engineering, Bellingham, 62-72.

[2] Kwon Y H, Lobo N. 1999. Age classification from facial images. Comput. Vis. Image Underst., 74(1):1-21.

[3] Hayashi J. et al. 2001. Method for estimating and modeling age and gender using facial imageprocessing. Seventh international conference on virtual systems and multimedia. IEEE Computer Society, Los Alamitos, 439-448.

[4] Lanitis A, et al. 2004. Comparing different classifiers for automatic age estimation. IEEE Trans. Syst. Man Cybern. B, 34(1):621-628.

[5] Cootes T F, et al. 2001. Active appearance models. IEEE Trans. Pattern Anal. Mach. Intell., 23:681-684.

[6] Yan S, et al. 2007. Auto-structured regressor from uncertain labels. International conference on computer vision.

[7] Khoa L, et al. 2009. Age estimation using active appearance models and support vector machine regression, biometrics: theory, applications, and systems, 2009. BTAS '09. IEEE 3rd international conference. Washington, USA, 1-5.

[8] Geng X, et al. 2007. Automatic age estimation based on facial aging patterns. IEEE Trans. Pattern Anal. Mach. Intell., 29(12):2234-2240.

[9] Fu Y, Huang T S. 2008. Human age estimation with regression on discriminative aging manifold. IEEE Trans. Multimed., 10(4):578-584.

[10] Guo G, et al. 2008. Image-based human age estimation by manifold learning and locally adjusted robust regression. IEEE Trans. Image Process., 17(7):1178-1188.

[11] Yan S, et al. 2009. Synchronized submanifold embedding for person independent pose estimation and beyond. IEEE Trans. Image Process., 18(1):202-210.

[12] Krizhevsky A. 2012. ImageNet classification with deep convolutional neural networks. Advances in neural information processing systems, 1097-1105.

[13] NCMEC. National Center for Missing & Exploited Children (NCMEC). http://www.missingkids.com.

[14] Face and Gesture Recognition Research Network. http://www.fgnet.rsunit.com/.

[15] Simon B. 2017. Large age-gap face verification by feature injection in deep networks. Pattern Recogn. Lett., 90. https://doi.org/10.1016/j.patrec.2017.03.006.

[16] Chang C C, Lin C-J. 2011. LIBSVM: a library for support vector machines. ACM Trans. Intell. Syst. Technol., 2 (1):27. Software available at http://www.csie.ntu.edu.tw/~cjlin/libsvm.

[17] Islam M, et al. 2011. Child face detection using age specific luminance invariant geometric descriptor. 2011 IEEE international conference on signal and image processing applications (ICSIPA2011).

[18] Watters P A. 2018. Investigating malware epidemiology and child exploitation using algorithmic ethnography. Proceedings of the 51st Hawaii International Conference on Systems Science (HICSS), Hawaii.

[19] Watters P A. 2018. Modelling the efficacy of auto-internet warnings to reduce demand for child exploitation material. Proceedings of the 22nd Asia-Pacific conference on knowledge discovery and data mining workshops.

检测儿童剥削内容：一种数字取证方法

作　者　Mofakharul Islam①，　Paul　Watters②，　Abdun　Nur　Mahmood③，Mamoun Alazab④

摘　要　随着以全球化和去中心化为特征的互联网的不断进步，运行于互联网之上的社交网站也迅速发展，各种社交网站不断出现，社交网站的用户量也不断增长。最近的研究发现，恋童癖者正在利用 Facebook、Twitter 和 MySpace 等社交网站，将其变成分享儿童色情内容的论坛。随着复杂的数字技术的出现，与具备一定技术能力的恋童癖者进行斗争，对处理儿童色情制品的全球执法机构而言都是巨大的现实挑战。其中主要的

---

① Mofakharul Islam：毕业于 Federation University of Australia，获信息技术与工程学院计算机科学博士学位。澳大利亚墨尔本 La Trobe University 计算机科学与信息技术系网络安全讲师。从事深度学习、机器学习、计算机视觉、数字取证、法医成像和图像处理的研究，特别关注网络犯罪(如网络欺凌/网络骚扰、诈骗、金融欺诈、僵尸网络、DDoS 攻击、恶意软件、网络钓鱼、身份盗窃、儿童色情、虐待儿童、在线虐待、XSS、MITM 等)以及包括医学/工业成像在内的生物和物理现象的分析/建模/仿真。他在这些领域发表了大量著作。

② Paul Watters：网络安全领域的权威专家，墨尔本 La Trobe University 的网络安全教授。2002 年，加入了 CSIRO 的网络应用和技术(NAT)组，领导了一个安全分布式存储项目，开始了他在安全方面的第一个研发职位。是一名特许 IT 专业人员和网络安全研究员，拥有 16 年的网络研发经验。他的著作被引用 3196 次(h-index = 26，i10-index = 73)。获得多个研究合作伙伴的资助，包括西太平洋银行、IBM、澳大利亚联邦警察、总检察长部门、美国电影协会、结束儿童卖淫和贩运以及大洋洲网络安全中心。他是英国计算机学会会员，IEEE 高级成员，澳大利亚心理学会成员。目前正在主持一项 ARC 发现基金资助的减少儿童剥削项目，一项 OCSC 基金资助的调查恶意广告项目。

③ Abdun Nur Mahmood：2008 年获得澳大利亚墨尔本大学博士学位，1999 年、1997 年分别获得孟加拉国达卡大学计算机科学硕士学位、应用物理学和电子学学士学位。目前就职于孟加拉国 University of Dhaka 工程与数学科学学院计算机科学系。此前曾在新南威尔士大学、RMIT、墨尔本大学和达卡大学工作。2011 年加入新南威尔士大学，担任计算机科学讲师。2017 年加入墨尔本 La Trobe University，担任网络安全高级讲师。研究兴趣包括可伸缩网络流量分析的数据挖掘技术、异常检测和工业 SCADA 安全。

④ Mamoun Alazab：澳大利亚查尔斯・达尔文大学工程、信息技术与环境学院副教授。在澳大利亚联邦大学科学、信息技术与工程学院获得计算机科学博士学位，是一名具有行业和学术经验的网络安全研究者。Alazab 的研究是多学科的，重点是网络安全、计算机系统的数字取证、网络犯罪的检测和预防，包括网络恐怖主义和网络战争，发表有 100 多篇研究论文。仅在 2018 年，他就参加了 22 场受邀演讲和主题演讲活动。召集并主持了 50 多次会议和讲习班。在许多项目上与政府和业界密切合作，包括北领地信息和企业服务部、IBM、Trend Micro、澳大利亚联邦警察、澳大利亚通信和媒体管理局、Westpac、联合国毒品和犯罪问题办公室(UNODC)以及司法部。是 IEEE 的高级成员，IEEE 澳大利亚北领地分部的创始人和主席。

技术挑战之一是有效地检测图像中出现的儿童面部。本章提出了一个新颖的儿童人脸检测框架，利用图片中人物的皮肤和面部代表性特征对其年龄进行类别分类。换句话说，本章所提出的技术基于一种新的混合特征描述符将目标人物按年龄类别分类为成人或儿童。这种混合特征描述符称为基于亮度不变性和几何关系的描述符(luminance invariant & geometrical relation based descriptor, LIGRD)。LIGRD包含了低级和高级特征，这些特征可以有效地同时刻画人脸的局部外貌特点，诸如色度、纹理、几何关系信息等。我们对本章所提方法进行了实验测试，并将实验结果与最近发表的另一篇论文的实验结果进行比较，发现我们提出的方法在精确率、召回率、识别的整体准确率方面性能表现更为优异。

关键字 儿童剥削，儿童色情，数字取证，情报分析，人脸检测，深度学习，网络犯罪

1 引言

在互联网出现之前，秘密色情杂志或色情电影是生产、分发、展示、拥有和消费色情内容的主要手段。随着互联网的到来，互联网迅速成为分发、传播和展示此类内容的主要媒介。与传播媒体的变化同步，传播内容也发生了变化，在杂志、录像带和互联网上暴力和厌女症内容日益增多。另一方面，访问互联网和社交网站逐渐成为当今世界范围内儿童和年轻人的必需品，并成为新的文化规范以及教育界的主流工具之一。对大多数儿童和年轻人来说，互联网在大多数情况下是完全纯真的娱乐和游戏的来源，他们使用互联网搜索他们的教育资料，玩在线游戏，与线上和线下的朋友保持联系等。但是值得注意的是，儿童和年轻人在使用互联网时，不可避免地在某个阶段，他们将通过互联网接触到可能在他们思想中造成创伤并可能在心理上对其造成伤害的内容。最糟糕的是，不仅仅是有害的内容，使用互联网和社交网站还有可能遇到对儿童和年轻人有害的组织或个人。一次这样的遭遇就足以对孩子一生造成潜在的灾难性后果。因此弱势儿童在使用互联网的整个过程中或者在某些时候，互联网以及社交网站对他们可能构成严重威胁也就不足为奇了。实际上，使用互联网的潜在结果仍然是一个问号，因为人们对互联网可能的问题和益处，以及从社会利益角度而言对社会整体可能的影响都了解得很少。但是，犯罪分子试图分享、交换、消费和生产剥削儿童内容所构成的风险是显而易见的，执法部门面临着艰巨的任务，即试图以高效和系统化的方式处理大量的此类有害内容(和犯罪)。

如表11.1所示，2011年的一项研究[1]揭示了全球互联网的使用情况和人口统计数据。2002年的另一项研究表明，在全世界范围内，经常使用互联网的儿童和年轻人数量已接近8000万大关，并且这个数字还在成几何级数增加。最近的一项研究表明，美国有

2700 万 2～17 岁的儿童是活跃的互联网用户,占美国所有互联网用户的五分之一。[2]

表 11.1 2011 年世界人口和互联网用户统计[1]

	总人口	互联网用户	占比
非洲	10.4 亿	1.19 亿	11.4%
亚洲	38.8 亿	9.22 亿	23.8%
欧洲	8.16 亿	4.76 亿	58.3%
中东	2.16 亿	6900 万	31.7%
北美洲	3.47 亿	2.72 亿	78.3%
南美洲	5.96 亿	2.16 亿	36.2%
加勒比海/澳大利亚	3500 万	2100 万	60.1%
合计	69.3 亿	21 亿	30.2%

表 11.2 所示的统计数据表明,互联网用户在年龄较小时就接触色情内容。儿童首次接触色情内容的平均年龄为 11 岁。8～16 岁的儿童中,有 90%的人在线上观看过色情内容。恋童癖者试图利用一些儿童比较感兴趣的名称来吸引儿童,例如“宝可梦”(Pokemen)。[1]

表 11.2 2011 年互联网色情内容统计

平均首次接触在线色情内容年龄	11 岁
在线色情内容最大消费群体	35～49 岁群体
15 到 17 岁接触多次色情内容占比	80%
8 到 16 岁观看过在线色情内容占比	90%(大部分是在做家庭作业时观看到的)
7 到 17 岁儿童会无意识地泄露家庭地址占比	29%
7 到 17 岁儿童会无意识地泄露电子邮件地址占比	14%
可链接到超过 1 千个色情链接的儿童角色名字	26 个(包括“宝可梦”“机动人”等)

根据来自各种新闻和研究机构的汇总数据,每秒钟约 3 美元被花费在色情内容上。每秒钟有 28258 个互联网用户在观看色情内容。在同一秒内,有 372 位互联网用户在搜索引擎中输入成人搜索字词。每 39 分钟美国就会制作一个新的色情视频。色情行业的年产值超过了微软、谷歌、亚马逊、eBay、雅虎、苹果和 Netflix 的总和。2006 年,全球色情产业产值激增至 970.6 亿美元。2006 年,仅澳大利亚的色情收入就达到 20 亿美元(人

均约 98 澳元)。[1]

假设恋童癖的分布如图 11.1 所示,则这些统计数据中有很大一部分用于购买儿童色情制品,或与成人色情制品有联系。

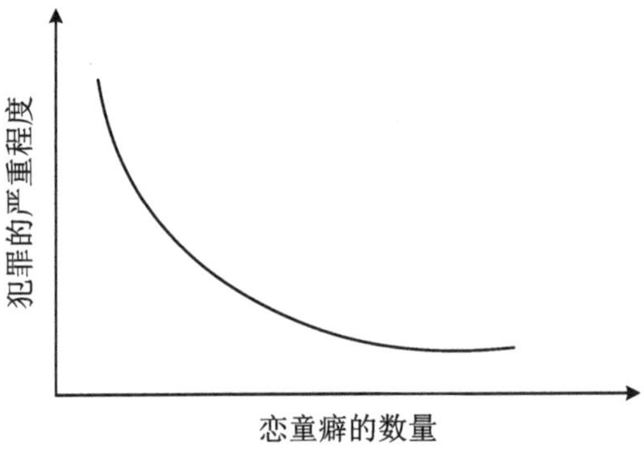

图 11.1　儿童色情的级数模型

一些研究表明,成为恋童癖是一个循序渐进的过程。可能始于查看各种色情材料,然后一旦观看者对"合法"材料不敏感,便逐渐转而查看"青少年"网站和其他网站。随着时间的推移,这些用户倾向于访问更多的极端内容,以不断追求新的刺激,这些站点最终将这些用户指向更年轻的图片,导致他们最终可能会看到包含儿童色情内容的非法站点。对恋童癖者来说,他们往往倾向于观看越来越低龄女孩的内容[3],而且内容可能是极端的。COPINE 评级给出了极端主题的分级。

最近的统计数据表明,全球儿童色情业务的年营业额估计为 10 亿美元级别。[1]全球年营业额超过 30 亿美元,可能有超过 100000 个网站以出售儿童色情内容为主要业务。[4-6]

毫无疑问,互联网已经深入人们现代生活的方方面面。人们早上查一下邮件,白天看看新闻,晚上看些娱乐节目。新闻、产品、商机、对话、人际关系、自我促销、娱乐等都在互联网上,还有什么内容没有互联网化呢?整整一代人的成长都从来没有脱离互联网。[7]所有人都认为互联网这项技术在年轻一代的日常生活中发挥着越来越大的主导作用,尤其是在社交网站。有了 MySpace、Twitter、Xanga、Tumblr、Facebook 等各种社交网络平台,现在很难找到一个从未访问过这些网站的青少年。当前最流行的社交网络 Facebook 于 2004 年开始运营,并于 2006 年向公众开放,拥有 4200 万活跃用户。Facebook 在重塑现代互联网用户的在线行为和态度方面起着主导的作用。Facebook 在吸引用户方面的能力无人匹敌。通过其虚拟的通信方式和在满足在线用户所有需求方面的强大能力,Facebook 已经成为人们想要且期望的一部分。这些社交网络在其系统功能和可用性方面的技术进步也为犯罪分子提供了更多更便利的机会,而且在大多数情况下,犯罪分子会将其滥用到系统设计者从未想过的地方。尽管常见社交网站都明确声称自己是安全站点,但美国多个州所进行的一系列调查表明,Facebook 的过滤器在阻止儿童色情方面做得远远不够。FoxNews.com 进行的一项为期一周的调查显示,尽管 Facebook 声称已尽其所能阻止恋童癖者的内容被展示,但 Facebook 仍未能有效阻止在其网站上发布暗示性和可能非法的儿童照片。Facebook 采用基于内容的过滤系统,该系统能够自动扫描由美国失踪与受虐儿童中心(NCMEC,National Centre for Missing and Exploited Children)识别的且最常与儿童色情制品相关的几个基本关键字。FoxNews.com 在 2010 年 10 月 6 日邀请了两名 Facebook 高管进行了一次电话采访,在采访中对 Facebook 网站进行了现场点击浏览,通过浏览使他们当面看到了其网站里的一些不良内容。这次采访迫使两名 Facebook 高管承认,Facebook 在阻止非法儿童内容方面的努力收效甚微。在这次对 Facebook 发言人 Simon Axten 和该公司首席安全官 Joe Sullivan 进行的 90 分钟电话采访中,FoxNews.com 揭露了 Facebook 的弱点,这些高管对他们看到的 Facebook 网站上的内容十分震惊。他们不知道也无法解释为何其站点上出现的那些极端的图片内容。[1]

在上述的采访中,FoxNews.com 让 Facebook 高管用网站搜索功能搜索关键词"PTHC",搜索出的第一个结果是一个名为"PTHC"的公开群组,该群组有 197 个成员。Facebook 高管在采访现场访问了该群组的一篇帖子,那篇帖子竟然链接到一个对 8 岁儿童进行性虐待的视频。缩写"PTHC"的全称是"Pre-Teen Hard Core"。这个缩写词经常与儿童剥削行为和恋童癖内容同时出现,且该缩写在 NCMEC 提供的关键词列表中。那次采访的主持人还让两名 Facebook 高管点击了 PTHC 群组成员的 Facebook 档案链接,发现该群组成员都与一个亚文化(subculture)圈子相关,这个圈子专门传播儿童色情制品且有目的地与儿童进行联系与互动。[8]

最近一位美国州司法部长宣布要彻底调查 Facebook 和类似的网站,比如 MySpace。这些网站因为没有对其网站上成年人和未成年人之间的交流进行有效监管而广受批评。在这项调查中,调查员假装为未成年人在社交网站上注册账号,他们的账号被那些不法分子性骚扰,并且使用这些名义上是未成年人的账号可以轻易地接触到色情图片。调查员们还假装成气急败坏的家长,联系 Facebook 进行投诉。大多数情况下 Facebook 忽略了他们的投诉,只对有限的几次投诉做出了反应,从其网站上删除了那些被投诉的内容。[9]

因为以上的原因,儿童色情制品将越来越成为互联网中最具破坏性的内容之一。尽管这一现象对社会的影响如何还没有进行深入研究,但是互联网上的犯罪和异常行为领域的研究潜力很大。值得注意的是,这一领域的争议性比较大且对此感兴趣的人很多,研究人员对儿童色情内容和如何防止在互联网上出现这些内容的研究还很不够。

将网络空间编织到我们的社会结构中为我们提供了巨大的便利,从另一方面来说,这也成为当今人类社会日益明显的一个问题。随着复杂数字技术的出现,执法机构在处理儿童色情制品方面面临着与精通技术的恋童癖者斗争的巨大挑战。家用电脑和社交网络的最新发展,再加上数字领域的技术进步,为恋童癖者提供了更多的便利。他们可以更加方便地通过网络共享儿童性虐待照片(通常是为了牟利)。在打击儿童色情方面,执法机构当前正在使用的技术效率低下且相对比较基础,这导致可作为法庭上的证据的儿童色情图像识别失败率很高。由于缺乏适当的技术,目前无法快速准确地侦破和起诉儿童色情制品案件。精通技术的犯罪分子试图通过使用最新开发和先进的数字影像、视频处理设施、设备和软件来对付执法机构。

我们提出了一种新颖的方法,该方法使用基于模型的新算法来检测和识别儿童面部。这个算法利用了儿童皮肤和面部特定特征来提高检测识别的成功率。将我们所提出的方法与任何现有的色情内容检测技术相结合,就可以形成一个专用工具,用于扫描检查大量没收硬盘中的内容。互联网兴起所带来的便利性,使得不法分子可以更方便地传播非法儿童色情制品,因此全球的执法机构需要处理的儿童色情案件不断增多。由于与儿童色情相关的案件数量巨大,执法机构的数字取证部门已经积压大量未处理案件。最近的一项研究表明,仅在荷兰一个国家,2003 年至 2006 年间警察没收的数据量就从 4.5 TB 增加到了 152 TB。[10] 目前执法机构必须手动检查大量数据以找到有关儿童色情制品的确凿证据,这对执法机构来说是一项重大挑战。通常执法机构必须在有限的时间窗口内完成检查,因为执法机构在没有指控的情况下能够羁押犯罪嫌疑人和其物品的时间非常有限,法律限制执法机构能够持有证据的时间。另一方面,人工检查图像以识别儿童色情制品的工作十分繁琐、耗时、情感负担大且困难。因此迫切需要一种准确、快速和自动化的工具,以有效地检测和识别儿童色情图像。

除此之外,本章所提出的方法还可与现有色情检测方法集成在一起,形成一个专用的实时工具来监视和检测互联网上的恋童癖活动。为了更准确可靠地检测图像中的色情内容,我们的检测方案可以基于色情内容特定的上下文约束(它们代表实际的色情活动),而不是仅仅依赖于现有检测方法中常用的基于皮肤区域内容或比率等特征的启发式算法。使用马尔可夫随机场(Markov random fields, MRF)建模的统计方法可有效地对上下文相关的物理现象进行建模,尤其是在源图像质量不高的情况下其建模效果较好。在正在进行的一项实时色情检测工作中,我们使用了一个基于马尔可夫随机场的统计视觉模型对图像进行前置处理。这个基于马尔可夫随机场的模型先验编码了针对色情内容的上下文约束,使得我们可以对包含色情内容的皮肤区域进行准确和可靠的检测识别(图 11.2)。

在本章所述工作中,我们感兴趣的是将计算机视觉技术应用于设计实时检测和调查取证的机器视觉系统。我们更广泛的研究计划旨在解决计算机视觉中的一些基本的问题。例如如何从包含凌乱背景的图片中识别出人、枪、汽车、船或者其他类别的可疑物体?如何获得这些可疑物体类别的先验知识?如何让计算机具有与人类相似的物体识别能力?

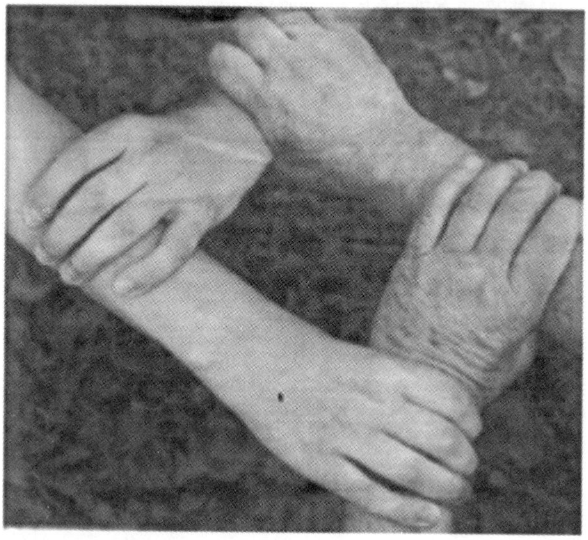

图 11.2 《四代人》照片(其中包含了不同年龄人的皮肤)

我们提出了一种新颖的方法从图像中检测和识别儿童的脸部,这个方法利用了特定的面部特征或特征的上下文关系。我们首先使用低级皮肤特征从图像中检测出皮肤区域,然后再利用人脸的一些视觉特征进行儿童脸部识别,这些视觉特征包含了低级特征之间的空间关系和脸部轮廓方面的新知识。

从图像中识别未成年人(或成人)的脸部是一项具有相当挑战性的任务,目前虽然已经有文献进行了一定研究,但是尚无通用的解决方案。从分类审查委员会确定演员的年龄,到确定色情图片是否包含儿童等一系列实际应用场景中,快速准确地确定图像中人物的年龄仍然是一个未能完全解决的问题。在图像中检测皮肤是一个已解决的问题,但是文献表明所有现有技术都是通用的,没有针对成年人或儿童的皮肤进行区分处理。检测成人的皮肤,尤其是检测裸露的皮肤,有多种可行的方法。更进一步说,色情检测现在是一个已解决的问题。因此,这项工作主要针对儿童面部检测,其检测结果用于标注对象(整个图像)为儿童或成人。对于标注为儿童相关的图像,我们再对整个图像(不仅是面部)进行一次色情内容检测,以判断图像是否包含色情内容。

我们的假设是,我们可以根据未成年人脸部特定的特征,例如皮肤或面部视觉线索,来有效地从图片中检测出儿童的脸部。该方法特别适用于用类别而不是用数字连续表达年龄的情况(译者注:用“儿童”或“成人”来表示年龄是一种类别表示方法,用数字来表示年龄是一种连续表示方法)。为了从色情图片中检测出未成年人的脸,我们将采用一种新颖的脸部模型,该模型首次使用了具有代表性的未成年人皮肤特征和人脸的一些重要特征。现在检测图像中的色情内容可以说是一个已解决的问题,因此儿童色情检测真正面临的挑战在于检测图像中儿童的皮肤/面部。

本章第 2 节将综述现有的色情内容检测和皮肤检测技术;第 3 节介绍我们提出的研究方法,包括实验结果以及相关的讨论;第 4 节给出我们的结论;第 5 节给出未来可能的研究方向。

2 相关工作

通常,色情内容检测技术主要由两个部分组成:皮肤的建模和分类,以及色情内容判别。对于一张待检测图像,首先使用皮肤分类技术获取图像中的皮肤部分,然后利用分类器对获取的皮肤进行色情内容判别。

2.1 有关儿童色情制品检测的现有研究

据我们所知,到目前为止只有安大略理工学院(Ontario Institute of Technology)发表的几篇文献专门讨论过针对儿童色情制品的检测。Shupo 等人在文献[11]中提出了一种基于网络的检测系统,该系统使用随机学习弱估计器和线性分类器相结合的思路来判断一个在网络上传输的数据包是否含有不良内容。该方法使用的特征是从带类别标注的数据包中提取的统计属性,每个数据包中提取的这些统计属性组成一个带标记的向量,这些带标记的向量用于训练分类器。作者考虑了两种估计器:随机学习弱估计(stochastic learning weak estimator)和最大似然估计(maximum likelihood estimator)。随机弱估计在处理非平稳数据方面更为准确。在对图片进行分类时,作者采用了四个不同的距离函数:欧氏距离、加权欧氏距离、变异距离和两个上述特征向量之间的相对距离。作者从加拿大多伦多警察局收集了有关儿童色情制品的图像数据集,而非儿童色情制品图像数据集为从互联网收集的随机图像。

受上述工作成果的启发,安大略理工学院的 A. A. Ibrahim 在其硕士学位研究项目中对上述工作进行了扩展。[12]他采用了几乎相同的方法,只不过改为使用人工合成图像数据集。作者没有使用任何现实世界中的儿童色情图片而是采用了人工合成的数据集,该人工数据集由从互联网上收集的成人色情图片组成。

2.2 现有的年龄估计的研究

迄今为止已经提出的年龄估算技术都是基于对图像内容的分析,使用一些低级皮肤特征和/或特定于年龄的特征(例如皱纹和其他启发式年龄特征)。而这些技术实际上并没有针对成人或儿童的特定面部上下文限制而进行设计。

从人物面部数据图像来估计人物年龄的研究始于 Kwon 和 Lobo 的工作。[13]他们将高分辨率面部图像中的人物划分为三个年龄组:婴儿、年轻人和老年人。作者报告其方法的分类准确率为 100%,但在有限的数据集上进行的应用实验表明该方法不适用于现实世界中的应用场景。他们在后续工作中提出了另一种基于颅面发育理论和皱纹分析的年龄分类技术[14],但是该方法依然受限于有限的测试数据集,因此在应用于现实世界的大型数据集时很难评估其鲁棒性。Hayashi 等人在文献[15]中使用皱纹分析以及人脸重要视觉要素之间的几何关系作为特征,以 5 年为间隔将年龄分为多个组。这种方法实际上不是年龄类别估计技术(categorical age estimation),而是侧重于按年龄组进行分类(age-group using classification)。

Lanitis 等人采用主动外观模型(active appearance model, AAM)来解决年龄估计问题。[16]他们从图像中抽取形状和纹理参数作为特征,并使用了三个分类器来估计年龄,然后比较了这些分类器的估计精度。三种分类器分别是简单二次拟合、最短距离分类器和神经网络分类器。Geng 等人在文献[17]中提出了关于衰老模式(一系列个人面部年龄图像)的统计模型。使用该模型的前提条件是具有目标人物在不同年龄的多个图像。Yan 等人在文献[18]中提出了一种算法,该算法对年龄的估计考虑了年龄标签的不确定性。最近,Khoa 等人在文献[19]中提出了一种将主动外观模型 AAM(active appearance model)[20]与支持向量机回归相结合的方法来对不同年龄进行分类。其方法是首先使用主动外观模型的参数对年龄类别(成人和儿童)进行分类,然后使用基于支持向量机回归算法来估计年龄。实际上,仅使用主动外观模型的参数并不是对年龄进行分类的理想方法,因为外观数据不能完全提供准确分类所必需的足够线索。这种方法实质上是在预测特定年龄,而不是按照成人或儿童的类别进行分类。其作者也建议进一步改进,以使其成为一种可靠的分类年龄估计方法。

Geng 等人在文献[21]中提出了另一种方法。该方法为一个面部图像数据集中的每个对象生成一系列表示不同年龄的图像,使用这些图像可以为每个对象构建衰老模式。作者介绍了一个不同对象人物的时态面部图像集合的样本。这一样本最终被投影到低维空间。在测试阶段,使用最小化重建误差的方法从多个方向替换一张新的脸部图像,替换的时候模拟了对象人物年龄的变化。该作者认为基于独特衰老特征构建衰老模式的方法要比标准分类技术表现更好。

Fu 和 Huang 在文献[22]中提出了使用流形学习(manifold learning)的老化模式，其主要想法是采用基于流形准则的判别子空间学习来表示低维老化流形。作者发现当对老化的流形图案应用回归时，年龄估计准确度会显著提高。Guo 等人[23]基于此提出了使用支持向量机回归器(support vector machine regressor，SVR)来学习年龄和编码后的面部表示之间的关系。这项工作的关键在于使用经过训练的本地 SVR，该本地 SVR 仅使用在初始年龄估算值附近的小间隔内的样本进行训练，而该年龄估算也是使用本地 SVR 进行的。

Wang 等人在人脸图像的融合 Gabor 和 LBP 特征上使用了纠错输出代码(error-correcting output codes，ECOC)技术将个人分为四个可能的年龄组之一(儿童、青少年、成人和老年人)。[24]作者发现 ECOC 与 AdaBoost 或 SVM 相结合可以有效解决年龄分类等多类学习问题。作者使用 FG-NET 和 Morph 数据集来测试其方法在年龄分类中的有效性和鲁棒性，实验结果表明基于融合特征的算法比仅基于 Gabor 或 LBP 特征的算法具有更好的性能。

Islam 等人在文献[25]中提出了一种可用于分类年龄估计的面部图像模式新框架，用于对图像中人物的年龄进行分类估计，即估计图像中的人物面部属于成人还是儿童。该框架使用了一种新的混合特征描述符，称为亮度不变的几何描述符(luminance invariant geometric descriptor，LIGD)。特征由低级特征和高级特征两部分组成，这些特征在局部外观方面可以非常有效地表征面部图案。在局部外观估计中，可以同时采用色度、纹理和位置等面部视觉线索相关特征。

对参考文献的研究表明目前仍缺少一种专门的分类年龄估计方法，尤其是尚未很好地解决分类为成人和儿童的问题。本章的研究试图填补这一空白。

3 我们提出的方法

我们提出的方法基于一种新的人脸图像模型。该模型首先从色情图像中提取成人和儿童的特定上下文约束，是否为色情图像可以使用任何现有的最新色情检测工具来辨别；然后使用支持向量机 SVM 分类器对面部图像的特定上下文约束进行分类为儿童或者成人。我们所提出的方法可以适用于光线、视角、缩放、仿射变换和其他成像因素(如阴影、化妆和遮挡)变化的场景。

儿童皮肤的检测对于计算机视觉界来说是相当大的挑战和困难，因为目前对人类视觉系统原理的了解还较为有限。人类衰老的过程，尤其是皮肤的衰老过程，不仅受人类基因的控制，还取决于许多因素，如个人的生活方式、健康状况、种族、职业和文化背景等。在过去的三十年中,尽管成人皮肤的检测引起了极大关注,儿童皮肤检测这一特定领域却没有任何重大的进展。对现有文献的调研也表明,人们尚未尝试解决这个问题。自动识别儿童皮肤的过程需借鉴人类视觉系统的原理,至少需要采用一些类似人类视觉系统所使用的线索来进行判断,试图以符合人类直觉的方式对儿童的皮肤进行量化。对于儿童皮肤识别问题,定义这些线索无疑将是相当大的挑战。不管个体差异的影响如何,使用皮肤检测技术来提取适用于年龄分类的一般判别特征仍然是一个悬而未决的问题。

皮肤表面的光滑度,皮肤的水合作用,胶原蛋白、弹性蛋白和糖胺聚糖的含量与皮肤质地直接相关。几个关键因素对皮肤的这些基本要素有细微的影响。尽管儿童的皮肤粗看起来与正常成年人皮肤相差无几,但是二者在结构和功能特性方面都存在显著差异。婴儿的皮肤十分柔软、光滑,与成人皮肤明显不同。当婴儿逐渐成长时,他们可爱的光滑皮肤也发生了一些重大变化,这个变化过程一直持续到十几岁或者到成年时。在此阶段,人体产生的激素越来越多。在男孩和女孩体内都开始产生一种叫作雄激素的激素,在这种雄激素的影响下,皮肤会产生更多的油脂(皮脂),从而容易导致痤疮。另外,由于角质层的作用,肌肉开始在这厚实、柔软、光滑的皮肤下发育,并在近二十岁时显现出来,从而在整个身体上留下波浪状的表面。儿童与成人皮肤之间的解剖学差异主要体现在皮肤表面的差异。[26]

无论种族、文化、年龄和性别如何,随着年龄的增长,人的皮肤会不可避免地发生变化。年轻人的皮肤水分充足、光滑、柔软,并具有自然的半透明性。另一方面,由于老化过程的开始,年龄较大的成年皮肤往往功能不佳,逐渐变得干燥,并趋向于紧绷,具有粗糙的质感和暗淡的外观。由于角质层、脂质和皮脂的含水量逐渐减少,以及由于暴晒而造成的某种程度的光损伤,皮肤开始出现皱纹。[27]除此之外,随着时间推移出现的主要肤色问题是肤色变暗,这是由于长时间暴露在阳光下对皮肤细胞造成损害所造成的。我们皮肤中最顶层的细胞层会吸收天然色素黑色素,由于过度吸收而使皮肤逐渐变黑。黑色素在人类皮肤的基底细胞层中产生,并且表面上的死细胞吸收这种着色颜料。化妆品、肥皂、沐浴露和润肤露的使用也加剧了肤色的逐步变差。由于多种因素导致成人肤色逐渐变化,从而使得成人的肤色与儿童的肤色有实质性差异,我们用肉眼就能辨别出这些差异。因为尚不具备人类视觉系统的完整知识,人类如何感知两个物体之间差异的原理仍然不是太清楚。因此,我们的重点是至少借鉴人类视觉系统在区分物体时使用的线索,从而设计一种有效且高效的方法,以符合人类直觉的方式来刻画物体形状和外观。

3.1 图像预处理阶段

数据集中的噪声会导致其中某些数值被“损坏”，在面部和皮肤分割或者分类问题中所需处理的数据尤其如此。由于各种成像伪影（例如低强度、强度不均匀和阴影），数据集通常很嘈杂。另外，照相机中成像电子设备和镜头特性也引入图像中额外的噪声问题。噪声越大意味着不确定性越大。因此，我们使用一个低通滤波器来预处理我们的数据集，以最小化由上述成像伪影产生的噪声。为了消除图像数据中其他的问题，例如强度不均匀、不同部分边缘不清晰，或物体的阴影、暗影和高光效果等，我们对图像进行自适应直方图均衡化。自适应直方图均衡化通过使用对比度受限的直方图均衡来对像素值进行转换，从而增强了灰度图像的对比度。对比度受限的直方图均衡作用于图像中的小区域（称为图块），而不是整个图像。每个图块的对比度都得到了增强，因此输出区域的直方图与期望的图像图块直方图形状大致匹配。进行均衡之后的相邻图块通过使用双线性插值法合并，以消除人为引起的边界。通过这样的预处理，我们可以限制图像对比度，尤其是在图像的均匀区域中，以避免放大图像中噪声可能引起的副作用。[28]

3.2 低层特征生成

研究表明，皮肤分割和分类的准确性主要取决于颜色和纹理特征。研究还发现，纯粹基于颜色的分割虽然对局部变化更敏感，但提供了清晰的边界。[29-31]另一方面，仅基于纹理特征的分割会导致边界模糊，但通常会分割出均匀的区域。换句话说，基于颜色和纹理相结合的分割能够产生清晰的边界和均匀的区域。实际上与单独使用颜色或纹理特征相比，使用颜色和纹理的组合特征可以更有效地检测单个对象。在清晰度和均匀性方面，结合了颜色和纹理的分割效果优于其他分割。[29-32]

本章所提出模型的主要目标之一是找到一种合适的由颜色和纹理特征组成的低级特征集，该特征集能够以最大的准确度有效区分皮肤和非皮肤区域。尽管 RGB 是最常用的色彩空间，但它在感知上并不统一，并且不符合人类的视觉系统。文献表明，YCrCb、CIE-luv、CIE-lab 和标准化 RGB 是皮肤检测中更常用的色彩空间。同样的，小波变换、Gabor 滤波器和 MSRAR 可以有效地编码纹理细节，而其他纹理描述符在诸如安全与监视、生物医学工程、材料科学、采矿、矿物和冶金学等复杂情况下的应用效果并不理想，在上述这些情况下需要更敏感的纹理判别能力。[29-32]我们用 4 种颜色空间和 3 个纹理描述符组成 12 种低级特征集组合，对数据集 NCMEC[33] 和 FGNET[34] 中的 100 张面部图像进行特征抽取，然后依次将这些多维特征集输入到朴素贝叶斯分类器中，使用自适应阈值技术执行分割。由于不同人皮肤特征各异，因此需要一种自适应阈值技术来实现从每个人脸图像中分割出皮肤区域的最佳阈值。我们在分类时不考虑颜色空间中的亮度/发光度分量,以使特征集对于不同照明是不变的。

将分类误差定义为 FP(%)+FN(%)(假阳率+假阴率)。我们的研究清楚地表明,YCrCb 色彩空间的色度加上小波变换组成的低级特征组合(Chroma_YCrCb+Wavelet)在所有三个指标(假阳性、假阴性、分类误差)上均优于其他的低级特征组合,具体数据如表 11.2 所示。

表 11.2 不同颜色和纹理分割/特征组合在皮肤分类中的性能比较

	假阳性 FP	假阴性 FN	分类误差 Classn. Err.
Chroma_YCrCb + Gabor	6.98%	5.83%	12.81%
Chroma_YCrCb + Wavelet	6.71%	4.36%	11.07%
Chroma_YCrCb + MRSAR	8.9%	8.57%	17.56%
Chroma_CIE-luv + Gabor	7.14%	5.89%	13.03%
Chronia_CIE-luv + Wavelet	7.69%	6.41%	14.10%
Chroma CIE-luv + MRSAR	9.12%	7.97%	17.09%
Chroma_CIE-lab + Gabor	8.98%	6.58%	15.56%
Chroma_CIE-lab + Wavelet	7.77%	8.39%	16.16%
Chroma CIE-lab + MRSAR	11.06%	10.45%	21.51%
Chroma_rgb + Gabor	9.56%	6.12%	15.68%
Chroma_rgb + Wavelet	10.78%	8.23%	19.01%
Chroma_rgb + MRSAR	10.36%	9.87%	20.23%

3.3 颜色特征

我们从面部图像中裁剪出 20 个皮肤斑块,利用原始颜色模型的纯色信息(Cr 和 Cb)导出新的低级颜色特征,如下所示:

$$\text{Chroma } C(r,b) = C(r,b) - C(r,b)_{\text{mean}} \tag{11.1}$$

其中 $C(r,b)_{\text{mean}} = \frac{\sum_{n=1}^{N} C(r,b)}{N}$,$N$ 是一个皮肤斑块中像素的个数。

1. 纹理特征

纹理表征图像颜色或强度的局部变化。虽然基于纹理的方法通常在计算机视觉中使用,目前却没有对纹理正式或唯一的定义,每种纹理分析方法都根据自己的需要来定义纹理。但是,邻域属性是所有可用纹理定义/描述之间的共同相似之处。因此,我们可以将纹理定义为一种像素周围灰度值或颜色模式的图像特征。

皮肤表面的光滑度,皮肤的水合作用,胶原蛋白、弹性蛋白和糖胺聚糖的含量与皮肤质地直接相关。荷尔蒙、饮食、阳光和各种环境等关键因素也影响皮肤的各种基本属性。尽管儿童的皮肤看上去与正常成年人皮肤相似,但二者在结构和功能特征上却存在显著差异。从儿童期进入成年期,皮肤的软组织中发生着一些较大的变化,如形成皱纹、细纹、下垂等。因此我们需要一个功能强大的纹理描述符,来对这些细微的纹理信息进行有效的编码。

变换域特征(transform domain feature)是对图像特征的某种数学表示。过去有几种使用变换域特征的纹理分类方法,例如离散傅里叶变换(discrete Fourier transform, DFT)和离散小波变换(discrete wavelet transform, DWT)。在这里我们采用离散小波变换,因为离散小波变换与其他纹理描述符相比在捕获细微纹理信息方面更加有效。小波分析将信号分解为原始小波(又被称为“母小波”)经过位移和缩放之后的一系列小波,也就是说将一个信号分解为通过平移和扩张获得的一系列基函数。[35]各种频带中的小波系数已被证明其表示性较为有效。[36]

对于纹理的分解是得到不同比例下图片纹理特征的关键之一,小波变换可以进行这种分解。小波变换使用的是正交基函数族。小波展开是傅里叶级数展开,但由两个参数的函数族定义:

$$f(x) = \sum_{m,n} C_{m,n} \Psi_{m,n}(x) \tag{11.2}$$

其中 m 和 n 是整数,函数 $\Psi_{m,n}(x)$ 是小波展开函数,展开系数 $C_{m,n}$ 称为 $f(x)$ 的离散小波变换系数。该系数由下式给出:

$$C_{m,n} = \int_{-\infty}^{+\infty} f(x)\ \Psi_{m,n}(x) \tag{11.3}$$

使用离散小波变换 DWT 的系数产生的对角线、水平和垂直系数定义了如下所示的另一个低级纹理特征:

$$\mathrm{dwt}_{(d,h,v)} = \mathrm{Coef}_{(d,h,v)} - \mathrm{Coef}_{(d,h,v)\,\mathrm{mean}} \tag{11.4}$$

其中 $\mathrm{Coef}_{(d,h,v)\,\mathrm{mean}} = \dfrac{\sum_{n=1}^{N} \mathrm{Coef}_{(d,h,v)}}{N}$,$N$ 是一个皮肤斑块中像素的个数,$\mathrm{Coef}_{(d,h,v)}$ 表示对角线、水平和垂直三个方向的系数。

2. 本地二进制特征

本地二进制模式(local binary pattern, LBP)是一种强大的特征,使用该特征可让分类器或检测器有效地利用本地图像纹理的基本属性进行分类或匹配。在图像上应用

LBP 会产生频数直方图(occurrence histogram),频数直方图是一个强大的纹理描述符,其中包含了图像区域上的局部微图案(如边缘、斑点、平坦区域)分布信息。图像的每个像素的标签由原始 LBP 运算符分配,分配的方式是在以该像素为中心的 3×3 邻域中应用阈值化技术。局部二进制模式 LBP 最初是由 Ojala[37]引入作为纹理描述符的,后来被用作面部和表情识别特征。[38,39]

通过在以下方程式中为每个符号 $S(g_p - g_c)$分配一个二项式因子2^p,我们可以得到一个能表征局部图像纹理空间结构的唯一数值:

$$\mathrm{LBP}_{P,R} = \sum_{p=0}^{P-1} s(g_p - g_c)\,2^p,\quad s(x) = \begin{cases} 1, & x \geqslant 0 \\ 0, & x < 0 \end{cases} \tag{11.5}$$

其中 P 为相邻像素的数量,R 为邻域的半径,g_p为圆形对称邻域的灰度值,g_c为中心像素的灰度值。[40]

LBP 以二进制模式的形式在中心像素的灰度值处对阈值局部邻域进行编码,只要图像中灰度值的顺序不变,LBP 便保持不变。实际上,这正是一种具有高度区分性和鲁棒性的局部纹理运算符,它对 P 维直方图中每个像素附近的各种图案的出现进行编码。我们在这里对两个色度通道 $\mathrm{Chroma_r}$和 $\mathrm{Chroma_b}$ 使用了 LBP 来对色度通道的纹理描述进行编码,以具有更好的纹理判别能力。

3. 面部外观特征

为了在我们的模型中融入面部、眼睛、眉毛、嘴巴、鼻子、下巴、面部侧面等视觉提示之间的位置和相互关系方面的面孔知识,我们引入颅面发展理论。[14]该理论指出,描述人类的头部从婴儿期到成年成长的合适数学模型是修正心形应变转换(cardioid strain transformation)。这种转换以极性形式表示为 $\theta' = \theta, R' = R(1 = k(1 - \cos\theta))$,其中 θ 是与 Y 轴的夹角,R 是圆的半径,k 是随时间递增的参数,(R', θ')是圆随时间的连续增长量。根据修正心形应变转换,可以将头的顶部视作一系列不断增长的圆,这些圆都附着在一个共同的切线“基”点上,导致面部下部的生长比上部更为显著。例如,在头部的顶部和底部边缘内,成人的眼睛比儿童的眼睛占据更高的位置,这不是由于眼睛的位置发生了迁移,而是由于下巴和下颚向下生长得更快一些。

这些面部提示的定位是使用文献[41]中所述的迭代框架进行的。面部提示被定位后就可以使用它们的定位位置来计算几何比率,用于区分儿童与成人。文献[41]利用这些主要视觉特征或线索之间的关系来计算 6 个比率,如图 11.3 所示。我们提出的方法仅使用前 5 个比率。计算这些比率仅需要自动定位主要特征的位置,例如眼睛、鼻子、嘴巴、下巴和头顶。比率 1 是由两个线段形成的 T 比率,线段 $T1$ 连接两只眼睛,线段 $T2$ 位于 $T1$ 中点和鼻子之间。比率 2 是由两个线段(上述线段 $T1$ 和 $T1$ 的中点与嘴巴之间的线段 $T3$)形成的 T 比率。比率 3 是由两个线段(上面的线段 $T1$ 和在 $T1$ 的中点与下

巴之间的线段 $T4$)形成的 T 比率。比率 4 是代表鼻和眼中点之间的高度差的线段与代表口和眼中点之间的高度差的线段的比率。比率 5 是代表嘴和眼中点之间的高度差的线段与代表下巴和眼中点之间的高度差的线段的比率。比率 6 是眼睛在顶部和底部头距内的高度。[41]

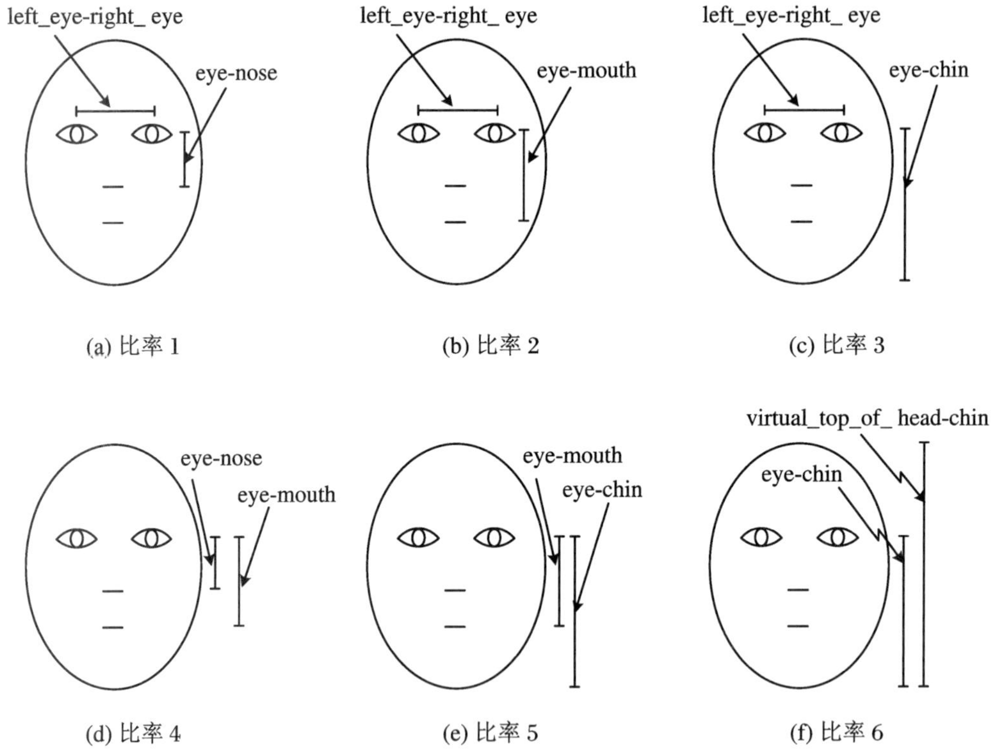

图 11.3 六个颅空间比(面部图像的年龄分类[41])

除了上述的几个比率,我们还使用了一种涉及眉毛和鼻子的新比率。鼻子的定位是根据文献[41]中描述的技术完成的。在这里,我们将眉毛建模为由多个参数来描述的可变形模板,这些参数包含对特征的预期形状的先验知识,用以指导对目标的检测过程。该模板的大小和参数配置较为灵活,使得其可完成与图像中实际眉毛的匹配。从最终一轮迭代获得的参数用于描述从图像中检测出来的眉毛。该可变形模板可根据实际图像进行动态调整。我们定义一个能量函数,其中包含将模板吸引到显著特征(例如图像强度和强度本身中的边缘和凹痕)的参数。这里我们使用基于梯度下降(gradient descent)的能量最小化技术,来得到在图像中的最佳匹配。初始参数是通过预处理确定的。算法在每次迭代中更新这些参数,这些参数对应于更改模板的位置、方向、大小和其他相关属性。

我们提出比率 7,它是由两个线段形成的 T 比率,线段 $T5$ 连接两个眉毛的中点,线

段 $T6$ 在眉毛的外端和鼻子之间,如图 11.4 所示。

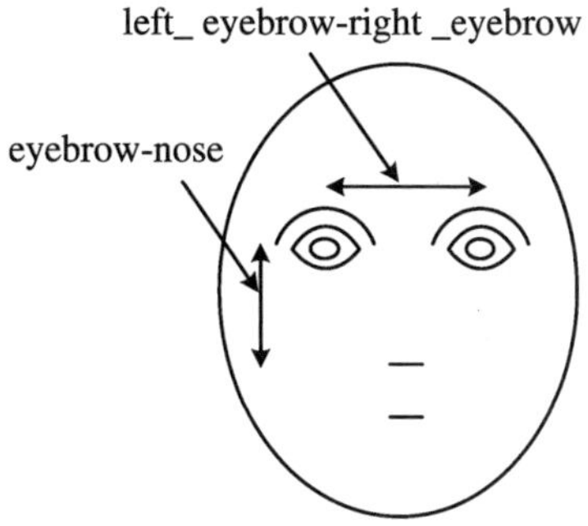

图 11.4　我们新提出的比率

眉毛模板:可变形模板作用于图像的三种表示形式以及图像本身。我们选择这三种表示来提取图像的属性,例如图像强度的峰值和谷值以及图像强度快速变化的位置。我们还可以添加其他表示来描述纹理特性。使用这些表示的一个优点是可以较为简单地描述模板。能够进行长距离交互是使用这些表示的另一个优点。这些表示不必非常精确,并且可以简单地进行计算。有关的详细信息读者可参见文献[42]。

我们目前的方法涉及使用形态学过滤器[43-45]来提取这些特征。这些用于提取边缘场、谷值场和峰值场方法的好处是它们可以得出有关特征强度的度量。

我们用位于某点(假定为眉形扁平刚体上的质心)的坐标系(x,y)定义如图 11.5 所示的眉毛模板。眉是任意定心于点 x 的。眉毛区域由位于距中心 x 距离 $d1$ 和 $d2$ 的上抛物线和下抛物线以及距同一中心距离 a 和 b 的右手抛物线所界定。我们定义的$\bar{x}$模板如下:

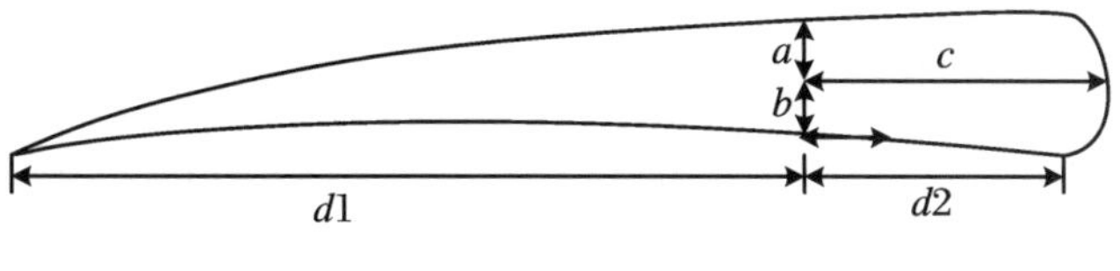

图 11.5　眉毛可变形模板

(1) 眉毛底部的边缘用如下抛物线表示:

$$y_e(x) = (a)\left\{1 - \frac{4}{(d1 + d2)^2}\left[\bar{x} - \frac{d2 - d1}{2}\right]^2\right\} \tag{11.6}$$

(2) 眉毛顶部的边缘由如下抛物线表示:

$$y_v(x) = (b)\left\{1 - \frac{4}{(d1 + d2)^2}\left[\bar{x} - \frac{d2 - d1}{2}\right]^2\right\} \tag{11.7}$$

(3) 眉毛的内端(靠近鼻子)的边缘由如下抛物线表示:

$$y_i(x) = (c)\left\{1 - \frac{4}{(a+b)^2}\left[\bar{x} - \frac{b-a}{2}\right]^2\right\} \tag{11.8}$$

该模板取决于 6 个参数 $\bar{g} = (\bar{x}, a, b, c, d_1, d_2)$及其势能。

能量函数E_M由下式给出：

$$E_M = E_e + E_v + E_l + E_m \tag{11.9}$$

沿上、下和侧面抛物线计算的边缘势能E_e为

$$E_e = -\frac{\beta_1}{|P_b|}\int_{P_b}\Phi_e(\bar{x})\mathrm{d}s - \frac{\beta_2}{|P_t|}\int_{P_t}\Phi_e(\bar{x})\mathrm{d}s - \frac{\beta_3}{|P_i|}\int_{P_i}\Phi_e(\bar{x})\mathrm{d}s \tag{11.10}$$

其中 Φ_e 是使用形态算子计算的边缘势能。

谷底势能 E_v 由眉毛内部的积分除以眉毛的面积指定：

$$E_v = -\frac{e_1}{|R_e|}\int_{R_e}\Phi_v(\bar{x})\mathrm{d}A \tag{11.11}$$

其中，Φ_v 是用类似于前面提到的边缘势能的计算方式而得来的谷底势能。

内部势能的计算如下：

$$\begin{cases} E_l = \dfrac{k_1}{2}(d1 - d2) \\ E_m = \dfrac{k_2}{2}\left[\dfrac{c-(a+b)}{(a-b)-(d1-d2)}\right]^2 \end{cases} \tag{11.12}$$

内部势能E_l尝试将眉毛的中心置于任意中间位置，而内部势能E_m帮助防止上边界被拉至下边界和鼻子。

常数的典型值为$\beta_1 \approx 400, \beta_2 \approx 150, \beta_3 \approx 300, k_1 \approx 0.2, k_2 \approx 0.2, e_1 \approx 1000$。对于这些参数的更新通过梯度下降来完成。

跟踪：可变形模板可以应用于跟踪，在给定初始位置和一组潜在场的情况下可自动完成对眉毛的跟踪。跟踪开始的时候我们先手动初始化模板，在随后的帧中，我们将初始位置用作前一帧的最佳拟合。只要时间$(t-1)$的最佳拟合位于系统在时间 t 的吸引盆中，此过程就会成功。图 11.6 中显示了两个眉毛上的动态眉毛模板序列，模板作用于眉毛的最终状态显示在底行的右列。

3.4　分类

对于模型训练，我们有图像集 $X = [x_1, x_2, x_3, \cdots, x_n]$，$x_i \in R_m$，其中 n 是图像编号，m 是特征尺寸，图像x_i的年龄标签为$l_i \in \{1, -1\}$。这里分类任务就是使用二进制分类来预测输入图像的年龄标签。

在这里我们使用支持向量机进行二分类。在这种情况下，超平面可以用如下公式来表示：

$$w \cdot x + b = 0 \tag{11.13}$$

其中,w 是超平面的法线,$\frac{b}{\| w \|}$是从超平面到原点的垂直距离。

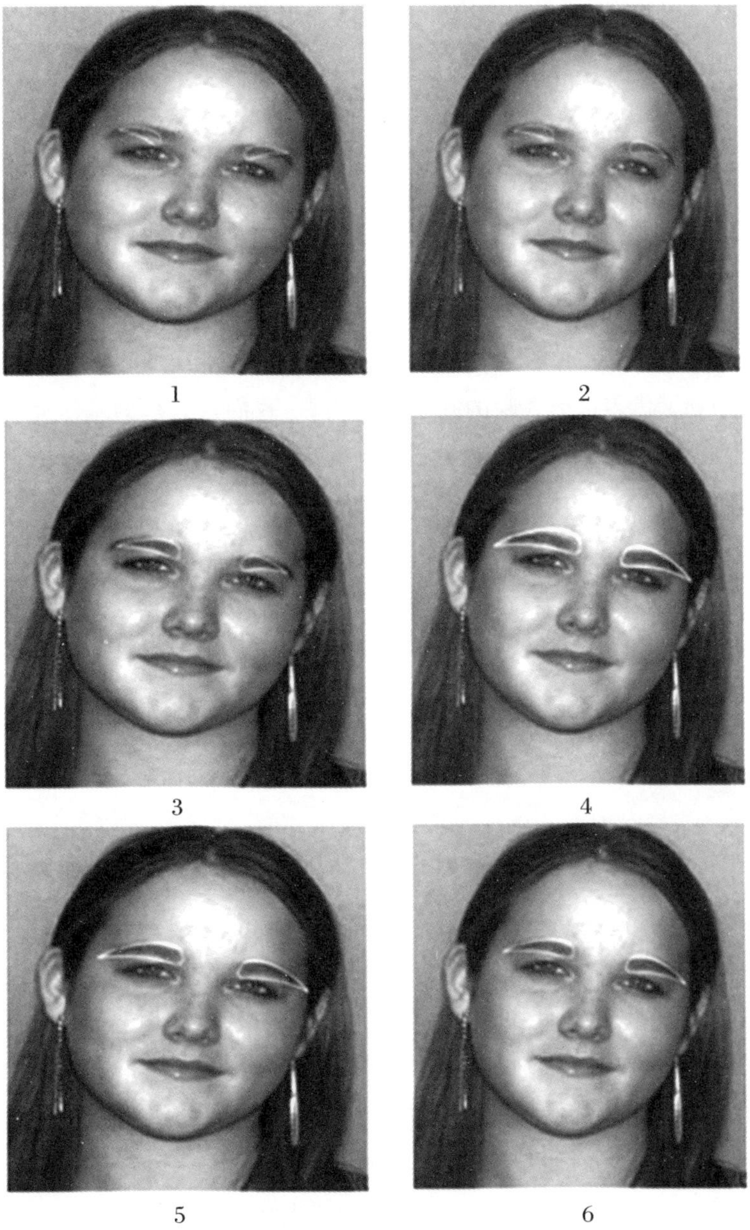

图 11.6　在两个眉毛上的眉毛模板的动态序列

现在,我们创建平面 H,其中

$$H_{ij} = y_i y_j x_i \cdot x_j \tag{11.14}$$

使用QP求解器找到拉格朗日乘子，使得(11.15)式在满足约束条件$\alpha_i \geqslant 0$和$\sum_{i=0}^{K} \alpha_i y_i = 0$的前提下最大化：

$$\sum_{i=1}^{K} \alpha_i - \frac{1}{2} \alpha^{\mathrm{T}} H\alpha \tag{11.15}$$

现在，我们计算

$$w = \sum_{i=1}^{K} \alpha_i y_i x_i \tag{11.16}$$

其中 x_i 和y_i 分别是类别标签和训练向量。一旦完成了特征提取，每个人脸图像就表示为一组皮肤块的集合，而图像的几何约束表示为比率。我们使用这些皮肤块的上述低层特征以及主要视觉线索上的几何比率作为分类年龄估计的特征。在这里，我们采用了Kwon 和 Lobo 在文献[41]中计算的前 5 个比率，以及我们先前提出的比率 7。通过这样的操作，我们得到了代表每个人脸的高维特征向量，我们将其称为基于亮度不变和几何关系的描述符(luminance invariant & geometrical relation based descriptor，LIGRD)，如式(11.17)所示，其中 N 为皮肤块样本的个数。

$$\mathrm{LIGRD} = x_i = \left[\sum_{n=1}^{N} (\mathrm{Chroma}_{(r,b)} + \mathrm{dwt}_{(d,h,v)} + \mathrm{lbp}_{(r,b)}) + \mathrm{Ratio}_{(1,2,3,4,5,7)}\right] \tag{11.17}$$

找到 $a_i>0$ 的索引来确定支持向量 S 的集合。现在，b 可以计算为

$$b = \frac{1}{N}\left(y_s - \sum_{m\in S} \alpha_m y_m x_m x_s\right) \tag{11.18}$$

特征向量 x_i 的分类结果计算如下：

$$y' = \mathrm{sgn}(w \cdot x' + b) \tag{11.19}$$

4 实验结果

前面我们概述了一个与性别无关的区分年龄(成人和儿童)计算框架。首先，从面部图像的皮肤斑块中提取低级特征。接下来，从主要提示(眼睛、眉毛、鼻子、嘴巴和下巴)(分别由可变形模板定位)计算比率。将这些低级和高级功能组合在一起就可以形成一个强大的描述符，该描述符可以最大程度地区分成人和儿童。

将我们的实验结果与最近发表的另一篇论文的实验结果进行比较，发现我们提出的方法有更高的准确性和查全率，以及识别的整体准确性。我们希望进行一些定量比较，但到目前为止，我们还没有发现任何现有的技术可以明确地将年龄分为两类(成人和儿童)。因此，只能将我们的研究结果与最近的相关工作[19]进行比较，尽

管文献[19]所提方法的目的不是分类年龄估计。此外,文献[19]建议对他们的分类年龄估计(婴儿、成人和老人)部分进行进一步的改进,使其成为一种可靠的分类年龄估计方法。

为了进行定量的性能比较,我们使用广为使用的精确率(Precision)和召回率(Recall)(式(11.20)、式(11.21))作为指标。精确率和召回率指标的计算基于"真阳性"(TP)、"真阴性"(TN)、"假阳性"(FP)和"假阴性"(FN)四个指标。我们将本章所提出方法的实验结果和 Islam 等人获得的结果[46]进行对比来评估我们所提新方法的分类性能。除了精确率和召回率指标,我们还比较了准确率(Accuracy)指标(式(11.22))。

$$\text{Precision} = \frac{\text{TP}}{\text{TP} + \text{FP}} \tag{11.20}$$

$$\text{Recall} = \frac{\text{TP}}{\text{TP} + \text{FN}} \tag{11.21}$$

$$\text{Accuracy} = \frac{\text{TP} + \text{TN}}{P + N} \tag{11.22}$$

其中 P 为正样本数,N 为负样本数。

4.1 训练

我们从不同的数据集中获取了 400 张儿童面部图像,如表 11.3 所示[33,34,46],并对这些面部图像进行了一定的预处理(降噪、伽玛校正、增强和归一化、特征提取),我们的训练中没有考虑负面样本(成人面部)。

表 11.3 不同训练集中儿童脸部图像的数量

数据集	儿童脸部图像数量
FN-NET	100
NCMEC	100
LAG	200

4.2 测试

我们用 400 个图像组成的测试数据集对识别结果进行了评估(测试集不包括在训练集中),这 400 个图像的数据来自表 11.4 所示的数据集。在这 400 张图像中,我们分别从 FG-NET 和 LAG 两个数据集中选取了 100 张成人的照片。

表 11.4 不同测试集中儿童和成人图像的数量

数据集	成人图像数量	儿童图像数量	总数
FN-NET	50	100	150
NCMEC	0	100	100
LAG	50	100	150

我们将本章所提出的方法与另一种现有方法的准确率进行了比较，实验结果表明本章提出的方法明显优于现有方法，如表 11.5 和表 11.6 所示。

表 11.5 本文所提方法与另外一种方法的对比

方法	真阳性(TP)	假阳性(FP)	真阴性(TN)	假阴性(FN)
ICSIPA	270	14	103	13
本文所提方法	276	9	104	11

表 11.6 本文所提方法与另外一种方法的准确度对比

方法	精确率(Precision)	召回率(Recall)	准确率(Accuracy)
ICSIPA	95%	95%	93%
本文所提方法	91%	96%	95%

5 结论

我们在本章提出了一种新颖的儿童面部检测模型，该模型中使用的低级特征可以准确地检测儿童和成人面部。此模型可以与任何现有的色情制品检测方法集成在一起，用在检测或监视儿童色情制品的专用工具中。由于特征提取是实现准确分类的关键一步，我们提出了几种新的低级和高级特征提取技术。这些技术与现有的几种技术组合运用时可实现最大的分类准确率。据我们所知，本章所述工作是一项具有开创意义的技术。该技术能够准确有效地从图像中识别儿童和成人的面部，从而为该领域的后续研究工作奠定基础。该技术不仅可用于年龄类别的分类，还可用于在检测到的皮肤区域中使用上下文约束来识别真实内容。这在安全和监视、人体部位识别、解剖学和皮肤病学乃至市场营销方面都可广泛应用,例如根据从橱窗前走过的购物者的年龄来展示个性化的广告。这些广泛的可能用途表明本章所述方法具有广阔的应用和经济前景。

参考文献

[1] Ropelato J. 2011. Internet pornography statistics. http://internet-filter-review. toptenreviews. com/internetpornographstatistics-pg5. html. Retrieved on 15 June, 2011.

[2] Carr J. Child abuse, child pornography and the internet, internet consultant, NCH, UK. http://www. nch. org. uk.

[3] Quayle E, Taylor M. 2002. Child pornography and the internet: perpetuating a cycle of abuse, deviant behaviour. Interdiscipl J, 23:331-361.

[4] BBC News. 2001. International child porn ring smashed. Retrieved on 25 March, 2009. http://news. bbc. co. uk/1/hi/world/americas/1244457. stm.

[5] BBC News. 2001. US breaks child cyber-porn ring. Retrieved on 28 March, 2009. http://news. bbc. co. uk/1/hi/world/americas/1481253. stm.

[6] BBC News. 2001. Child porn raids in 14 countries. Retrieved on 30 March, 2009. http://news. bbc. co. uk/1/hi/world/americas/1656779. stm.

[7] Suffern D. 2010. Hot post: Facebook's child porn subculture baffles executives, challenges parents. http://www. newsrealblog. com/2010/10/31/facebooks-child-porn-subculture-baffles-executives-challenges-parents-1/.

[8] Winter J. 2010. Exclusive: Facebooks filters fall short in blocking pedophiles. http://www. foxnews. com/scitech/2010/10/21/exclusive-facebook-filters-fall-short-in-blocking-pedophiles/.

[9] Gannett J S. ABC investigation claims Facebook a tar- get of child predators. http://abcnews. go. com/Technology/story? id=3645840page=1.

[10] Eendebak P, et al. 2008. Visual tools for assisting child pornography investigators. TNO Science and Industry, Delft, University of Amsterdam, The Netherlands.

[11] Shupo A, et al. Toward efficient detection of child pornography in the network infrastructure. IADIS Int. J. Comp. Sci. Inform. Syst., 1(2):15-31.

[12] Ibrahim A A. 2009. Detecting and preventing the electronic transmission of illicit images. Master thesis, University of Ontario Institute of Technology, Canada.

[13] Kwon Y H, da Vitoria Lobo N. 1993. Locating facial features for age classification. Proc. SPIE Int. Soc. Opt. Eng., 2055:62-72.

[14] Kwon Y H, da Vitoria L N. 1999. Age classification from facial images. Comput. Vis. Image Underst., 74(1):1-21.

[15] Hayashi J, et al. 2001. A method for estimating and modeling age and gender using facial image processing. Seventh international conference on virtual systems and multimedia, 439-448.

[16] Lanitis A, et al. 2004. Comparing different classifiers for automatic age estimation. IEEE Trans. Syst. Man Cybern. B, 34(1):621-628.

[17] Geng X, et al. 2006. Learning from facial aging patterns for automatic age estimation. Proceedings of ACMMultimedia'06, 307-316.

[18] Yan S, et al. 2007. Auto-structured regressor from uncertain labels. International conference on computer vision.

[19] Khoa L, et al. 2009. Age estimation using active appearance models and support vector machine regression. Biometrics: theory, applications, and systems, 2009. BTAS'09. IEEE 3rd international conference. Washington, USA, 1-5.

[20] Cootes T F, et al. 2001. Active appearance models. IEEE transactions on pattern analysis and machine intelligence 21. P&G Beauty & Grooming, skin care throughout life.

[21] Guo Z, et al. 2010. Rotation invariant texture classification using LBP variance (LBPV) with global matching. Biometrics Research Centre, Department of Computing, the Hong Kong Polytechnic University, Hung Hom, Kowloon, Hong Kong, China. Pattern Recogn, 43:706-719. Geng X, et al. 2007. Automatic age estimation based on facial aging patterns. IEEE Trans. Pattern Anal. Mach. Intell., 29(12):2234-2240.

[22] Fu Y, Huang T S. 2008. Human age estimation with regression on discriminative aging manifold. IEEE Trans. Multimedia, 10(4):578-584.

[23] Guo G, et al. 2008. Image-based human age estimation by manifold learning and locally adjusted robust regression. IEEE Trans. Image Process., 17(7):1178-1188.

[24] Yan S, et al. 2009. Synchronized submanifold embedding for person independent pose estimation and beyond. IEEE Trans. Image Process., 18(1):202-210.

[25] Adult Skin vs. Baby Skin with Diaper Rash. http://www.desitin.com/adult-skin-vs-baby-skin. Retrieved on 10 March, 2009.

[26] P&G Beauty & Grooming, Skin Care Throughout Life. http://www.pgbeautygroomingscience.com/skin-care-throughoutlife.html. 2010.

[27] Mathworks Documentation, Contrast-limited adaptive histogram equalization (CLAHE), R2011a. Matlab documentation- image processing toolbox. http://mathworks.com/help/toolbox/images/ref/adapthisteq.html.

[28] Kato Z, Pong T C. 2001. markov random field image segmentation model using combined color and texture features. Proceedings of international conference on computer analysis of images and patterns, Vol. 2124 of lecture notes in computer science, Springer, 547-554.

[29] Kato Z, et al. 2003. Unsupervised segmentation of color textured images using a multi-layer mrf model. Proc. Int. Conf. Image Process., 1:961-964.

[30] Kato Z, Pong T C. 2006. A markov random field image segmentation model for color textured images. Image Vis. Comput., 24:1103-1114.

[31] Islam M. 2008. Unsupervised color image segmentation using markov random fields model. Master's thesis, Graduate School of Information and Mathematical Science, UOB, Australia.

[32] NCMEC. National Center for Missing & Exploited Children (NCMEC). http://www.missingkids.com.

[33] FG-NET. Face and Gesture Recognition Research Network. http://www.fgnet.rsunit.com/.

[34] Manjunath B S, Ma W Y. 2002. Texture features for image retrieval. Wiley.

[35] Unser M. 1995. Texture classification and segmentation using wavelet frames. IEEE Trans. Image Process., 4(11):1549-1560.

[36] Ojala T, et al, 1996. Comparative study of texture measures with classification based on feature distributions. Pattern Recogn., 29:51-59.

[37] Ahonen T, Hadid A, Pietikainen M. 2004. Face recognition with local binary patterns. 8th European conference on computer vision, 469-481.

[38] Shan C. et al. 2005. Conditional mutual information based boosting for facial expression.

[39] Recognition. Proceedings of the British machine vision conference.

[40] Adult Skin vs. Baby Skin with Diaper Rash. http://www.desitin.com/adult-skin-vs-baby-skin. Retrieved on 10 March, 2009.

[41] Kwon Y H, Lobo N V. 1999. Age classification from facial images. Comput. Vis. Image Underst., 74(1):1-29.

[42] Yuille A L, et al. 1992. Feature extraction from faces using deformable templates. Int. J. Comput. Vis., 8(2):99-111.

[43] Maragos P. 1986. Tutorial on advances in morphological image processing. Opt. Eng., 26: 623-632.

[44] Serra J. 2001. Image analysis and mathematical morphology. Academic, New York.

[45] Hallinan P W. 1991. Recognizing human eyes. Proceedings of Conference 1570, SPIE, San Diego.

[46] Islam M, et al. 2011. Child face detection using age specific luminance invariant geometric descriptor. IEEE International Conference on Signal and Image Processing Applications (ICSIPA2011).